高职高专汽车类专业"十三五"课改规划教材

保险礼仪与职业道德

主　编　智恒阳

副主编　赵艳玲　脱　颖

参　编　李　博　谢荣飞　许珊珊　玄玉慧
　　　　魏　颖　孟子豪　王晓平　朱　琳

西安电子科技大学出版社

内 容 简 介

　　本书旨在规范保险从业人员的职业礼仪，提高其职业素养。本书围绕保险从业人员的工作，主要介绍了如下内容：社交礼仪与职业道德的关系、职业道德修养与职业形象塑造、保险从业者职场形象礼仪及有效沟通礼仪、保险从业者工作礼仪、求职面试礼仪、保险职业道德规范及其实施与监督。

　　本书供保险从业人员使用，还可供保险公估人、保险代理人、保险经纪人使用，也可作为保险公司新入职员工的培训教材或者职业资格考试的参考书。

图书在版编目(CIP)数据

保险礼仪与职业道德/智恒阳主编.
—西安：西安电子科技大学出版社，2016.2
高职高专汽车类专业"十三五"课改规划教材
ISBN 978-7-5606-3600-9

Ⅰ. ① 保…　 Ⅱ. ① 智…　 Ⅲ. ① 保险业—职业道德—高等职业教育—教材

Ⅳ. ① F840.3

中国版本图书馆 CIP 数据核字(2016)第 018955 号

策　　划　邵汉平
责任编辑　邵汉平　魏　薇
出版发行　西安电子科技大学出版社（西安市太白南路 2 号）
电　　话　(029)88242885　88201467　　邮　　编　710071
网　　址　www.xduph.com　　　　电子邮箱　xdupfxb001@163.com
经　　销　新华书店
印刷单位　陕西华沐印刷科技有限责任公司
版　　次　2016 年 2 月第 1 版　　2016 年 2 月第 1 次印刷
开　　本　787 毫米×1092 毫米　1/16　印张 15.5
字　　数　367 千字
印　　数　1～3000 册
定　　价　27.00 元

ISBN 978 - 7 - 5606 - 3600 - 9 / F

XDUP 3892001-1

＊＊＊ 如有印装问题可调换 ＊＊＊

本社图书封面为激光防伪覆膜，谨防盗版。

前　　言

中国自古有"礼仪之邦"之称。在中国古代，中国文化的核心就是"礼"文化，礼仪与道德的关系密不可分。中国古代"礼"的范围相当广泛，几乎渗透到了中国社会的各个方面。《礼记》强调，"大学之道，修身为本"。在现代社会，可以说礼仪与道德互为表里，一个品德高尚而又讲究文明礼貌的人，丰富的内涵与完美的外表相结合，其所体现出的礼仪具有极大的社会力量。若忽视了人的内在修养，外在的表现形式就成了无源之水、无本之木。

为了适应市场经济的需要，培养"高认知、高技能、高素养"的人才，为保险行业培训有良好职业素养的员工，我们编写了本书。本书融汇古今中外礼仪文化精华，探索有中国特色的社会主义礼仪及道德修养体系；注重职业道德的培养和职业形象的塑造，激发学生活跃的思维，引导学生自主学习并积极践行，以达到学以致用的教学目的；通过学习和实训，使学生深入理解并自觉加强保险职业礼仪修养和保险职业道德修养，成为有涵养、懂礼貌、符合行业规范要求的专门人才。

本书可作为保险行业新入职员工的培训教材使用，还可供保险代理人、保险公估人以及保险经纪人学习使用。

本书在编写过程中得到了长春汽车高等专科学校汽车营销学院王泽生院长的审阅和大力支持，在此表示感谢。

由于编者水平有限，书中难免有疏漏和不妥之处，欢迎大家批评指正。

编　者
2015 年 10 月

目　　录

第一章 礼仪文化概述

 **案例引导**

周恩来总理的独特气质与完美外交

美国著名汉学家约翰·塞维斯这样描写周总理给他留下的印象：

凡是见过周恩来的人，没有谁会忘记他。他精神饱满，富于魅力，长相漂亮，这是原因之一。他给人的第一印象是他的眼睛——浓密的黑眉毛,炯炯有神的眼睛，总在凝视着你，你会感到他全神贯注，会记住他和你说过的话。这是一种使人立即感到亲切的罕有天赋。1941年在重庆第一次会见他时，我的感觉就是这样。在重庆和延安的那些日子里，同他谈话，每次都是思想智慧的交锋，愉快得很。他文雅、和蔼、机警而不紧张，不会使人提心吊胆，幽默而不挖苦人或说话带刺，他能非常迅速地领会你的想法，但从来不会在遇到困难时表现不耐烦，他自己思想敏捷而从不耍花招，他言行如行云流水而从不夸夸其谈，他总是愿意开门见山地谈问题，而又总设法寻找共同的见解。你看到的是这样的一个人：思想活跃，意志坚定，受过严格训练，头脑井井有条。

周总理就是这样以其独特的气质赢得了中国人民和世界人民的认同和景仰。真诚的笑容、刚毅的眼神、适宜的肢体语言，不仅能征服一个又一个困难，更能传递出一种坚定的信念、民族的声音。

一个人的独特气质，不仅体现在仪容仪表方面，还体现在言谈举止、待人接物以及内在的思想道德情操和文化素养等方面。一个品德高尚而且知识渊博的人，其独特的气质所散发出的魅力能让与之接触的人感到欢欣鼓舞。丰富的内涵与完美的外表相结合，其所体现出的社交礼仪可以发挥巨大的社会力量。

第一节 中国礼仪文化的起源及内涵

一、中国礼仪文化的起源

中国是人类文明的发源地之一，有着悠久的历史和文化。《春秋》记载："礼仪之大，故称夏；有章服之美，谓之华。"作为华夏子孙，应当了解中华民族的传统文化博大精深的内涵，以及我国古代为何被赋予了"礼仪之邦"的美誉。

礼仪文明作为中国传统文化的一个重要组成部分，其内容十分丰富，对中国社会历史发展起到了广泛而深远的影响。中国文化的核心就是"礼"文化，中国古代礼的范围相当广泛，几乎渗透到中国社会的各个方面。

(一) 中国古代礼的起源

礼是氏族社会末期宗教仪式的产物，旨在维护宗法血缘关系和封建等级制度。

1. 礼是调整社会秩序的手段

《易·序卦传》曰："物畜然后有礼，"指的就是礼的产生得益于人类的物质生活有了很大的发展。人们的共同生活习惯逐渐形成规范，一些习惯就形成了风俗，而另外一些习惯就形成了礼。

《荀子·礼论》曰："礼起于何也？曰：人生而有欲，欲而不得则不能无求，求而无度量分界则不能不争，争则乱，乱则穷。先王恶其乱也，故制礼仪以分之，以养人之欲，给人之求，使欲必不穷乎物，物必不屈于欲。两者相持而长，是礼之所(以)起也。故礼者，养也。"由此可见，礼是为了均衡人们的物欲，避免人们产生纷争，规范人的行为，维护社会秩序而制定的。

2. 礼俗同源

人类社会的发展历史不只是物质发展的历史，同时也是人类思想发展的历史。有人必有俗，有俗必有礼。

《说文解字》解释说："俗，习也。"俗是指生活习惯。人们在各自特定的环境中生活，久而久之，就形成了各自的习俗。

礼与俗都源于生活，都是从人们的生活习惯当中规范出来的。俗是普通的生活习惯，它约束着人们日常生活中的行为，而礼则上升到一个比较高的层面，主要注重的是对人们内心精神上的一种约束，行为的约束从属于精神的约束。

3. 礼源于原始信仰

(1) 天地信仰。

东汉的许慎在《说文解字》中对"礼"的解释为："礼，履也，所以事神致福也。"可见古人认为，礼与祭礼有着不可分割的关系。礼源于自然界，是古人敬天畏神的观点的一种反应和体现形式。

在中国古代，万物有灵是人类最早的宗教观念。当时，人们认为一切自然现象，包括动物和植物都同人一样是有灵魂的，这就是所谓的万物有灵观念。这种观念进而认为精灵也同人一样，有善恶好坏之分。善的、好的精灵能造福于人，而恶的、坏的精灵则降祸于人。为了求福避灾，就要向万物之灵祈求、祷告，于是出现了灵物崇拜。人们在祭祀与祈福的过程中，开始有了共同的形式，比如在这种祭祀活动中，要向神祖敬拜、祈祷、上贡品等。这些就是后来形成的宗教仪式。而这些仪式被延续下来，便产生了原始的礼。

① 天神信仰。

中原地区在原始社会后期已经形成以"天"为最高自然神的观念。

夏商周时代的自然崇拜，形成以天为最高自然神的庞大祭祀体系，天神崇拜认为天神拥有对自然界和人类社会的最高权力和直接的神秘作用。对天的祭祀对于中国古代的宗教和意识形态产生了极为深远的影响，如在传统哲学中形成代指自然界或最高规律的"天"、"天道"、"天命"等概念。儒家也以"天尊地卑"等观念论证等级社会的合理性。

② 地神崇拜。

与天神崇拜并行的是地神崇拜，也就是对土地和地域的崇拜和祭祀。中国古代的地神称为"社"，与天神同为古代最重要的两个自然神。地神崇拜也起源于原始社会后期，含有求地利、报地功的意义。周代以后，对社神的祭祀往往与对稷神(农神)的祭祀并论，称为"社稷"，是商周时期的重大祀典，并引为国家的代称。

③ 龙的崇拜。

中国文化还有一个重要的特征就是对龙的崇拜。人们认为龙是一种神物，上能飞于天，中能行于地，下能入于渊，并且能够变化，还能行云布雨。数千年来，龙几乎无处不在，无时不有，古国神州，成了龙的世界。这种崇龙传统千年不断，体现了中华民族一种超乎寻常的凝聚力。不论什么艰难险阻，无论什么样的冲击和震撼，中华巨龙总是神采飞扬，威猛奔放。这是真正龙的本性，中华文化认为中华民族是龙的传人。

(2) 祖先崇拜及祖先祭祀。

除了自然崇拜，人类社会的另一种原始崇拜形式是祖先崇拜。祖先崇拜出现于原始社会晚期的父系氏族阶段。通过尊崇那些曾经为本民族的发展壮大做出过重大贡献的祖先，形成了联结所有社会成员的精神纽带。

祖先崇拜是华夏民族最重要的崇拜。所谓祖先崇拜，就是相信祖先的灵魂不灭，并且成为超自然的一部分。子孙可以通过对祖先的祭祀等途径，得到祖先对子孙的赐福与保佑。中国早期的祖先崇拜遗迹在新石器时代文物中有广泛的发现。周代发展出与宗法家庭关系相适应的祖先祭祀制度，将家族的祖先，尤其是为家族发展做出过重大贡献者或曾经建功立业者，供奉于祠堂供后人拜祭，并将对祖先的祭祀看作是国家和宗族生存与发达的象征。

中国古代的祖先崇拜对古代文化具有广泛而深远的影响。尤其是在伦理领域，先秦以来以对祖先的崇拜和遵循为核心形成孝的观念，所谓"百善孝为先"，成为古人行为的重要规范。在政治、社会领域内，祖先崇拜亦促进了我国社会组织的家长制特征的形成。国有国法，家有家规，在封建社会后期，家族法规为社会所认可，成为国家法律的重要补充。

(二) 中国古代礼的重要性

礼是统治者调整社会关系，约束人心并规范人的行为以维护阶级统治的重要手段。礼在中国古代是社会的典章制度和道德规范。作为典章制度，礼是社会政治制度的体现，是维护上层建筑以及与之相适应的人与人交往中的礼节仪式。作为道德规范，礼是国家领导者和贵族等一切行为的标准和要求。在孔子以前已有夏礼、殷礼、周礼，周公时代的周礼已经比较完善。

1. 礼是调整社会关系、维护统治秩序的规范和准则

(1) "礼"与"仪"。

礼字的繁体字是"禮"，在甲骨卜辞中是"豊"。据王国维研究，当时祭祀至上神或者宗祖神，都要用两块玉盛在一个器皿里去供奉，表示对上帝或者祖先的敬意。这个就是"豊"。礼字还可以解释为一个器皿里有许多麦穗，表示对谷神的敬重。"礼"就是人们诚心敬奉上天或者祖先，这里既有隆重庄严的形式，即规范的行为，又有诚敬的心理，所以我们说礼是建立在诚敬心理上的一种自觉的行为规范，这些规范就是"仪"。

(2) 礼是中国社会的道德规范和生活准则。

作为观念形态的礼，在孔子的思想体系中是同"仁"分不开的。孔子说："人而不仁，如礼何？"他主张"道之以德，齐之以礼"的德治，打破了西周时期"礼不下庶人"的限制。到了战国时期，孟子把仁、义、礼、智作为基本的道德规范，礼为"辞让之心"，成为人的德行之一。荀子比孟子更为重视礼，他著有《礼论》，论证了"礼"的起源和社会作用。他认为礼使社会上每个人在贵贱、长幼、贫富等等级制中都有恰当的地位。在长期的历史发展中，礼作为中国社会的道德规范和生活准则，对中华民族精神素质的修养起到了重要作用；同时，随着社会的变革和发展，礼不断被赋予新的内涵，不断地发生着变化。

(3) 礼在中国传统文化中的地位很高。

在封建时代，礼既是中国古代法律的渊源之一，也是古代哲学文化的重要组成部分，在中国古代文化中的地位很高。《礼记·冠义》："凡人之所以为人者，礼仪也。"《礼仪·曲礼》："鹦鹉能言，不离飞鸟。猩猩能言，不离禽兽。今人而无礼，虽能言，不亦禽兽乎？是故作，为礼以教人，知自别于禽兽。"按照古人的说法，人如果没有"礼"的约束，就与禽兽无异了。可见古代礼的标准很严格。"非礼勿视，非礼勿听，非礼勿言，非礼勿动"。

孔子说："礼者理也。""仁者爱人"讲礼，就是讲道理，就是善良、谦让之举，而这个道理专指正确处理人与人之间的各种关系的道理。孟子说："爱人者，人恒爱之；敬人者，人恒敬之。" 要先处理好人际关系，爱人、敬人之心是根本，如入乡随俗，入境问禁，这是敬爱之心的表达和体现形式。

2. 礼是从宇宙观、人生观等哲学高度制定的规范体系

(1) 礼的哲学理论是礼学思想的中心内容。

在《礼记》中，礼不仅是治理国家、求学问道以及日常生活的行为规范，也是古人宇宙观、人生观、历史观的体现，并形成了一整套关于礼的哲学理论。如《周礼》法四时天地而作，是古人按照当时的宇宙观及天地阴阳理论而制定的；礼制定的依据，是从人性本善的角度，教人成为正人君子。《大学》是君子之学，是关于礼的哲学论述，是《礼记》礼学思想的中心内容。

(2) 礼是人在社会安身立命之本。

礼的产生是为了维护自然的"人伦秩序"的需要。人类为了生存和发展，要处理好"人与自然"的关系以及"人与人"的关系。

《礼记》上有多处强调，礼是确定人的关系亲疏、判定事物的异同、区别是非的标准。《礼记·曲礼》说："夫礼者，所以定亲疏，决嫌疑，别异同，明是非也。"又说："道德仁义，非礼不成；教训正俗，非礼不备；纷争诉讼，非礼不决；君臣、上下、父子、兄弟，非礼不定；宦学事师，非礼不亲；班朝治军，莅官行法，非礼威仪不行。祷词祭祀，供给鬼神，非礼不诚不庄。"从这几个方面看，从日常小事到军国大事，从家事到朝政，从人的内心到外部行为都需要礼的约束和规范。

由于人对欲望的追求，社会发展过程中，人与人之间难免会产生矛盾和冲突，为了避免这些矛盾和冲突，就需要为"止欲制乱"而制礼。让人们从内心去自觉地约束自己，是避免物欲泛滥、损害他人的很好的办法。如今人们贪婪地向社会索取，肆意地挥霍自然资源，毁坏和污染环境，这与中国古代的礼仪文化和宇宙观是背道而驰的，人类贪得无厌的索取是要遭到自然的惩罚的。古人天人合一的思想以及尊重自然规律、保持人与自然和谐的精神是应当继承和发扬的。

(3) 礼是定国安邦之本。

《礼记·礼运》曰:"故礼仪者,人之大端也;所以达天道、顺人情之大窦也。故唯圣人知礼之不可已也。故坏国、丧家、亡人,必先去其礼。"《周礼》中在天官和地官之后设定的第三个官——春官,负责"率其徒而掌帮礼,以佐王和邦国",就是按照宇宙观"天地人"三才的概念设定的"周礼"。在调整人伦秩序方面,首先设置春官负责礼的仪式和对民众的教化,可见其地位和作用之重要。从治国建邦的角度强调礼的重要性,再从一些细节上不断加以教化,自然使人在无形之中接受教育。

社会上的那些士人,本来已经有知识,再加上这种思想品德和行为规范的教育,并将"礼"作为科举考试的必考科目,用礼来衡量是否能成为一个合格的"士"的标准,人们自然会学以致用,正己利人,克己复礼。这样才有可能实现儒家设定的做人的目标——修身、齐家、治国、平天下。

3. 守礼须从细小的行为做起

《礼记·曲礼》主要介绍了一些细小的礼节规范。完事起于细,所以人们学习礼仪最重要的是从一些小事做起。这里面既有行为的规范也有心理的诚敬。

《礼记·曲礼》曰:"毋不敬,俨若思,安定辞,安民哉!"意思是说,做事情不要不恭敬不谨慎,神态总好像若有所思一样,说话时也要神情安详、语气肯定,这样才能够让人信服,令人心安。"傲不可长,欲不可从,志不可满,乐不可极",是说傲慢的态度不可滋长,自己的欲望不可放纵,自己的志向不可满足,安逸享乐也不可过度,这样才能真正地"敬"。

《礼记·曲礼》中的食礼:吃饭时不要把饭窝成一团放在碗里,喝汤的时候别让汤汁倾流不止,咀嚼的时候不要发出声音,不要把咬过的鱼肉放回食盘,不要当众剔牙等。中国古代是最讲究礼仪的国家,上至治国之道,下至齐家之法,大到拜天敬地,小到个人的待人接物,可谓无所不包,无所不至。东亚诸国也深受中国传统礼仪的熏染,如日本、韩国等至今仍保留着不少中国古代礼仪的痕迹。

凡事从大处着眼,从小事着手,礼仪体现于细节,要从自己做起,从点滴小事做起。

二、中国古代礼仪文化的发展

中国古代,礼仪起源与人对自身的认识是统一的,人效法天地之道,礼的本质是治人之道,礼是拜神敬天的派生物。我国古籍中,最早最重要的礼仪论著有《周礼》、《礼仪》、《礼记》,合称"三礼"。宋代的理学家选中《大学》、《中庸》、《论语》和《孟子》,把它们合称为"四书",把《诗》、《书》、《礼》、《易》、《春秋》合称为五经,用来作为儒学的基础读物。

(一) 礼仪的形成时期——周礼

早在3000多年前的殷周时期,周公就制礼作乐,此后经孔孟等人的丰富和完善,礼乐文明就成为中华儒家文明的核心。

《周礼》法天地四时而作,体现了古代朴素的时空观念以及虚实阴阳相谐的观念。《周礼》将人们的行为举止、心理情操系统纳入一个尊卑有序的模式之中,要求人们依礼而行,这是一种等级制的礼仪制度,君臣、父子、长幼、男女的次序是绝对不可以动摇的。另外,有些地方礼仪的宗教色彩浓厚，具有神秘性和迷信化的倾向。

1. 《周礼》的内容

《周礼》最初名为《周官》，主要记载了西周时期建国设官的设想，王属下的第一个等级为六官。周朝的六官分为天官、地官、春官、夏官、秋官、冬官。

(1) 天官冢宰：统领六官，总理所有的政务。"冢宰之职，掌建邦之六典，以佐王治邦国。

一曰治典，以经邦国，以治官府，以纪万民；二曰教典，以安邦国，以教官府，以抚万民；三曰礼典，以和邦国，以统百官，以谐万民；四曰政典，以平邦国，以正百官，以均万民；五曰刑典，以诘邦国，以刑百官，以纠万民；六曰事典，以富邦国，以任百官，以生万民。

(2) 地官司徒："帅其属而掌邦教，以佐王安抚邦国"，即掌管天下教育，帮助天子安定天下的邦国。

(3) 春官宗伯："帅其属而掌邦礼，以佐王和邦国"，即掌管建邦之祭祀天神、人鬼、地神的礼制等。

(4) 夏官司马："帅其属而掌邦政，以佐王平邦国"，即掌管邦国的军务、建邦之九法及九罚之法。

(5) 秋官司寇："帅其属而掌邦禁，以佐王刑邦国"，即掌管全国的狱讼刑罚等司法事务。"掌建邦之三典，以佐王刑邦国，诘四方：刑新国用轻典，刑平国用中典，刑乱国用重典。以五刑纠万民：一曰野刑，上功纠力；二曰军刑，上命纠守；三曰乡刑，上德纠孝；四曰官刑，上能纠职；五曰国刑，上愿纠暴。"

(6) 冬官司空：主管天下百姓所从事的行业。让人民能够各尽其力，各遂其才，不可终日无所事事，游手好闲。后补入《考工记》，记述了"百工"之职。

综上所述，周礼中的六官是在天官统领下的一个整体，以天官为基础，负责掌管整个王朝的政治、经济、军事、司法、教育、礼仪等国家大事。六官以下各有分属，各有合作，形成一个以王为最高统治者的人数逐渐增多、地位逐渐降低的一个金字塔式的管制系统，这个系统是我国现存典籍中所见到的最古老的最完备的一种官制系统。这个系统为以后各王朝的官制建设奠定了基础，以后各个王朝都是在此基础上有所继承，可见周礼对我国政治体制影响深远。

2. 《周礼》朴素的时空观——以人法天之纲领

(1) 《周礼》的空间观念——天与人的关系。

在中国传统的哲学思想上有一个重要的概念就是人与天的关系。天生地施，统治者把天的地位提高到至高无上的程度，认为天是最高的神灵，它主宰着整个世界，包括自然界和人类社会。天既然主宰一切，那么天的命令就是不可违抗的，人只能服从于天命。而人间社会的最高统治者是奉天命来统治人间的，是天的儿子，是"天子"，这样天子就借着天的力量而成为人间至高无上的权威。人们只要按照天的命令行事，就会形成安定有序的社会，人民才可能过上安居乐业的日子。

① 天地人三才。

天、地、人是"三才"，是并列关系，但以天为首。周礼在官制的设置上也充分体现了这一点，天官既是和地官等其他五官并列的一官，同时又是其他五官的总管。所以说，这种首列天官和地官的思想，反映了古人重视天地作用的观念。

《易经》以乾卦为六十四卦的首卦，就是因为古人认为，乾坤等八卦各有所象，乾象天，坤象地，震象雷，巽象风，坎象水，离象火，艮象山，兑象泽。用"—"代表阳，用"--"代表阴，用三个这样的符号，组成八种形式，叫做八卦。八卦互相搭配又得到六十四卦，用来象征各种自然现象和人事现象。在《易经》里有详细的论述，八卦相传是伏羲所造，后来用来占卜。

古人思想中"地"的地位是仅次于天的，能和"天"并列成为三才之一。天是一切事物的起源，而人们的生活主要是在地上，所以，大地承载万物，给予人们以基本的生活保障，天生地施，人得其益。所以列完天官，自然就有地官了。

② 人法天之道。

以人法天之纲领，是朴素的时空观。孟子曰："天时、地利、人和"，宇宙大和谐。《周易》：天道、地道、人道为三才。周礼中，天是一切的基础——人法天。《道德经》："人法地、地法天、天法道，道法自然。"

(2)《周礼》的时间观念——周而复始长治久安。

周礼的后面四官是春、夏、秋、冬四季官。古人的天地可以说既是神灵观念，也是空间概念，而春、夏、秋、冬四季则为时间概念。周朝的统治者希望自己的统治像四季的更替轮回一样，周而复始，永兴不衰。

《易·序卦传》曰："有天地然后有万物。"万物都有一个生长的过程，古人认为万物有灵，而既然有灵，也可以说就是有生命，凡是有生命的东西都有一个成长的过程，也就是说事物要经历一个产生发展、不断壮大、衰退老化，最终又归于灭亡的过程。而这个过程在一年中的反映就是四季的更替。四季的更替并不是只有一轮，它本身又是一个周而复始的过程。

《周礼》中春、夏、秋、冬四官的设置体现了古人的历史观。当然他们也希望自己的统治像春、夏、秋、冬的时空变换一样，周而复始，不断前进，永远存在，社会的统治也会像天地一样长久。所以说周朝这六官的设置寄寓了统治者极高的理想。

综上所述，《周礼》虽然主要阐述的是官制，但所涉及的内容极为广泛，大到天下九州、天文历象，小到沟渠道路、草木虫鱼，凡邦国建制，各种名物、典章、制度，无所不包，可谓博大精深，是中华民族宝贵的精神财富。

(二) 礼仪的发展变更时期——春秋战国

西周末期，出现了所谓的"礼崩乐坏"的局面。春秋战国时期，相继涌现出孔子、孟子等思想家，发展革新了礼仪理论，系统地阐述了礼的起源、本质与功能。

孔子在《论语》中有 74 处谈到礼，要求人们规范约束自己的行为，他是主张以礼治国的最具有代表性的人物。正因为如此，中国古代讲"贤人政治"、"礼主刑辅"的伦理政治的思想就可以理解了。

1. 贵族礼仪——《仪礼》

《仪礼》，简称《礼》，又被称作《礼经》或者《士礼》。因为礼起源于祭礼，所以从远古流传下来的礼节名目繁多，到了周朝，国家设有专门负责礼节的官员。周时曾有"礼仪三百，威仪三千"的记载。但是这些记载到了汉代只剩下了十七篇，包括冠礼、婚礼、丧礼、朝聘礼、乡射礼五项典礼仪节并由高堂生作为专为士大夫仿行的"士礼"传授，被称作《礼经》，是与《诗》、《书》、《易》、《春秋》并列的"五经"之一。

(1) 以士礼为主的贵族的典章礼节。

《仪礼》记录了士以上的各种贵族的典章礼节。周代诸侯受封于天子，卿大夫受采邑于诸侯。卿大夫下面就是士。士受禄田于卿大夫。天子有天下，诸侯有国，卿大夫有家。家是卿大夫统治的区域，担任家的官职的通常是士，也被称为家臣。士还分为上士、中士、下士三个等级。士以下就都是普通老百姓，也就是"庶民"了。

《礼记·王制》说："乐正崇四术，立四教，顺先王《诗》、《书》、《礼》、《乐》以造士。春秋教以礼乐，冬夏教以诗书。"士的地位也不是固定不变的，少数人可以因有功而地位上升到卿大夫，但也有人因为各种原因最后士也做不成，最后沦为庶人——普通百姓。

《仪礼》中在讲士礼的同时，也有大夫之礼，有诸侯之礼，有天子之礼，也讲了不同阶层之间的礼仪。这些礼仪都是为了强化不同阶层之间所要遵守的礼节规范，明确不同等级之间的差别。所以一部《仪礼》就是一部贵族生活的各方面的写照。

(2) 礼的教化作用。

《仪礼》对典礼仪节的记录，不仅仅是一种仪式的说明，更为重要的是通过这种礼节的记述，表达了对士人的一种期望，达到一种教化作用。所以在书中贯穿着对礼的重视，对人如何做人的教育。

如《士相见礼》曰："与君言，言使臣；与大夫言，言事君；与老者言，言使弟子；与幼者言，言孝悌于父兄；与众言，言忠信慈祥；与居官者言，言忠信。"这样一来，因交往对象不同而说话的内容也不相同，但都是以下敬上、厚德劝善为宗旨。

在《仪礼》的各节中，都是通过礼节向人们进行教化。人们通过对其中固定下来的程式的学习，能够使自己遵循一定的规范。也可以说，《仪礼》是规矩，有了它，人的思想和行为才会中规中矩，不逾礼。

士大夫经过礼仪的学习，才能保住士的地位，才能获得他人的尊敬，才能使得社会的伦常观念得以正确地流传。守礼就是重德，重德就会获得名声，有德才会有官，所以这种守礼的影响也就越来越大。贵族阶层的守礼，也在社会上造成了一定的影响。一些庶人也不自觉地受到了贵族的影响。在以后的社会发展中，礼的教化也在这种固定下来的仪式中不断得到继承和发扬，礼也就真正实现了它的教化作用。

2. 最早的礼治教科书——《礼记》

在儒家经典"三礼"之中，地位最高、流传最广的一部是《礼记》。从周朝以后，经战国到秦汉，一些礼学家们在传习"士礼"的同时，还附带传习一些有关礼制的参考——记。这些"记"是附士礼而行的，也可以说是士礼的附录。因为不同的礼学家们各自收集汇编和传习的内容不同，所以这些"记"的内容也不相同。

最为著名的是西汉礼学大师戴德和戴圣所汇辑的"记"，因为二人是叔侄关系，所以把二人的记称为《大戴礼记》和《小戴礼记》。东汉后期学者郑玄给收录49篇的所谓《小戴礼记》做了出色的注释，就使它摆脱了对"士礼"的依附而独立成书，从而逐渐比较广泛地为人所传习(这就是我们今天所常说的《礼记》)。其中《大学》《中庸》《礼运》等篇有较丰富的哲学思想。

《礼记》，是我国最早的传统礼制教科书，主要记载和论述了先秦的礼制、礼义，解释了《仪礼》，记录了孔子与其弟子等的问答，记述了修身做人的准则，补充了许多《仪礼》没有记载的内容。这部九万字左右的著作内容广博，门类繁多，涉及政治、道德、法律、哲学、祭祀、历史、文艺、历法、日常生活、地理等诸多方面，几乎包罗万象，集中体现了先秦儒家的政治、哲学和伦理思想，是研究先秦社会的重要资料。《礼记》全书用记叙文形式写成，有的用短小生动的故事表明某一道理，有的气势磅礴、结构严谨，有的言简意赅、意味隽永，有的擅长心理描写和刻画，书中还收有大量富有哲理的格言警句，精辟而深刻。

(1) 儒家的治国思想和政治理念。

《礼记·礼运》篇阐述了儒家的政治理想："大道之行也，天下为公，选贤与能，讲信修睦。故人不独亲其亲，不独子其子，使老有所终，壮有所用，幼有所长，鳏、寡、孤、独、废疾者皆有所养，男有分，女有归。货恶其弃于地也，不必藏于己；力恶其不出于身也，不必为己。是故谋闭而不兴，盗窃乱贼而不作，故外户而不闭，是谓大同。今大道既隐，天下为家，各亲其亲，各子其子，货力为己，大人世及以为礼，城郭沟池以为固，礼义以为纪，以正君臣，以笃父子，以睦兄弟，以和夫妇，以设制度，以立田里，以贤勇知，以功为己，故谋用是作，而兵由此起。禹、汤、文、武、成王、周公，由此其选也。此六君子者，未有不谨于礼者也。以著其义，以考其信，著有过，刑仁讲让，示民有常，如有不由此者，在执者去，众以为殃，是谓小康。"这类光辉的语言，正是儒家理想中的小康社会的写照，并不因为年长日久而失去亮度，它极为精练地反映了我们祖先对于治理国家、对于美满而公正的社会的强烈向往。

(2) 大学之道，修身为本。

《礼记》有不少篇章是讲修身做人的，像《大学》、《中庸》、《儒行》等篇就是研究儒家人生哲学的重要资料。专讲教育理论的《学记》，专讲音乐理论的《乐记》，其中精粹的言论，至今仍然有研读的价值。《曲礼》、《少仪》、《内则》等篇记录了许多生活上的细小仪节，从中我们可以了解古代贵族家庭成员间彼此相处的关系。

《大学》："大学之道，在明明德，在亲民，在止于至善。知止而后有定，定而后能静，静而后能安，安而后能虑，虑而后能得。物有本末，事有终始。知所先后，则近道矣。古之欲明明德于天下者，先治其国；欲治其国者，先齐其家；欲齐其家者，先修其身；欲修其身者，先正其心；欲正其心者，先诚其意；欲诚其意者，先致其知；致知在格物。物格而后知至；知至而后意诚；意诚而后心正；心正而后身修；身修而后家齐；家齐而后国治；国治而后天下平。自天子以至于庶人，壹是皆以修身为本。其本乱而末治者否矣。其所厚者薄，而其所薄者厚，未之有也。此谓知本，此谓知之至也。"古之大学之道，皆以修身为本，正如哲学家冯友兰所说，我国古代哲学的精神，是让人"作为人成为人而不是成为某种人"，即成为一个纯粹的大写意义上的品格高尚的人，而不是仅仅成名成家。

(三) 礼的强化和衰落时期——唐宋明清

1. 礼的强化时期——唐宋

秦统一中国后，汉武帝将儒家学说奉为统治经典，从此儒家经典成为后来延续了两千多年的封建体制的基础。汉、唐、宋代，礼仪研究硕果累累。

到了唐朝，朝廷把《礼记》列为"经书"，成为"九经"之一，这在宋代又被列入"十三经"之中，成了一般士人必读之书。

家庭礼仪的发展是宋代的一大特点，家族法规已经成为国法的一个重要补充了。代表人物有司马光、朱熹等，代表作《涑水家仪》、《朱子家礼》等。

2. 礼的衰落时期——明清

明代交友之礼完善，忠孝节义等礼仪日益增多。清代后期，政权腐败，民不聊生，封建礼仪盛极而衰，西方礼仪开始传入。在当今社会，"内圣外王"的人格修养路线，作为传统文化的精华，仍然是值得我们好好继承和发扬的。大学之道，修身为本。为学应向内，先修自身，后齐家治国，成为国家栋梁。新儒家学派的代表人物之一冯友兰提出的"精神境界说"就是"内圣外王"精神的延续和发展。

三、中国古代礼仪的内涵及其精神

(一) 中国古代礼仪的内涵

何谓"礼仪"？ "礼"，在世界其他民族一般指礼貌、礼节，而礼在中国则是一个独特的概念，具有多重含义。孔子曰："礼者，天地之序也。""夫礼，先王以承天之道，以治人之情。" 孔子对礼仪非常重视，把"礼"看成是天之道，认为礼是统治者治国、安邦、平定天下的基础。孟子把礼解释为对尊长和宾客严肃而有礼貌，即"恭敬之心，礼也"，并把 "礼"看做是人的善性的发端之一。荀子把"礼"作为人生哲学思想的核心，把"礼"看做是做人的根本目的和最高理想，"礼者，人道之极也"。他认为"礼"既是目标、理想，又是行为过程。"人无礼则不生，事无礼则不成，国无礼则不宁。" 荀子还说："礼者，养也。"简单地说，礼是基于对人情本身的了解，是一种伦理道德的要求。管仲把"礼"看做是人生的指导思想和维持国家的第一支柱，认为礼关系到国家的生死存亡。对于"仪"的概念，荀子说"仪者，规也。"仪，就是规范。《礼记》："礼节者，仁之貌也。"把礼节看做是仁的表现。

1. 中国古代礼的含义

(1) 礼是最高的自然法则，是自然的总秩序、总规律。

"夫礼，天之经也，地之义也，民之行也。"将天地万物的生长、位置、秩序、相互关系，都解释为礼所安排的。

(2) 礼是"中国文化之总名"。

"礼"与政治、法律、宗教、哲学乃至文学艺术等结为一个整体，是中国文化的根本特征与标志，礼是这一切治国理念的根本。

(3) 礼还是"法度之通名"。

清代纪昀言："盖礼者理也，其义至大，其所包者至广。"中国古代"礼之所去，刑之所取，出礼入刑" 的法治思想，反映出礼仪的规范起到了法律约束的作用，这也正是中国古代"德主刑辅，重刑轻民"，民事法律不发达的原因。

(4) 礼又分为"本"和"文"两个方面。

"先王之立礼也，有本有文。""本"指礼的精神和原则，"文"指礼的具体表现形式，也就是礼仪。这样看来，我们今天的礼仪就是古代"礼"的规范要求的外现或表现形式。

2. 中国古代"礼"与"礼仪"的关系

在中国古代"礼"与"礼仪"的含义完全不同。中国古代的"礼"泛指我国古代的社会规范和道德规范，是社会的法则、规范、仪式的总称。"礼仪"具体而言，是指行礼的形式，在古代通常是指大型或隆重的场合为表示重视、尊重、敬意所举行的合乎礼貌、礼节的要求和仪式。

整体上来说，礼仪是人们在不同的历史、风俗、宗教和社会制度的影响下，在社会的各种具体交往中，共同认可和遵守的行为规范和准则，本质上反映了人与人之间的恭敬谦让之心，体现的是律己、敬人的过程，是人类社会文明素养的体现。

在当今社会，礼，即礼节、礼貌；仪，即仪表、仪态、仪容、仪式等。礼仪就是人们在社会交往中，为了相互尊重，和谐相处，在仪表、仪态、仪式、仪容、言谈举止等方面约定俗成的，共同认可的规范和程序。礼仪修养，则是对人际交往行为规范和准则的认知程度和身体力行的水平的综合检验。

(二) 中国古代"礼"的精神

中国古代的"礼"，几乎就等同于道德规范，更注重于内涵，即注重人的内在的思想和精神，强调走"修身齐家、内圣外王"的人格修养路线，这应该说就是我国古代礼的精神实质。

1. "内圣外王"的人格修养路线

(1) "内圣外王"概念的提出。

内圣外王，指内具有圣人的才德，对外施行王道，这本是道家的政治思想，但却是儒家的基本命题。"内圣外王"一词最早见于《庄子·天下篇》，自宋以来，儒道释三教合流，理学出现，随之开始用"内圣外王"来阐释儒学。

孔子的儒学思想内涵深远，内容丰富，既体现在道德、人格方面，也体现在其政治思想方面。作为儒家思想代表者孔子虽没有明确提出"内圣外王"这一概念，但其思想内涵与孔子在《大学》所提到的"大学之道，在明明德，在亲民，在止于至善"这一统治天下的准则，即把个人修身的好坏看成政治好坏的关键这一观点相吻合。

(2) "内圣外王"的内容及在中国传统文化中的地位。

"格物、致知、诚意、正心、修身、齐家、治国、平天下"八个条目(步骤)被视为实现儒家"内圣外王"的途径，其中格物、致知、诚意、正心、修身被视为内圣之业，而齐家、治国、平天下则被视为外王之业。"内圣外王"这一儒家思想也对中国的政治、伦理、文化以及哲学等产生重要影响。

从原始儒学到汉代的政治儒学，再从宋明理学到现代新儒学，两千多年里，时代在变，儒学的诠释也在变，但万变不离其宗，始终蕴含在"内圣外王"的模式里。因之，我们对于这一传统社会的精神遗产，一定要批判地分析和继承。

2. "内圣外王"的深刻思想内涵

(1) "内圣外王"包括"内圣"和"外王"两个方面。

"内圣"是指人要向内修身，或者说是修炼与内化的过程。修身有成，像先帝那样成为圣贤，称为内圣。"外王"是指人践行道德思想，是内在修养的外化过程，也有人称为外用，"待人、接事、应物"即为外王。内圣不离外用，外用不离内圣，二者相辅相成。

简单来说内圣就是一个人的自我修养和精神操守，而外王则是这个人的建功立业的外显。把外面的东西熔炼成自己的至真精神，用内在的至真精神去影响外部世界。王阳明说"在事上磨炼"，没有磨炼又怎会有收获。当然即便是古人也深知这样的道德理想非常崇高，于是发出"虽不能至，但心向往之"的感慨，起码说明在心中很是敬佩，愿意朝这样的方向努力修养自己。

(2) "内圣"与"外王"的关系。

"一个人的外在成就实质上是内在精神的自然绽放。一个人的内在精神能达到什么境界，决定了他的外在功业成就能达到什么水平。"一位学者这样说道。

"内圣"在先而"外王"在后，或者说不是从"外王"到"内圣"，"因为其实两者本是一个过程，本无所谓内外，都是个体领悟生命本源、实现自我的这一过程的两个侧面，只是一个看得见，一个看不见。"从外王到内圣是一个从外显发现自我的过程，而从内圣到外王是一个思维转化为实践的过程。"内圣"与陆九渊和阳明先生的唯心主义学说有同义，从心而形也不无它的道理，两者是相依相存的。《大学》里说"自天子以至于庶人，壹是皆以修身为本"。

当今社会虽然强调培养德才兼备的人才，或者说德智体全面发展的人才，但是有些企业用人往往更加注重人的才干而忽视了人的品行。孔子以德才把人划分为君子与小人两类，在古代有才无德的人被称之为小人，宁可用庸人也不能用小人，小人携带的负能量，其破坏力是不可估量的。在人们心中道德的缺位，礼的约束不能够起到应有的作用，单靠法律去打击制裁，即使制定再多的法，也无法制止人心的败坏。玩法律游戏、钻法律的空子的大有人在，弄虚作假、假冒伪劣、贪污腐败等现象层出不穷，人心不古，这也是当今社会违法犯罪行为屡禁不止的原因。而在中国古代礼仪发展的鼎盛时期，唐朝只有一部法律——《唐律疏议》，社会就达到了"路不拾遗，夜不闭户"的国泰民安的局面。有人说，科学是把双刃剑，作为现代人，我们真应当好好反思，人类生产力水平不断地发展和提高，一路走来，我们得到了什么，又失去了什么。

(3) "内圣外王"体现了道德与政治的统一。

"内圣外王"政治思想中，体现了道德与政治的直接统一。儒家认为政治只有以道德为指导，才有正确的方向；道德只有落实到政治中，才能产生普遍的影响。没有道德作指导的政治，乃是霸道和暴政，这样的政治是不得人心的。为此我们国家提出"依法治国"与"以德治国"相结合，"礼法合治"的精神就是对民族传统文化的继承和发扬的体现。

子曰："为政以德，譬如北辰，居其所而众星拱之。"要求政治家首先出自道德家，统治者只有先致力于圣人之道，成为"仁人"，才可能成为天下人爱戴的"圣主"。怎样才能成为道德家呢？按照孔子的言论，要做到"仁"与"礼"，达到内圣，才能成为一个合格的统治者。在孔子思想中，政治和道德教化是不分的。子曰："道之以政，齐之以刑，民免而无耻；道之以德，齐之以礼，有耻且格。"孔子以下层百姓为对象，以礼乐为主要工具，辅以刑政，试图达到"名人伦"的目的，来稳定民心，稳固统治。

道德与政治的统一，也就是由"内圣"到"外王"。这里，"内圣"是"外王"的前提和基础，"外王"是"内圣"的自然延伸和必然结果。"修己"方能"治人"，"治人"必先"修己"。

"内圣外王"作为一种人格理想和政治理想，其强调的是在既定的社会体制下的自身修行，并未对外部社会制度有直接的诉求，仅要求完善自己的精神层次。与西方民主、宪政、自由主义制度相比，"内圣外王"中的通过内修的济世功用实现个人理想和达济社会，进而达到王道社会这一中国传统政治理想，在中国封建社会，由于专制皇权导致人治有余而法治不足，故当今社会法制建设亟待发展。

在中国封建社会礼对人的约束是极其严格的，发展到后期成为束缚人性阻碍社会发展的因素，对于传统文化，我们要批判地继承，取其精华，去其糟粕，做好古为今用。

第二节　东西方礼仪文化的交融

 案例引导

先进管理经验的学习

1983 年，我国一科技代表团赴美第二大企业埃克森石油公司，学习现代企业管理。可访问中，该公司副总裁却建议我们去访问日本。于是我们产生疑问，既然日本水平高美国为何不学呢？对方答曰："不是不想学，而是不能学。"

这种情况是由美、日即东西方两种不同文化所决定的：美国人崇尚个人主义，日本人崇尚群体主义，日本企业大搞"爱企业如家"和"忠于企业"教育，这使日本更具竞争力。而美国人奉行个人主义和自由主义，人们强调个性、自由、平等，家庭观念不强，甚至连自己家都不怎么爱还怎么能做到爱企业如家呢？！作为东方国家，日本在商战中早已将《论语》、《孙子兵法》、《史记》列为必读书。

一、西方礼仪文化的起源及其精神

（一）西方礼仪的起源

1. 西方礼仪的产生

在古希腊的文献典籍中，如苏格拉底、柏拉图、亚里士多德等先哲的著述中，都有很多关于礼仪的论述。中世纪更是礼仪发展的鼎盛时代。文艺复兴以后，欧美的礼仪有了新的发展，从上层社会对遵循礼节的繁琐要求，到 20 世纪中期对优美举止的赞赏，一直到适应社会平等关系的比较简单的礼仪规则。历史发展到今天，西方传统的礼仪文化不但没有随着市场经济发展和科技现代化而被抛弃，反而更加多姿多彩，国家有国家的礼制，民族有民族独特的礼仪习俗，各行各业都有自己的礼仪规范程式，国际上也有各国共同遵守的礼仪惯例等。有的国家和民族对不遵守礼仪规范者，还规定了一定的处罚规则。

"礼仪"一词，来源于西方法语的"Etiquette"，原意是指法庭上的通行证。由于西方依法治国的理念由来已久，法律在西方拥有着至高无上的地位，因此，西方礼仪的起源

也与法庭有着密切的关系。在古代，法国的法庭，会发给每一个进入法庭的人一张长方形的"etiquette"(通行证)，上面记载着法庭的纪律，作为进入法庭后必须遵守的规矩或行为准则。

在社会交往中，人们也必须遵守一定的社会行为规范，才能体现文明人的特有风范，才能保证文明社会得以正常维系和发展。当"etiquette"一词被引入英文后，便有了"礼仪"的概念，意思是"人际交往的通行证"。后来经过不断的演化和发展，"礼仪"一词的含义逐渐变得清晰而明确。

2. 贵族礼仪

中世纪，礼仪有了突飞猛进的发展，出现了《礼仪书》等专著。当时流行"骑士"礼仪，文艺复兴后达到了高峰。法国是西方礼仪最繁盛的地方，法国路易十五时期的宫廷礼仪就非常繁杂，从宫廷到贫民，无不认为礼仪是一种身份体面的象征，对于礼仪必须像法律一样地遵守。

在贵族阶层中，礼仪是平时学习的必修课，这个传统被保留至今。人们所倡导的礼仪从"骑士风度"演变为"绅士风度"。后来，欧洲礼仪开始影响英美。

3. 美国实用主义的社交礼仪

美国是个殖民国家，没有悠久的历史，但却勇于实践，基本承传了欧洲的社交礼仪之后，礼仪在美国得以迅速传播，并被以美国为首的西方国家将其在人们生活中日趋合理化、规范化，逐渐发展出一套实用主义的社交礼仪，并迅速形成体系，被国际社会认可，成为西方国家共同遵循的礼仪规范。这种礼仪由于美国当今雄厚的经济实力和它的实用性，逐渐成为世界性的流行礼仪。

(二) 东西方文明源头的差异

东西方礼仪文化差异较大，追根溯源，在于东西方文明的差异。礼仪文化作为文化的一种，分析其产生必须从文化的源头讲起。现代意义上的西方文明有三大源头：一是古希腊神话和科学精神；二是古罗马政治法律文明；三是西伯来犹太人的宗教文明。可以说，现代欧美等国家的文明基本上延续了法治与科学的精神。

1. 神的来源和政治文化

(1) 东西方神话的思维差异。

各民族内部不同的思维差异导致了哲学时代东西方文化的重大差异，东西方神话的思维差异就是古希腊神话是人神同构，中国神话则是人神同一。

以古希腊为例，从古希腊戏剧中我们可以了解，古希腊中的神和人一样，有着喜怒哀乐、悲欢离合，有人的七情六欲。宙斯，第三代神王，又称宙神，弑父篡权，性格极为好色，常背着妻子赫拉与其他女神或凡人私通。

但是中国神话，神便是"得道"的人，死后的伟大的君王就成了神，如三皇五帝尧舜禹等，他们不是一般人，而是人神同为一身，具有高尚的情操和强大的意志力。

(2) 古代文化思维的不同导致治国理念的差异。

古代文化差异造成了古希腊人或说西方人的传统精神是不依赖统治者个人道德的，因为最高神和一般人都一样，所以他们依靠制度，也就是依法治国；而中国人则依赖统治者个人高尚的情操和道德，也就是说只有伟人才能统治天下，但也是不讲私情的，自古帝王都以真龙天子自称，都与形成专制有关。

2. 神话权利传承机制和文化机制

(1) 希腊神界统治权的易手通过禁忌与放逐，以反叛的方式取得，并以这样的途径完成，暴力的反叛和否定的神系延续、进化和发展的契机，传达进化思想。西方人对内依法治国，实行强权统治，对外民族实行暴力干涉、武力侵略，进行殖民统治，也就是顺理成章的事情了。

(2) 让贤机制是中国神话权利的传承，尧让舜，舜让禹。古希腊实行自我否定机制，宙斯不满父亲克洛诺斯的残暴，弑父夺位，其与阿尔克墨涅所生儿子赫拉克勒斯不满他残暴，他的权利同样被推翻。中国诸神通过禅位和让贤的和平方式实现统治权的转换，不仅将统治权交给接班人，而且将伦理规范、道德体系、价值观念也传递下去，强调君贤臣良，形成一种传递性的、伸展性的、复制性的自我肯定机制。

综上所述，国家的文化是整体的存在，礼仪文化作为一国文化的重要组成部分，从文化的源头来看，东西方礼仪文化差距是很大的。从礼仪文明的角度讲，在人类历史上，中国才是真正讲礼的国家，是真正的礼仪之邦。这样也就不难理解为什么鸦片战争、火烧圆明园的事件会发生了。中国人是重文化内涵的，讲究做正人君子，轻视外在物欲而重视内在精神修养，因此在几千年的技术领先过程中也并没有觉得自己有什么了不起，并没有以此当做可炫耀的甚至是侵略他人的资本。郑和也浩浩荡荡地下西洋，但却是去搞睦邻友好关系去了，中国人是绝对不会恃强凌弱侵略他人的。从古至今作为一个泱泱大国，中国在国际上都是睦邻友好的形象，这才是真正的礼仪之邦的内涵之所在，这一点是值得我们国人骄傲和自豪的，不能因为西方列强的欺凌和掠夺以及目前经济的不够发达就觉得中国的文化一无是处。我们自己不能妄自菲薄，要找回民族的根，这是需要我们继承并发扬光大的。

(三) 西方礼仪文化的精神

1. 西方的礼仪起源与西方国家的法治精神相一致

如果说中国古代强调"贤人政治"、"以礼治国"，那么西方从它的文明开始，基本上就主张"以法治国"，虽然柏拉图初期在他的《理想国》中也崇尚贤人政治，但后期也不得不承认法律统治更重要。如孟德斯鸠的《论法的精神》，主张国家用明确严厉的法律规范约束人的行为，以至于本属于道德范畴的礼仪也具有几乎与法律一样的效力。礼仪发展至今日，西方的礼仪观念深入人心和法律意识的强大，这都是有历史渊源的。

2. 以美国为代表的实用主义礼仪文化

美国等西方国家强调天赋人权、自由、平等，崇尚个人英雄主义，加之实用主义的哲学理念，使美国成为创业者的乐园。中国五四运动时期，胡适将实用主义第一次传入中国。

(1) 实用主义。

实用主义(Pragmatism)是从希腊词"行动"派生出来的，是产生于19世纪70年代的现代哲学派别，在20世纪的美国成为一种主流思潮，对法律、政治、教育、社会、宗教和艺术的研究产生了很大的影响。同名图书《实用主义》是一本决定美国人行动准则的书，是美国的半官方哲学。

实用主义的特点是把实证主义功利化，把理论行动主义化，强调"生活"、"行动"和

"效果"，它把"经验"和"实在"归结为"行动的效果"，把"知识"归结为"行动的工具"，把"真理"归结为"有用"、"效用"或"行动的成功"。它深深地影响了 20 世纪后的美国国民的价值观念。

实用主义认为，当代哲学有两种主要分歧，一种是理性主义，是唯心的、柔性重感情的、理智的、乐观的、有宗教信仰和相信意志自由的；另一种是经验主义，是唯物的、刚性不动感情的、凭感觉的、悲观的、无宗教信仰和相信因果关系的。实用主义则是要在上述两者之间找出一条中间道路来，是"经验主义思想方法与人类的比较具有宗教性需要的适当的调和者"。

实用主义者忠于事实，但没有反对神学的观点，如果神学的某些观念证明对具体的生活确有价值，就承认它是真实的；将哲学从抽象的辩论上，降格到更个性主义的地方，但仍然可以保留宗教信仰；承认达尔文，又承认宗教，也不承认是二元论的，即既唯物，又唯心，认为自己是多元论的。

实用主义在一定程度上继承了贝克莱—休谟—孔德的经验主义路线(乔治·贝克莱与约翰·洛克和大卫·休谟被认为是英国近代经验主义哲学家的三位代表人物)，认为经验是世界的基础，主张把人的认识局限于经验的范围。但是，它也继承了叔本华、尼采等人的意志主义和狄尔泰、柏格森等人的生命哲学的非理性主义思想。

(2) 实用主义的主要论点。

实用主义强调知识是控制现实的工具，现实是可以改变的；强调实际经验是最重要的，原则和推理是次要的；信仰和观念是否真实在于它们是否能带来实际效果；真理是思想的有成就的活动；理论只是对行为结果的假定总结，是一种工具，是否有价值取决于是否能使行动成功；人对现实的解释，完全取决于现实对他的利益有什么效果；强调行动优于教条，经验优于僵化的原则；主张概念的意义来自其结果，真理的意义来自于实证。

(3) 具有实用主义色彩的西方礼仪。

美国加强了礼仪的实用主义色彩，礼仪知识显得实际，具有很强的可操作性。当今，美国的文化影响力几乎遍及全球。我们现在所学习的礼仪文化，几乎都是西方的现代礼仪。

作为中国人，应当分辨东西方礼仪文化的差异，继承中华民族传统礼仪文化的精华，再融会贯通，吸收西方礼仪文化的积极因素，形成独具特色的中华礼仪文化。

二、东西方礼仪文化的交融

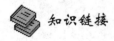 知识链接

毕加索为什么不敢来中国

毕加索被视为世界绘画大师，在巴黎的中国艺术家中却流传着"毕加索不敢去中国，因为中国有个齐白石"的说法。1956 年，张大千游历欧洲来到巴黎，欲拜谒毕加索。一开始有人婉言相劝，说毕加索性格孤傲古怪，他要是接待您，一好百好，假如您被拒之门外，有失身份。另一种说法是，张大千曾前后拜访毕加索三次，才最终见到毕加索。

毕加索在私宅接待了这位来自中国的大胡子画家，并搬出五本画册。这些画册每册有

三四十幅画作，竟全是毕加索本人临齐白石的作品。张大千一翻阅，有的画作几可乱真，即便看似随意的作品，也有常人难及之处。可见毕加索在中国画上倾注了心血，下了真工夫。

毕加索询问张大千对自己作品的看法。张大千直言不讳，告知他，他的画其余都好，只是对中国毛笔性能的了解和笔法掌握还略欠缺。中国毛笔的运用自有一套技术章法，叩开其门，才能登堂入室。张大千随即给毕加索讲述毛笔的运用、中国画设色的门路、墨色的调和以及中国画的意境表达手法与含义。毕加索认真听后对张大千说："我最不懂的就是你们中国人为什么要跑到巴黎来学艺术。"他还补充说："如果你们东方的艺术是面包，我们只能是面包渣！"

张大千和毕加索谈起艺术，毕加索认认真真地说："我认为，在这个世界上能谈艺术的，第一是你们中国人，其次是日本人，而日本的艺术又源自中国，第三是非洲黑人的艺术。"对齐白石，毕加索极为敬重："齐白石先生是你们东方一位了不起的画家！齐白石先生水墨画的鱼儿没有一点色，只用一根线去画水，却使人看到了江河、闻到了水的清香。那墨竹与兰花更是我不能画的。"据说张大千诚邀毕加索有时间造访中国，告诉他很多中国普通老百姓都知道他的名字。毕加索半开玩笑地说："我不敢去中国，因为中国有个齐白石。"

齐白石的绘画是中国近代绘画风格流变的主要代表，他突破中国民间画、文人画、宫廷画之间的森严壁垒，"以一个农夫的质朴之情、一颗率真的童子之心，运老辣生涩之笔，开创出中国画坛前所未有的境界"，得到社会各个阶层的崇敬与称赞。齐白石的绘画精神既师自然又师古人，写生与写意统一、工笔与意笔并蓄、传统与现代融汇，笔法炉火纯青，意境质朴无瑕，是近代少有的大手笔，在世界画坛上具有历史性地位。

在巴黎的艺术家，他们对中国传统艺术的评价经常是两种截然不同的观点。法国很多画家认为，中国画博大精深，精妙深邃自成体系，有很多想学却学不到的东西，由于离自己的生活太远，他们想了解和学习中国画，必须从全面了解中国文化开始，他们表示"有时间一定会学中国画"。不少华人艺术家认为，中国传统绘画本身已经过时了，是一种僵死的艺术，与现代人生活脱钩，跟不上时代发展，被时代淘汰了，研习中国传统绘画是浪费时间。

这样的情形在国内画家中也为数不少，作为中国艺术家，却对中国的民族艺术"妄自菲薄"！毕加索这样的天才，他起码对中国艺术与中国画家抱有一份敬意。退一步讲，毕加索虽然在艺术上开拓进取、标新立异，颠覆了西方传统绘画意识，是西方画家中对传统最彻底的叛逆者，但毕加索对传统绘画是心存敬畏的。

(一) 东西方礼仪文化的差异

1. 东西方人生观的差异对礼仪的影响

(1) 个性自由与集体主义。

西方人讲个性，重视个人自由，喜欢随心所欲，独往独行，不愿受限制。"自由、平等、博爱"就是西方资本主义革命的口号。中国文化则更多地强调集体主义，主张个人利益服从集体利益，主张同甘共苦、谦虚谨慎、团结合作。西方国家中，特别重视个人的隐私权，如个人状况、政治观念、宗教信仰、个人行为动向等。涉及个人隐私的内容都不能直接过问，也不愿意被别人干涉。

在礼仪的表达形式方面，西方礼仪强调实用，表达率直、坦诚。东方人以"让"为礼，凡事都要礼让三分，与西方人相比，常显得谦逊和含蓄。面对他人的夸奖时，中国人常常会说"过奖了"、"惭愧"、"我还差得很远"等字眼，表示自己的谦虚；而西方人面对别人真诚的赞美或赞扬时，往往会用"谢谢"来表示接受对方的美意。

西方人推崇个人奋斗，强调个人英雄主义，尤其为个人取得的成就而自豪，从来不掩饰自己的自信心、荣誉感。而相反，中国文化崇尚整体性大局观，不主张炫耀个人荣誉，提倡谦虚谨慎。

(2) 自我中心与无私奉献。

西方人自我中心意识和独立意识很强，首先体现在自己为自己负责。在弱肉强食的社会，每个人生存方式及生存质量都取决于自己的能力，因此，每个人都必须自我奋斗，把个人利益放在第一位。其次，西方人不习惯关心他人，帮助他人，不爱过问他人的事情。正由于以上两点，主动帮助别人或接受别人帮助在西方往往就成为令人难堪的事。因为接受帮助只能证明自己无能，而主动帮助别人会被认为是干涉别人私事。

中国人历来受到的教育是，个人要为社会负责，"我为人人，人人为我"，个人的价值是在对社会的奉献中体现出来的。中国文化推崇一种高尚的情操——无私奉献。在中国，主动关心别人，给人以无微不至的体贴是一种美德。发展至今，许多人即使做不到也要处处宣扬自己的无私或者说"伪善"，即所谓道貌岸然。中国文化的特点决定了个人不敢明目张胆地搞个人主义谋取自我利益。因此，中国人的心理特点与西方人是截然不同的，用西方人的心理学来解读中国人就会水土不服。在个人生活方面，中国人不论别人的大事小事、家事私事都愿主动关心，而这在西方则会被视为"多管闲事"。

(3) 创新精神与中庸之道。

西方文化鼓励人民开拓创新，做一番前人未做过的、杰出超凡的事业。美国人崇尚的是白手起家靠自我打拼创业成功的人士，或者是敢于创新甚至是标新立异的人，他们没有传统观念的束缚，敢作敢为，因而科技创新也日新月异。

而传统的中国文化则强调物极必反，要求人们不偏不倚，走中庸之道，中国人善于预见未来的危险性，更愿意维护现状，保持和谐。当然，近年来我国也大力提倡创新改革，但务实求稳心态仍处处体现，冒险精神仍是不能与西方人相比的。

2. 东西方社会习俗的不同对礼仪的影响

社会习俗的不同对礼仪的影响很多，其具体体现举例如下。

(1) 礼仪在男女平等方面体现得不同。

在欧美等西方国家，尊重妇女是其传统风俗，女士优先是西方国家交际中的原则之一。无论在何种公共场合，男士都要照顾女士，比如，握手时，女士先伸手，然后男士才能随之；赴宴时，男士要先让女士坐下，女士先点菜，进门时，女士先行；上下电梯，女士在前等等。

在东方传统文化中，讲的是夫为妻纲，子承父业，男子无论在家庭还是社会中都备受尊重，这主要受封建礼制男尊女卑、传宗接代思想观念的影响。

在现代社会，我们虽然也主张男女平等，但在许多时候，男士的地位仍然较女士有很大的优越性，女士仍有受歧视的现象，这是历史的原因造成的。中国传统文化的基因已经融入中国人的血脉之中，潜移默化地成为中国人的心理，不会因为文化大革命而瞬间消失，也不会因为《婚姻法》的规定而一夜之间就实现了真正的男女平等。当然，一味地强调男女平等也是不对的，毕竟男女有别，男女在性格、体力上是有差别的，男女在家庭和社会分工上是有区别的。阴阳是应当相辅相成相互配合的关系，男女平等也是不可一概而论的。

随着当今东西方文化交流的加深，西方的女士优先原则在东方国家也备受青睐。东西方文化的交融，也使东西方礼仪日趋融合、统一，更具国际化。

(2) 礼仪在家庭观念上体现得不同。

在对待血缘亲情方面，西方人独立意识强，相比较而言，不很重视家庭血缘关系，而更看重利益关系。他们将责任、义务分得很清楚，责任必须尽到，义务则完全取决于实际能力，绝不勉为其难，处处强调个人拥有的自由，追求个人利益。在西方国家，家庭观念比较薄弱。一方面，由于崇尚自立，孩子长大后就应当靠自己独立生活，像中国的"啃老族"现象是很少见的。另一方面，儿女成年后和父母间的来往则越来越少，致使许多老人时常感到孤独，晚年生活有一种凄凉感。

东方人非常重视家族和血缘关系，"血浓于水"的传统观念根深蒂固，人际关系中最稳定的是血缘关系。中国人的家族或者说家庭观念一直很强。过去讲究在宗庙祠堂拜祭祖先，家族的纽带、家法族规强烈地维系着这个家族的成员。老北京的四合院以及四世同堂就是中国人的生活方式的体现。即使到了今天，外出打工或留学工作的人，在中国的传统节日春节，无论如何都会想方设法回到家乡与家人团聚。在处理长幼关系时，以中国为代表的东方国家对待长者特别尊敬、孝敬。比如，在许多中国人看来，如果老人有子女，年老时子女把老人送到养老院或敬老院去生活，这就是不孝，过年过节儿女一般要和老人一起过。在中国农村一些地方，过年时，晚辈都要给长辈行跪拜礼。

3. 东西方等级观念的差异对礼仪的影响

东方文化尊卑等级观念强烈，受传统文化中三纲五常思想的影响，无论是在组织里，还是在家庭里，忽略等级、地位就是非礼。尽管传统礼制中的等级制度已被消除，但等级观念至今仍对东方文化产生着重大影响。在中国，传统的君臣、父子等级观念在中国人的头脑中仍根深蒂固。父亲在儿子的眼中、教师在学生的眼中有着绝对的权威，家庭背景在人的成长中仍起着相当重要的作用。另外，中国式的家庭结构比较复杂，传统的幸福家庭是四代同堂。在这样的家庭中，老人帮助照看小孩，儿孙们长大后帮助扶养老人，家庭成员之间互相依赖，互相帮助，亲情关系更加密切。

在西方国家，除了英国等少数国家有着世袭贵族和森严的等级制度外，大多数西方国家都倡导平等观念。特别在美国，崇尚人人平等，很少人以自己显赫的家庭背景为荣，也很少人以自己贫寒出身为耻，因为他们都知道，只要自己努力，是一定能取得成功的。正如美国一句流行的谚语所言："只要努力，牛仔也能当总统。"在家庭中，美国人不讲等级，只要彼此尊重，这就是为什么子女对父母可直呼其名。他们的家庭观念往往比较淡薄，不愿为家庭做出太多牺牲。

当然，中西方文化的不同导致的礼仪上的差异还有很多，在此不能一一深入探讨。总之，中西方之间有各自的文化习惯，由此也产生了不少不同的交往习惯。因此，随着我国经济的发展和对外交流、贸易的不断增加，我们不但有必要在与外国人交往或者前往别的国家之前，了解对方国家的礼仪习惯，而且必须加强对专业礼仪人才的培养，提高全民礼仪意识，这不仅是对对方的尊重，也为我们自己带来了便利，不但能避免不必要的麻烦与误会，还能在现代社会的多方竞争中争取主动，取得良好的结果或效益。

(二) 东西方日常礼仪的差异

由于东西方地理环境、历史背景和文化传统有着很大的差别，所以，中西礼仪在一些日常运用形式上存在明显的差异。

1. 问候礼仪差异

日常打招呼，中国人大多使用 "吃了吗？""上哪？" 等等，这体现了人与人之间的一种亲切感。可是对西方人来说，这样的问候很不适应，甚至觉得不愉快，因为西方人会把这种问话理解成为一种"盘问"，感到对方在询问他们的私生活。在西方，他们只说一声"Hello"或说声"早上好！"问候一下就可以了。

西方人最常用的问候语大多有两类：第一，谈天气；第二，谈近况。但只局限于泛泛而谈，不涉及隐私，可以说："最近好吗？"初次见面总要说"认识你很高兴"之类的客套话。

2. 称谓礼仪差异

在中国，只有对熟悉、亲密的人或对晚辈、下级才可以"直呼其名"。但西方在称谓上似乎"不拘礼节"，习惯于对等式的称呼。例如家庭成员之间，不分"上下长幼尊卑"，一般可互称姓名或昵称。在家里，可以直接叫爸爸、妈妈的名字。这在我们中国是不行的，必须分清楚辈分、老幼等关系，否则就会认为你不懂礼貌，分不清上下长幼尊卑了。

3. 服饰礼仪的差异

当今中国人穿着打扮日趋西化，传统的中山装、旗袍等已退出历史舞台。正式场合男女着装已经与西方几乎完全相同了。其实这是很遗憾的，作为中国人，还是应当开发出自己的适合现代生活的独特的礼仪服饰。中国人对于休闲装与正装概念有些模糊，下班后着正装的大有人在，进餐馆也很少有人换上正装；而西方国家则不然，下班后马上会换上休闲装，以 T 恤加牛仔服为主，进西餐馆会穿着很正式。

4. 餐饮礼仪的差异

中国人有句话叫"民以食为天"，由此可见中国人将吃饭看作头等大事。中国菜注重菜肴色、香、味、形、意俱全，甚至于超过了对营养的注重。西方的饮食比较简单，更注重科学的饮食观念。西方人在用餐时，讲究情调，似乎不太讲究味的享受。他们喜欢幽雅、安静的环境，并且在进餐时不能发出很难听的声音。中国人在吃饭时更在意饭菜的丰盛，大家在一起营造一种热闹温暖的用餐氛围。中西方宴请礼仪也各具特色。在中国，从古至今大多都以左为尊，在宴请客人时，将地位很尊贵的客人安排在左边的上座，然后依次安排。在西方则是以右为尊，男女间隔而座，夫妇也分开而座，女宾客的席位比男宾客的席位稍高，男士要替位于自己右边的女宾客拉开椅子，以示对女士的尊重。

5. 交谈礼仪差异

在西方，人们崇尚个性，个人利益是神圣不可侵犯的。人们日常交谈不涉及个人私事。有些问题是他们忌谈的，如询问年龄、婚姻状况、收入多少、宗教信仰、竞选中投谁的票等，都是非常冒昧和失礼的。看到别人买来的东西也从不问价钱。

美国人还十分讲究"个人空间"。两人谈话时，不可太近，一般以50公分以外为宜。不得以与别人同坐一桌或紧挨别人坐时，最好打个招呼，问一声"我可以坐在这儿吗？"得到别人允许后再坐下。

6. 在时间观念方面

西方人时间观念强，做事讲究效率。讲究"时间就是金钱，效率就是生命"，出门常带记事本，记录日程和安排，有约必须提前到达，至少要准时，且不应随意改动。西方人不仅惜时如金，而且常将交往方是否遵守时间当作判断其工作是否负责、是否值得与其合作的重要依据，在他们看来这直接反映了一个人的形象和素质。

遵守时间秩序，养成了西方人严谨的工作作风，办起事来井井有条。西方人工作时间和业余时间区别分明，休假时间不打电话谈论工作，甚至在休假期间断绝非生活范畴的交往。相对来讲，中国人时间观念比较淡漠，包括改变原定的时间和先后顺序，中国人开会迟到，老师上课拖堂，开会作报告任意延长时间是经常的事。这在西方人看来是不可思议的，他们认为不尊重别人拥有的时间是最大的不敬。

随着社会的发展，中西文化的不断融合，我们在传统礼仪的基础上，也在借鉴着西方的礼仪文明。我们借鉴西方礼仪，不仅借鉴它的形式，更要把握其内在灵魂，但无论是借鉴西方的礼仪，或者是我们自己的传统礼仪，都是以促进人类文明的发展、提高人类文明素质为目的的。

7. 禁忌习俗

西方人不喜欢13，缘起于基督教中的故事"最后的晚餐"，犹大出卖耶稣，有13个人。中国人不喜欢说4，因为与"死"同音，认为8、6吉利，偏向于双数，追求成双成对。中国人尊老，而西方人忌老。

中国人喜黄色，有图腾为"龙"，自视为龙的传人。而西方则认为龙是蛇，基督教中蛇就是撒旦、是魔鬼，黄色暗含断交之意。

在与人交谈时，西方人忌谈论个人私事、年龄、婚姻、收入等。中国人习惯称自己"礼不好，请笑纳"；西方人在送礼时不求贵重，意到便可，送礼收礼时亦少有谦卑之词，但礼品包装要求精美。中国人在馈赠送礼时不可"过时送礼，事后补礼"。与年长者不能送"钟"；乌龟有"王八"之称，亦不可作为礼品。礼仪文化处处透射着民族文化的特点。

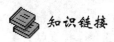 知识链接

中国人的吉祥文化

绵延数千年的中国传统文化长河中，吉祥文化是一条十分重要的支流。它凝结着中国人的伦理情感、生命意识、审美趣味与宗教情怀，源远流长，博大精深。它的核心在于帮助人们更好地生活，凡是人们认为好的东西，都会表现在吉祥文化之中，构成吉祥文化永恒的主题和美好的画面。

吉祥事、吉祥话、吉祥物，充满着中国文化的每一处空间，张道一先生曾将吉祥寓意的内容概括为十个字：福、禄、寿、喜、财、吉、和、安、养、全。这十个字代表了吉祥文化中最为普遍、最有代表性的观念。而春种夏收、娶妻生子、祝寿延年、开市营业、科

考应试、提拔晋职、乔迁新居等，则是人们最常见的生活图景，在每一个图景、每一处细节之中，我们都可感受到吉祥文化无处不在。

在中华民族5000多年的漫长岁月里，先民们巧妙地运用人物、走兽、花鸟、日月星辰、风雨雷电、文字等，通过借喻、比拟、双关、谐音、象征等手法，来表达自己对吉祥美好生活的向往。透过这一个个纹饰、图案、符号，可以看到中国人的生命意识、审美情趣、宗教情怀和民族性格。时至今日，吉祥符号、吉祥图案在中国几乎无处不在。吉祥对中国人而言，就像水之于鱼、天空之于鸟、空气之于人。吉祥符号已经成为国人生活中不可缺少的重要内容，可以说已经成为中国人的心灵慰藉。

每年腊月，中国各地的春节市场上的剪纸生意就异常红火。在铺天盖地的剪纸作品中，吉祥和祝福图案最多，四个柿子寓意"事事如意"，花瓶里插枝牡丹意味"平安富贵"，莲花上的两条鱼是祝福"连年有余"。"二十五，糊窗户"，这是春节民俗中贴窗花的日子。中国人一向认为窗花是喜庆、吉祥之物，能给来年带来好运。其实除了窗花，还有年画、春联、福字等，吉祥符号把年烘托得红红火火，让人感到欢欢喜喜。

有人粗略地统计过，我国约有201个吉祥用字，吉祥符号、图案有几百种，还不包含那些从一种符号中衍生出来的。我国民俗专家王作楫说："中国的吉祥符号大致分为吉祥神灵、吉祥动物、吉祥植物、吉祥数字、吉祥语言等八大类。这是几千年来，人们企盼美好生活、追求心理愉悦而形成的文化。"吉祥，按照字面的解释，就是"吉利"与"祥和"。所谓"吉者，福善之事；祥者，嘉庆之征"。《说文解字》中说："吉，善也；祥，福也。"吉祥就是好兆头，就是凡事顺心、如意、美满。因此，古往今来没有人不追求吉祥。中国吉祥文化丰富多彩，而对美好事物和前景的追求，是吉祥文化永恒的主题。

"麟、凤、龟、龙，谓之四灵。"这四者千百年来成为中国人生活中恒定认同的吉祥物。飞禽走兽、游鱼爬虫被人们赋予吉祥意义的动物应有尽有，如禽类中的仙鹤、喜鹊、鸳鸯等，兽类中的鹿、狮、虎、马、象等，鱼类中的鲤鱼、比目鱼等，虫类中的蝴蝶、蜘蛛等。龟称"万年"，鹤称"千代"，龟鹤合一就构成了一幅龟鹤齐龄、象征延寿的吉祥图案。被人们赋予吉祥意义的植物有花草、有树木、有果实，它们表示吉祥意义时多以组合图案构成，如"岁寒三友"、"天地长春"就是用植物来表现吉祥内容的。"杞菊延年"的吉祥图，画的是菊花和枸杞。石榴象征多子多福，橘象征大吉，佛手象征幸福，芙蓉象征荣华富贵，等等。

年画是中国人过春节时必不可少的吉祥之物，此外，还有红春联、红灯笼、红鞭炮、红衣裙、红窗花、红福字等，到处一片红火，把年烘托得热热闹闹。老百姓春种夏收、娶妻生子、祝寿延年、开市营业、科考应试、提拔晋职、乔迁新居等与人生有关的大事都包含有吉祥文化。近年，它还广泛地存在于国家层面的活动、仪式上。中国社会这种浓厚的吉祥观，可谓中国文明的一大鲜明特色。毫无疑问，吉祥意识、吉祥文化已深深地植入中国人的生活中，中国的吉祥物、吉祥符号之多，大概没有其他国家可比。

三、建设有中国特色的社会主义礼仪文化体系

马丁·路德·金曾说："一个国家的繁荣，不取决于它的城堡之坚固，也不取决于它的

公共设施之华丽；而在于它的公民的文明程度，即在于人们所受的教育、人们的远见卓识和品格的高下。这才是真正的利害所在、真正的力量所在。"人类的文明，在本质上是相通的，随着世界经济的不断发展和融合，东西方礼仪文化也在不断融合。

(一) 西方礼仪的迅猛发展

1. 现代礼仪基本上是西方礼仪

不可否认，当今国际通行的礼仪基本上是西方礼仪。产生这种现象的原因一方面是西方经济发达，商品经济发展起步早，西方的科技水平实力强大；另一方面，深层的原因在于西方人价值观的统一，在于西方人对自身文化的高度认同和深刻觉悟。这一切与基督教的社会基础密切相关，因为礼仪是宗教的重要活动方式，由于对宗教的虔诚信仰，西方人从小就接受这种礼仪的教育与熏陶，使得礼仪能够自然地表现在人的行为之中。精神与物质、政治与文化的高度契合，使得人们获得高度的自信与优越感，正是西方人的自信与优越感赋予了西方文化强大的感染力，再加上美国的强势及其文化席卷全球，使其礼仪文化被视为世界标准。对照我们现在的中国社会状况，我们与西方的礼仪差距是明显的。

2. 中国现代礼仪的建立过程中要避免盲目热衷于西方而丧失自我

孔子说"君子和而不同"，意思是说要承认"不同"，在"不同"的基础上形成"和"，即和谐、融合，能使事物得以发展。今天的全球化时代，文化交流日益频繁，用"和而不同"的态度来对待中西文化交流，在承认和尊重不同文化的差异基础上吸收对方优秀的文化成果，更新自己的传统文化，亦即洋为中用、古为今用，推陈出新，使自己的文化跟上时代，臻于先进的水平，才是一种积极可取的态度。

在中西礼仪文化的融合过程中，中国人未免盲目热衷于西方，不自觉中陷入两个误区：其一，是拿西方的礼仪取代我们中华民族的传统礼仪。比如在青年中，举行外国式婚礼、过西方节日等，都是不容忽视的倾向。礼仪是一个民族最具代表性的东西。对西洋礼仪只是作为民俗知识了解一下无可厚非，如果趋之若鹜，就失去了民族的自尊，本民族的传统礼仪也会被淹没。其二，是把礼仪教育的重点集中在操作层面，比如鞠躬要弯多少度，握手要停几秒钟等。这些问题不是不可以讲，但如果只做表面文章，礼仪就成了空洞的形式主义。

3. 在借鉴西方礼仪的同时要保持自己的灵魂有对自身传统文化的继承和高度认同

中西方礼仪文化的融合，在当今中国，更多的还是借鉴西方。但无论是借鉴西方的礼仪，或者是我们自创一套礼仪系统，这在形式上都不难。难的是我们也能有一个完整的价值体系，有对自身文化的高度认同和深刻觉悟。我们借鉴西方礼仪，不在于借鉴它的形式，更应当保持中国礼仪内在的灵魂，只有这样我们才能建立起自己的自信和优越感，才能确立我们的感染力。民族的复兴不仅是实力的复兴，更是一种文化的复兴。只有别人也认同中国的文化，才能真正使中国现代的礼仪行于世界。

(二) 中国传统礼仪文化的继承和发展

1. 辩证地看待中国传统礼仪文化的衰落

中国作为四大文明古国之一，中国的文化是连续的、整体性的、注重大局的，作为礼仪之邦，重德行，贵礼仪，在世界上素来享有盛誉，即使在全球化的今天，面对全球性问题的出现，中国传统文化思想仍然有其独到的价值。但中国同时又是一个开放发展的国家，随着中西方文化日益交融，西方文化有抢占中国文化市场、领导中国文化市场的倾向，这是值得关注的现象。我们既要了解这种现象迅猛发展的原因，又该逐步透析如何创造中国特色礼仪文化。

近代以来，由于国势衰微，列强入侵，国人基于时变，把落后挨打归咎于传统文化，这有一定道理，但我们试想一下，一个知书达理的书生，挨了强盗的打，人们可以责怪他没有拳勇，但却不可责怪他不该知书达理。如果书生从此丢掉书本，只练武功，成了没有文化的"强人"，那才是真正的悲剧。

任何一个民族的文化都不可能是万世一贯的，而只能与时俱新，弃其糟粕。优秀文化的因子，往往历久弥新，长久地存活在历史的长河中，持续地影响着民族的精神和面貌。人类社会终将进入一个人人讲信修睦，彼此虔敬礼让的文明时代，因此我们既要习武强身，又要弘扬既有文化，礼乐文化终究有它新的用武之地。

我国的传统文化在韩、日保存颇多，并继续在社会生活中发挥积极作用。令人汗颜的是，在本土，传统文化的流失速度却是非常惊人的，人际交往、婚宴生日、重大节日无不在西化，越来越失去民族特性。若本位文化国民抛弃，它的消亡也就不会太远了。炎黄子孙，有识之士，当知忧矣。

2. 中华民族文化的继承与复兴

文化是民族的基本特征，文化存则民族存，文化亡则民族亡，作为文化重要的一支，礼仪文化，更显其重要性。古往今来，真正灭绝于种族屠杀的民族并不多，而灭亡于固有文化消失的民族却是不胜枚举。

中国，世界四大文明古国中唯一没有发生过文化中断的文明，在未来的世纪中，中华文明能否自立于世界民族之林，基本前提之一，就是能否在吸收外来文化的基础上，建立强势的本位文化，这无疑是具有战略意义的大事。礼乐文化是中华传统文化的核心，能否将它的精华发扬广大，对于本位文化的兴衰至关重要。

从礼仪的产生和渊源来看，应当说我们东方的礼仪更加注重内涵，注重从人的内心入手，加强人的自我约束和规范，这是更理想的、基本上是以道德规范为主治理社会的一种体现形式，并且在过去的岁月里，确实创造了辉煌；而西方的礼仪，相对比较表面化、规范化，如到路易十五时期甚至登峰造极，空泛地追求所谓的贵族气质，失去了礼仪以尊重他人为核心的根本，沦为可笑的束缚。但是由于西方礼仪文化的背后有着强有力的法律规范和宗教规范的支撑，西方的礼仪文明和社会秩序发展到今天，在一定程度上确实井然有序、文明有礼。到了今天，美国又加强了礼仪的实用主义色彩，显得更加实际，具有可操作性，这是我们学习礼仪时应注意区分的。

中国人的礼仪之路、治国之道，既要坚持以德治国，又要大力加强依法治国；学习礼仪之道，既要保留中华民族注重内涵的特点和作为礼仪之邦的大国风范，又要摒弃封建礼教中不合理、不适应时代发展的部分，学习借鉴西方文明礼仪规范，弥补我们自身的不足。遗憾的是，我们有些人，既没有了内涵，又不注意形式，表现得蛮横无理又没有教养，成为了"丑陋的中国人"，为国人抹黑。这是我们要深思和警醒的。

当今社会是一个重视礼仪文明的时代，礼仪不仅显示一个人的素养，而且还会影响一个人的人生发展。一个崇尚礼仪的人,不仅能够抓住转瞬即逝的人生机遇,更能为自己的发展储蓄人情,进而获取丰富的人脉资源。一个没有良好礼仪风范的人,即使有精明的头脑、超凡的能力,也无法走向成功。

古今中外,许多杰出人士都是有着共同的成功经验的。他们凭借良好的礼仪,奋发向上做出了一番伟业,从而名垂青史。三国期间,以舌战群儒著称的蜀相诸葛亮,凭借其聪明睿智和良好礼仪,游刃于吴、蜀之间,最终实现了联吴抗魏的宏伟大业;被誉为"铁娘子"的英国首相撒切尔夫人,以其独具一格的礼仪魅力,在风云变幻的英国政坛上叱咤风云,成为三任英国首相;周恩来总理以其光彩四溢的魅力广结各国朋友,赢得世界各国人民的普遍尊敬。

(三) 融会贯通,建设有中国特色的现代礼仪文化

从本质上看,东西方礼仪文化的实质精神是一致的,礼仪都应是社会道德水平、法律秩序、文明礼貌的体现。

人无礼则不立,事无礼则不成,国无礼则不宁。一个礼仪缺乏的社会,往往是不成熟的社会。而一个礼仪标准不统一甚至互相矛盾的社会,往往是一个不和谐的社会。礼仪,是整个社会文明的基础,是社会文明最直接最全面的表现方式。创建和谐社会,必须先从礼仪开始。中国今天面临前所未有的挑战,无论是物质方面还是精神方面,都急迫地需要一套完整而合理的价值观进行统一。而礼仪文化无疑是这种统一的"先行军",只有认清中西礼仪文化的差异,将二者合理有效地融合,方能建立适合中国当代社会的礼仪文化体系,达到和谐社会的理想。在这个重视礼仪文明的时代,礼仪不仅显示一个人的素养,还体现着一个国家的文明程度。

东方的礼仪不仅涉及人的外部表现,更强调人的内在涵养和气质修养。它是发之于内而形之于外的,甚至可以说是一个人独特气质的完美外现。想得到大家的欢迎,要大家记住你,就要拥有独特的气质。高雅而独特的气质如同黑夜中的一束光,它能够在社交场所转化为强大的吸引力,使别人的目光不约而同地聚焦在你的脸上。气质独特的人不仅能够吸引他人,而且还会给他人留下美好的印象。

作为中国人,应当分辨东西方礼仪文化的差异,继承中华民族传统礼仪文化的精华,再融会贯通,吸收西方礼仪文化中的积极因素,形成独具特色的中华礼仪文化,这是当务之急,是实现中国梦、完成中华民族伟大复兴的重要内容之一。

第三节 礼仪修养与道德修养

 案例引导

不拘小节是致命伤

对于 20 世纪 60 年代发生的一起外交事件,泰国人至今感到耻辱。当时美国总统约翰逊应邀到泰国访问,泰国上下都很关注,电视台现场直播。在贵宾室中,约翰逊落座在沙

发上，脚高高地跷在沙发扶手上，很不雅观，脚冲着电视观众，似乎在和国王指着鞋子说什么。紧接着，这位总统又站了起来，走向邻座的泰国王后，还没等人们明白是怎么回事，他就和王后来了个德克萨斯式的热烈拥抱。王后躲也不是，不躲也不是，窘得手足无措，国王也面露尴尬之色。约翰逊总统的这一举动使泰国人惊诧不已，愤怒有加。第二天，泰国新闻媒体就对约翰逊总统的失当举动做了猛烈抨击，约翰逊只得悻悻而归。

泰国是个君主立宪制国家，还严格地保留着王室的礼仪，国王是神圣的、不能被触摸的，而王后更是金身玉体，谁也碰不得。约翰逊不能以东西方文化传统的差异为借口为自己辩解，只能归咎于自己不拘小节的性格，使他在庄重的场合，犯了礼仪上的错误，影响很大。

英国女王曾说："礼仪是防止由于无礼、放恣和教育不良而产生的各种冒犯行为的非常有效的手段。"

一、礼仪与道德修养

日本当代礼仪专家松平靖彦在《正确的礼仪》讲道："礼仪是人们在日常生活中为保持社会正常秩序所需要的一种生活规范，礼仪本身包含人们在社会生活中应予遵守的道德和公德，人们只有不拘泥于表面的形式，真正使自己具备这种应有的道德观念，正确的礼仪才得以确立。"这段话，很好地阐明了礼仪与道德的关系，解释了礼仪的本质。我们作为保险专业的学生，要想学好保险礼仪，具备从业所必需的礼仪素养，就必须深刻领会礼仪的精神本质，明确礼仪规范与道德规范的关系，因此，更加应当掌握和深入理解保险行业的职业道德，并且身体力行，这样才能真正把保险礼仪落到实处。

(一) 礼仪修养的含义

1. 礼仪修养的含义

修养，既是指一种境界，又指为达到这种境界而进行的锻炼、陶冶。

礼仪修养，是指个人依据一定的礼仪原则和礼仪规范的要求所进行的自我锻炼、自我改造的过程，以及由此所达到的一定的境界。

2. 礼仪修养的重要性

在中国传统的"礼乐射御书数"六艺之中，"礼"位列第一，这充分说明礼仪修养在古代的重要性。礼仪，作为中国传统文化的一个重要组成部分，其影响延续至今，需要我们创造性地继承与发扬。

不管什么时代，对于任何民族和个人，礼仪修养都是十分重要的。无数仁人志士，怀大志、拘小节，注重自身的修养，实现了自身的价值，为社会做出了自己的贡献。

3. 礼仪修养的特征

(1) 以美为目标。

礼仪具有美的价值。审美，追求美，塑造美好的形象，使生活更加美好。

(2) 以道德修养为基础。

礼仪的本质为道德，礼仪的修养，实质就是思想道德的修养。

礼仪是个人的公共道德修养在社会活动中的体现，它反映的是一个人内在品格与文化的修养。若缺乏内在的修养，个人也就不可能自觉遵守、自愿执行礼仪规范的具体要求。只有"发于己"才能"形于外"。

(3) 以真诚为信条。

礼仪修养的核心是真诚。如果讲礼仪只是摆花架子，没有对人的真诚做基础，那么，礼仪就失去了生命力，将变得毫无意义甚至是虚情假意，引起人们的反感。

(4) 以自觉自律为桥梁。

只有当人们对礼仪的基本精神充分领会，达到较高的认知水准后，才有可能用心并坚持不懈的努力，自觉地将礼仪规范内化为自己的行为习惯，在这一点上，与道德修养的途径和路线是一致的。

(二) 礼仪修养的体现

1. 女士的礼仪修养

(1) 女士要庄重、沉稳，切不可轻浮、随便。

这是有教养、有知识的女性共有的特点，也是礼仪修养的要求。不管与什么样的男士交往，这一点是绝对需要的。有些女性见到男士后，说起话来滔滔不绝、手舞足蹈、眉飞色舞的样子，不论是出于什么目的，都是不可取的。

(2) 女士与男士交往分寸感要强。

这里所说的分寸感就是指要掌握一定的度，以合适为好，不要太热情，也不要太冷淡。即使是熟悉的人，或者关系亲密的人，在公共场合交往时，也不要表现出亲密无间的样子，更不要给别人以亲昵的感觉，以免给别人造成错觉甚至误会。

女士得到男士的照顾在西方是很自然的事情，但是一定要明察秋毫，弄明白男士是出于礼仪还是有其他什么用意，然后根据具体情况恰当处理。

(3) 女士要自尊自爱，要光明正大，自立自强。

工作中不要挑肥拣瘦，拈轻怕重，随便把重活推给男士，使男士产生反感。女士也不要轻易给男士增添麻烦或造成额外的负担，也不要随便接受男士的邀请或约会，一般不要随便与男士一起进餐，更不要让男士掏钱请客，俗话说，好吃难消化，谨防出现不良后果。

(4) 要公私分明，有事业心和责任感。

在办公室里，在工作时间就专心致志地办理公务，私人的事不要在工作时处理，特别是与男士有私事商量不要在公众面前进行。要不断提高自身的素养，培养事业心和责任感，与可信赖的男士多交往，在交往中相互学习，取长补短。

(5) 青年女性衣着打扮应当得体。

女大学生要保持自己的年龄特征，即纯朴、自然、大方、活泼的本性，切忌"薄、露、透"或打扮得过分耀眼和装腔作势。有些女青年喜欢把自己打扮得妖艳出众，与异性交往表现出矫揉造作、卖弄风情的样子，按照传统的理念，这样的言行打扮并非良家淑女。

2. 男士的礼仪修养

(1) 男性首先要正直、正派。

在人际交往中一位充满正气的人，和女士交往就会自然、大方、得体，若照顾女士须从礼仪的角度出发。我国与外国不同，美国和阿拉伯国家也很不一样。从原则上讲，要把国际通行的礼仪要求和中华民族的文化传统、风俗习惯结合起来，在具体实施上要区别对待。例如进出门，要把女士让在前面，上下车为女士打开车门，在需要使用体力的情况下把轻活让给女士等，都要根据当时的环境而恰当处理。

(2) 男士要把信誉放在首位。

说话算数，办事负责，工作认真，与女士交往要谦虚、和气、有礼貌、有责任感，这样就会取得女士的信任。清朝的李子潜编写的《弟子规》一书中说："凡出言，信为先，诈与妄，奚可焉"；"凡道字，重且舒，勿急疾，勿模糊"。不仅说话必须讲信用，而且任何时候都不得有诈与妄的行为。交代事情必须说得清清楚楚，便于女士理解和帮忙。

(3) 大度是男性最突出、最重要的特征之一。

从大处着眼，目光远大，胸怀大志，不计较小是小非，宽厚待人，这样就能赢得周围人们的好感，更会获得女性的赞赏和亲近。

(4) 男性要刚柔相济。

按照中国传统的阴阳学说，男为阳，阳刚之气较足，即积极、主动、坚强、果断等，但若能刚柔并济则更好。根据具体情况和环境，当柔则柔，大事清楚，小事糊涂，该让就让，尤其与女性交往和接触时，必须善于体察其实际情况和需要，以礼相待，给予必要的关心、照顾，体现出绅士风度。

(三) 道德修养

按照中国古代"礼"的含义，礼仪修养与道德修养的精神实质是一样的。

1. 道德

道德是由一定的经济基础决定的上层建筑和意识形态，是以善与恶、正义与非正义作为评价标准的，通过社会舆论、传统习惯和人们的内心信念来调整的个人、集体、社会之间的社会关系的行为规范的总和。

2. 道德品质

道德品质亦称品德或德性，它是一定社会或一定阶段的道德原则、规范在个人身上的体现和凝结，是处理个人与他人、个人与社会关系的一系列行为中所表现出来的比较稳定的特征和倾向。

3. 道德品质的形成

马克思伦理学认为，道德品质是在一定的社会条件下，通过社会实践和教育及个人自觉锻炼、修养逐渐形成的。道德品质的构成，从心理学角度分析，包括知、情、意、行四个环节。

(1) 道德认知：对道德规范、原则的了解认同；

(2) 道德情感：对自己或他人道德行为所产生的倾慕、鄙弃、爱憎等情绪态度；

(3) 道德意志：履行道德义务过程中，克服困难和障碍，使道德行为得以坚持的毅力和精神；

(4) 道德行为：是道德品质的客观标志，道德认知、情感、意志都要在道德行为中体现和表现出来。

道德修养贵在自觉自愿，知行统一，践行社会主义核心价值观。总之，要认真学习，把握自我；勤于实践，塑造自我；严格要求，完善自我。

4. 礼仪修养与道德修养

礼仪与社会主义思想道德建设关系密切。礼仪是社会公德的基本表现形式，也是职业道德、家庭美德和社会公德的内在要求。因此，礼仪修养与道德修养殊途同归，相辅相成，二者都是社会主义精神文明建设和市场经济建设的重要内容。

 知识链接

干净的容颜（《读者》）

采访一位生意人，开饰品店的，干净的面容，干净的眼神，干净的打扮。他的生意一直很好，回头客居多。他的经验里，我最感兴趣的是其中一条：他找给顾客的钱，全是新的、干净的、无折痕的，每天他都要去银行换新票以及脆亮的硬币。顾客收到找回来的钱，心里往往会有这样一个推理：连钱都可以那么干净，人应该不坏，也更可信些。

在浮躁喧嚣、尘土飞扬中，很多人在竞争、奋斗里，渐渐变得好斗、复杂、神经质，或者一脸浑浊或者满面愁怨。有天，一位女同事在路口停下，摇下车窗，认真地表扬我，"你怎么保养的？人到中年，还可以有这样清澈的眼神，而且带着无辜……"她笑说，这是最好的生命保鲜。

我也很享受人们一路说我"显年轻"、"比实际年龄小 10 岁"等赞誉，是的，我认为这是一种赞誉。只是，想不到我的同事可以换一种角度看到我年轻的根源，那是眼神里的清澈、单纯。眼睛是心灵之窗，内心干净，才有眼神的干净。很多时候，你的沧桑，是因为心老，满面尘埃。

小时候，幸福是件很简单的事；长大后，简单是件很幸福的事。一个面容干净的人，一定不坏，心里常常住着一个小孩，天真，无邪，无形里替其抵御城府或者腐败。内心干净的人，因为单纯而显得年轻，甚至有些淡淡的青涩与害羞。

简单、天真、自然干净，到了一定年龄层次后，"干净"就会转化提升成"清雅"，一种返璞归真的人格魅力。清雅不仅仅是气质，更是一种可贵的品质，这何尝不是一种生命的奖赏。

二、继承和发扬中华民族基本精神

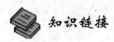 知识链接

解决人类文明危机的希望

1972 年，英国哲学家、社会学家汤因比教授与日本社会学教授池田大作关于《展望二十一世纪》的对话中谈到："至今为止，人类创造的许多文明都衰落下去了，西方文明兴盛了几百年，也在走向衰落。解决人类文明危机的唯一希望在中国文明，以中国文明为轴心向外传播，世界统一，是避免人类集体自杀之路。在这点上，现在世界各民族最具充分准

备的，是两千年来培育了独特思维方法的中华民族。"对于现代人类社会来说，把对"天下万物的义务和对亲密家庭的义务等同看待的儒家立场是合乎需要的。"可见中华民族传统文化是帮助人类摆脱困境的精神财富，是振兴中华的强大精神财富。

(一) 中华民族传统文化的基本精神

一个民族能够也是必须传承下来的就是民族的魂——民族精神。民族精神是指一个民族在长期的共同生活和社会实践中形成的，为本民族大多数成员所认同的价值取向、思维方式、道德规范、精神气质的总和。民族精神包括爱国主义精神、团结统一、爱好和平、勤劳勇敢、自强不息。继承和发扬中华民族的优良传统是提高民族人格素质，防止社会道德滑坡的精神力量。我们中华民族的基本精神，在此可以表述如下：

1. 重整体、顾大局的整体协调精神

《周易大传》中："天人协调说"认为人与自然的关系是：人与天地组成一体，各不可取代。儒家把包括天、地、人在内的宇宙变化理解为一个和谐、秩序井然的生生不息的大流，只有这个大系统和谐运转，天、地、人"三才"才能获得生存发展，任何一方都无法单独存在。在这种重整体、重系统的哲学世界观的指导下，儒家产生了最高价值标准——"和谐"！《中庸》中有："致中和，天地位焉，万物育焉"，"礼之用，和为贵"。

2. "仁者爱人"的朴素人道主义精神

儒家认为，在天地人"三才"中，人居于十分重要的地位。荀子曰："水火有气而无生，草木有生而无知，禽兽有知而无义，人有气有生有知亦有义，故最为天下贵也。"因人有"义"，即有道德，是以为人，为贵。孔子提倡"仁者爱人"。儒家将仁看得很高，仁——二人，即人与人相处，要推己及人，相互关心、爱护，这是做人的根本。在社会治理方面，重视"德治"，要求当权者从正自身开始治理社会和国家，"其身正，不令而行"。

3. 刚健有为、自强不息的奋斗精神

《周易大传》曰："天行健，君子以自强不息。"即天体运行，永无休止，故为健，君子应效法。刚健有为者，须具备的品质：一是对抗外部压力的品质；二是对付来自本身弱点的品质。"独立不惧"、"立不易方"，首先要战胜自己，老子云"胜人者有力，自胜者强"(能战胜自己的人，才是真正的强者)。《周易大传》曰："君子敬德修业，欲即时也"；"终日乾乾，与时偕行"(做人还须"变通"，客观世界永恒变化，人的思想也须随之而变)。应有"变革"的品质："天地变而四时成"，"穷则思变，变则通，通则久"。"刚中"，"能止健，大正也"，即指健而不妄行，不过刚，不走极端，以防"物极必反"、"过犹不及"。

4. "天下为公"的爱国主义精神

孔子《礼记》云："大道之行也，天下为公，选贤与能，讲信修睦。故人不独亲其亲，不独子其子；使老有所终，壮有所用，幼有所长，鳏、寡、孤、独、废疾者皆有所养。"这是儒家的社会理想、道德理想——孔子理想中的大同世界。要建立公正、互爱、富庶、美好的社会，需要崇高的境界——"善"。

5. 厚德载物的宽容精神

《周易大传·坤象传》曰："地势坤，君子以厚德载物。"坤即顺，承载。大地载物，包容生长万物，意喻人应效法天地以大地般宽广的胸襟承载万物，集中表达兼容并包的精神。

老子《道德经》曰："人法地，地法天，天法道，道法自然。"老子强调，以遵循天地宇宙自然规律为最高法则。因此说"上善若水，厚德载物"。

6. 重修养、讲内省的自律精神

"慎独"、"见贤思齐"、"改过迁善"、"一日三省吾身"。传统伦理学认为：人的一生最重要的非物质享乐和权利的占有，而是遵守道德、完善人格(最高人生价值)，并论证：

(1) 人与动物的区别——有道德；

(2) 肉体生命与精神生命，后者更为重要，道德人格比肉体生命重要。

孟子曰："生，吾所欲也，义，亦吾所欲也，二者不可得兼，舍生而取义者也"、"志于道"，终生践行，发自内心，自律。

7. 追求崇高人格的重德精神

"内圣外王"的人格修养路线——"致知、格物、正心、诚意、修身、齐家、治国、平天下"。孔子的道德理想是让人成为"君子"，重"仁"，讲"礼"，仪容端庄，慎言敏行，好学崇德，而君子中的佼佼者则为"圣人"。孟子认为"大丈夫"的理想人格是"居天下之广居，立天下之正位，引天下之大"，"富贵不能淫，贫贱不能移，威武不能屈"，"天将降大任于斯人也，必将苦其心志，劳其筋骨，饿其体肤，空乏其身，行拂乱其所为，增益其所不能"。

在长期的历史发展中，中华民族优良道德传统已经深入到全民族的思维方式、价值观念、行为方式和风俗习惯之中，使中华民族历经无数磨难与困苦，始终屹立在世界的东方。

(二) 注意正确对待中华民族传统文化

1. 运用马克思主义的辩证否定观

发扬"扬弃"的精神，取其精华，去其糟粕，既克服又保留，既变革又继承，既不全面照搬，也不全盘否定，不走极端。若全盘否定本民族的传统文化，一是违背人类理性的、传统文化的根——人类的智慧、人类的本性，二是等于民族自杀，难免出现身份危机，心理失落。

2. 当代哲学家冯友兰的"人生境界说"(选自《中国哲学简史》——冯友兰)

(1) 哲学在中国文化中的地位：在中国古代，哲学与每位知识分子都有关系。哲学是对人生的有系统的反思的思想。哲学是人生论、宇宙论、知识论。

(2) 哲学的功用，不在于增加积极的知识，而在于提高心灵的境界。

(3) 中国哲学的问题和精神是说，为学的目的是使人作为人能够成为人，而不是成为某种人。即成为品德高尚的人即圣人或者说做一个纯粹的人，个人与宇宙同一，是个人可能有的最高成就。

(4) 冯友兰的"精神境界说"：

① 自然境界：按本能或社会风俗习惯去做事，对所做的事，并无觉解或不甚觉解；

② 功利境界：意识到为自己做各种事；

③ 道德境界：超越一己之私，意识到人是社会的一员，而为社会利益做各种事；

④ 天地境界：意识到自己是宇宙的一员，并为宇宙的利益做各种事。

有人说，人生两件事：学做人，学做事。先做人，后做事。

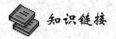

中国人的精神

——辜鸿铭

真正的中国人就是有着赤子之心和成年人的智慧、过着心灵生活的这样一种人。我曾听一位外国朋友这样说过：作为外国人，在日本居住的时间越长，就越发讨厌日本人。相反，在中国居住的时间越长，就越发喜欢中国人。这位外国友人曾久居日本和中国。我不知道这样评价日本人是否合适，但我相信在中国生活过的诸位都会同意上述对中国人的判断。一个外国人在中国居住的时间越久，就越喜欢中国人，这已是众所周知的事实。中国人身上有种难以形容的东西。尽管他们缺乏卫生习惯，生活不甚讲究；尽管他们的思想和性格有许多缺点，但仍然赢得了外国人的喜爱，而这种喜爱是其他任何民族所无法得到的。我已经把这种难以形容的东西概括为温良。如果我不为这种温良正名的话，那么在外国人的心中它就可能被误认为是中国人体质和道德上的缺陷——温顺和懦弱。这里再次提到的温良，就是我曾经提示过的一种源于同情心或真正的人类的智慧的温良——既不是源于推理，也非产自本能，而是源于同情心——来源于同情的力量。那么，中国人又是如何具备了这种同情的力量的呢？

我在这里冒昧给诸位一个解答——或者是一个假设。诸位愿意的话，也许可以将其视为中国人具有同情力量的秘密所在。中国人之所以有这种力量、这种强大的同情的力量，是因为他们完全地或几乎完全地过着一种心灵的生活。中国人的全部生活是一种情感的生活——这种情感既不来源于感官直觉意义上的那种情感，也不是来源于你们所说的神经系统奔腾的情欲那种意义上的情感，而是一种产生于我们人性的深处——心灵的激情或人类之爱的那种意义上的情感。

下面让我们看看中国人是否过着一种心灵的生活。对此，我们可以用中国人实际生活中表现出的一般特征，来加以说明。

首先，我们来谈谈中国的语言。中国的语言也是一种心灵的语言。一个很明显的事实就是：那些生活在中国的外国人，其儿童和未受教育者学习中文比成年人和受过教育者要容易得多。原因在于儿童和未受教育者是用心灵来思考和使用语言的。相反，受过教育者，特别是受过理性教育的现代欧洲人，他们是用大脑和智慧来思考和使用语言的。有一种关于极乐世界的说法也同样适用于对中国语言的学习：除非你变成一个孩子，否则你就难以学会它。

其次，我们再指出一个众所周知的中国人日常生活中的事实。中国人具有惊人的记忆力，其秘密何在？就在于中国人是用心而非脑去记忆。用具同情力量的心灵记事，比用头脑或智力要好得多，后者是枯燥乏味的。举例来说，我们当中的绝大多数儿童时代的记忆力要强过成年后的记忆力。因为儿童就像中国人一样，是用心而非用脑去记忆。

接下来的例子，依旧是体现在中国人日常生活中，并得到大家承认的一个事实——中国人的礼貌。中国一向被视为礼仪之邦，那么其礼貌的本质是什么呢？这就是体谅、照顾他人的感情。中国人有礼貌是因为他们过着一种心灵的生活。他们完全了解自己的这份情感，很容易将心比心推己及人，显示出体谅、照顾他人情感的特征。中国人的礼貌虽然不像日本人的那样繁杂，但它是令人愉快的。相反，日本人的礼貌则是繁杂而令人不快的。我已经听到了一些外国人的抱怨。这种礼貌或许应该被称为排练式的礼貌——如剧院排戏一样，需要死记硬背。它不是发自内心、出于自然的礼貌。事实上，日本人的礼貌是一朵没有芳香的花，而真正的中国人的礼貌则是发自内心、充满了一种类似于名贵香水般奇异的芳香。

我们举的中国人特性的最后一例，是其缺乏精确的习惯。这是由亚瑟·史密斯提出并使之得以扬名的一个观点。那么中国人缺少精确性的原因又何在呢？我说依然是因为他们过着一种心灵的生活。心灵是纤细而敏感的，它不像头脑或智慧那样僵硬、刻板。实际上，中国人的毛笔或许可以视为中国人精神的象征。用毛笔书写绘画非常困难，好像也难以准确，但是一旦掌握了它，你就能够得心应手，创造出美妙优雅的书画来，而用西方坚硬的钢笔是无法获得这种效果的。

正是因为中国人过着一种心灵的生活，一种像孩子的生活，所以使得他们在许多方面还显得有些幼稚。这是一个很明显的事实，即作为一个有着那么悠久历史的伟大民族，中国人竟然在许多方面至今仍表现得那样幼稚。这使得一些浅薄的留学中国的外国留学生认为中国人未能使文明得到发展，中国文明是一个停滞的文明。必须承认，就中国人的智力发展而言，在一定程度上被人为地限制了。众所周知，在有些领域中国人只取得很少甚至根本没有什么进步。这不仅有自然科学方面的，也有纯粹抽象科学方面的，诸如科学、逻辑学。实际上欧洲语言中"科学"与"逻辑"二词，是无法在中文中找到完全对等的词加以表达的。

像儿童一样过着心灵生活的中国人，对抽象的科学没有丝毫兴趣，因为在这方面心灵和情感无计可施。事实上，每一件无需心灵与情感参与的事，诸如统计表一类的工作，都会引起中国人的反感。如果说统计图表和抽象科学只引起了中国人的反感，那么欧洲人现在所从事的所谓科学研究，那种为了证明一种科学理论而不惜去摧残肢解身体的所谓科学，则使中国人感到恐惧并遭到了他们的抑制。

实际上，所有处于初级阶段的民族都过着一种心灵的生活。正如我们都知道的一样，欧洲中世纪的基督教徒们也同样过着一种心灵的生活。马太·阿诺德就说过："中世纪的基督教世人就是靠心灵和想象来生活的。"中国人最优秀的特质是当他们过着心灵的生活，像孩子一样生活时，却具有为中世纪基督教徒或其他任何处于初级阶段的民族所没有的思想与理性的力量。换句话说，中国人最美妙的特质是：作为一个有悠久历史的民族，他既有成年人的智慧，又能够过着孩子般的生活——一种心灵的生活。

因此，我们与其说中国人的发展受到了一些阻碍，不如说她是一个永远不衰老的民族。简言之，作为一个民族，中国人最美妙的特质就在于他们拥有了永葆青春的秘密。

现在我们可以回答最初提出的问题了——什么是真正的中国人？我们现在已经知道，真正的中国人就是有着赤子之心和成年人的智慧、过着心灵生活的这样一种人。简言之，真正的中国人有着童子之心和成人之思。中国人的精神是一种永葆青春的精神，是不朽的民族魂。中国人永远年轻的秘密又何在呢？诸位一定记得我曾经说过：是同情或真正的人类的智能造就了中国式的人之类型，从而形成了真正的中国人那种难以言表的温良。这种真正的人类的智能，是同情与智能的有机结合，它使人的心与脑得以调和。总之，它是心灵与理智的和谐。如果说中华民族之精神是一种青春永葆的精神，是不朽的民族魂，那么，民族精神不朽的秘密就是中国人心灵与理智的完美谐和。

三、保险礼仪与职业道德

(一) 职场礼仪的概念和作用

职场礼仪指人们在职业场所中应当遵循的一系列礼仪规范。学会这些礼仪规范，将使一个人的职业形象大为提高。职业形象包括内在的和外在的两种主要因素，而每一个职场人都需要树立塑造并维护自我职业形象的意识。

职场礼仪与社交礼仪有区别，例如职场礼仪没有性别之分。工作场所，男女平等。要将体谅和尊重别人当作自己的指导原则，但在工作场所却常常被忽视了。

了解、掌握并恰当地应用职场礼仪有助于完善和维护职场人的职业形象，会使你在工作中左右逢源，使你的事业蒸蒸日上，成为一个成功的职业人。成功的职业生涯并不意味着你要才华横溢，更重要的是要有情商，在工作中需要良好的沟通能力，用一种恰当合理的方式与人沟通和交流，这样你才能在职场中赢得别人的尊重，才能在职场中获胜。

(二) 职业道德

在中国古代，道与德是两个不同的概念。"道"，通俗地讲为道路，引申了讲，就是道家讲究的道，这个"道"就指宇宙事物运动变化的最高原则，古人讲效法天地，那么道就是做人做事必须遵循的道理、原则。因此韩愈在《师说》中说"师者，所以传道授业解惑者也。"

"德"的象形字表示人直立行走而前视之意，意在把心放正，后引申指人遵循最高原则、恰当地处理社会关系，使自己和他人皆有所得。所以，古代思想家认为，"德者，得也，得事宜也。""得，外得于人，内得于己。"司马迁称，"老子乃著书上下篇，言道德之意五千余言"。但中国最早将"道德"作为一个统一的概念提出的思想家是战国末期的荀子，他在《劝学》中提到"故学至乎礼而止矣，夫是之谓道德之极"。就是说，如果做任何事都能按照"礼"的规定，就达到了道德的最高境界了。荀子的这句话也充分说明了中国古代礼与道德的密切关系。在西方，道德(morality)是古罗马思想家西塞罗从拉丁文单词 mores(风俗)吸收过去的，这和中国古代的礼仪道德也比较接近。在东西方传统中，"道德"一词都是社会人伦秩序与个人品德修养二者的统一，都包含规范准则、风俗习惯、品质修养、善恶评价等含义。

马克思主义认为只有从社会的生产和生活实践中，从无产阶级的立场和利益出发，才能科学地解释道德的含义。马克思主义认为，道德是人们为了调整各种社会关系的利益冲突制定的，依靠内心信念、社会舆论和传统习惯维系的行为规范的总和。

职业道德是道德的特殊形式，是指人们在职业生活中应遵循的基本道德，即一般社会道德在职业生活中的具体体现。职业道德是职业品德、职业纪律、专业胜任能力及职业责任等的总称。职业道德既是本行业人员在职业活动中的行为规范，又是行业对社会所负的道德责任和义务。

(三) 保险礼仪与职业道德

礼仪与道德相辅相成，二者紧密结合，最终体现为工作中的优质服务。

现代保险市场面临着激烈的同业竞争，要在竞争中处于有利地位，要坚持"以客户为中心"的服务宗旨，树立"服务就是效益"的观念，坚持优质文明服务，围绕客户的需要开展各项工作，全方位向客户提供优质文明服务，客户满意是最终的标准。因为只有这样，才能赢得客户，创造出最佳的经济效益，在为社会服务的同时，促进保险行业的不断发展壮大。

要提高整个保险服务行业优质文明服务水平，要做的工作很多。但是最基本的工作是努力提高员工的礼仪修养与职业道德。保险礼仪是指在保险服务活动中通行的，带有保险服务行业特点的行为规范和交往礼节。

1. 讲求保险礼仪与职业道德的意义

第一，是社会主义精神文明建设的需要。保险服务范围越来越广泛，保险行业的道德风貌直接影响整个社会，讲究保险礼仪，对于社会主义精神文明建设，将产生积极的作用。

第二，是提高队伍素质的需要。要做好保险服务工作，关键是要有一支思想素质和业务素质好的员工队伍。我们每一位工作人员的仪表风度、言谈举止，都在公众中塑造着所在保险服务公司的整体形象，因此，讲究保险礼仪，不仅能促进职工文明素质的提高，也是形成一个有凝聚力的企业文化环境的重要途径。

优质服务是出于对客户的尊重和友好，在服务中注重礼仪、礼节，讲究仪表、举止、语言，执行操作规范。它是主动、热情、周到服务的外在表现，是使客户在精神上感受到的服务。

2. 讲求保险礼仪与职业道德是提供优质服务的体现

(1) 主动服务。

所谓主动服务，就是要服务在客户开口之前。主动服务也意味着要有更强的情感投入。员工们只有把自己的情感投入到一招一式、一人一事的服务中去，真正把客户当做有血有肉的人，真正从心里了解他们，关心他们，才能使自己的服务更具有人情味，让客户倍感亲切，从中体会到保险工作人员的服务水准。

(2) 热情服务

所谓热情服务，是指保险员工出于对自己从事的职业的明确认识，对客户的心理有深切的理解，因而富有同情心，发自内心地、满腔热情地向客户提供的良好服务。服务中多表现为精神饱满、热情好客、动作迅速、满面春风。

服务态度好坏的评价，与热情、微笑、耐心等都有关系，但以上这些还不是服务的实质内容，衡量服务态度的根本标准关键在于是否有积极主动解决客户要求的意识和能力，是否能完善地提供具体的服务。我们讲求礼仪的目的是为了与人沟通，沟通是要形成一座桥而不是一堵墙，只讲礼仪没有热情是不行的。

"热情三到"："眼到"，注视对方，否则，你的礼貌别人是感觉不到的，注视别人要友善；"口到"，是讲普通话，是文明程度的体现，是员工受教育程度的体现；"意到"，就是意思要到，把友善、热情表现出来，不能没有表情，冷若冰霜。再有就是不卑不亢，落落大方。

(3) 周到服务。

所谓周到服务，是指服务内容和项目上，做到细致入微，处处方便客户、体贴客户，千方百计帮助客户排忧解难。

(4) 语言文明。

语言是心灵的窗户，是人们交流思想感情的重要工具。常言说"好话一句一冬暖，恶语半句六月寒"。

第一，做好"接待三声"，即有三句话要讲：一是来有迎声，就是要主动打招呼；二是问有答声，人家有问题你要回答；三是去有送声。

第二，文明五句。城市的文明用语与我们企业的文明用语是不一样的，作为一个新型服务企业，应有更高的要求。第一句是问候语"你好"；第二句是请求语，加一个"请"字；第三句是感谢语"谢谢"，我们要学会感谢；第四句是抱歉语"对不起"，有冲突时应先说对不起；第五句是道别语"再见"。

我们在业务接待服务时，应该讲究语言艺术，做到亲切、准确、得体。亲切，又要和颜悦色，诚挚热情，使用好"十字"文明用语（请、您好、谢谢、对不起、再见）。我们提倡"微笑服务"，让笑意写在脸上，尊称不离口，请字在前头，以微笑和亲切的语言铺设起保险服务人员和客户之间感情的桥梁。

(5) 待人礼貌。

要求待人礼貌，行为举止要体现出"四心"，即诚心、热心、细心和耐心。

只有我们每一个保险工作人员做到文明礼貌守信，廉洁奉公尽职，热情周到服务，才能使保险人员得到客户的信任。

实训指导 ✦✦✦✦✦✦✦✦✦✦✦✦✦✦✦✦✦

实训主题：文明与不文明行为。
情景模拟 1：文明的行为。
情景模拟 2：不文明的行为。
实训要求：分组讨论，并以小组为单位进行情景模拟，集体评议。

 职业素养 ✦✦✦✦✦✦✦✦✦✦✦✦✦✦✦✦✦

自我对照，养成几种意识
尊重意识——尊重他人的意识。
环境意识——"一屋不扫，何以扫天下"。
助人意识——"送人玫瑰，手有余香"。
自律意识——慎独、独善其身、克尽本分、克尽职守。
参与意识——重在参与。
快乐意识——"常想一二"、知足者常安乐。

感恩之心长存——"滴水之恩当涌泉相报"。

自强、自信——自信是成功的一半。

责任意识——基本的职业精神。

 阅读指导 ✦✦✦✦✦✦✦✦✦✦✦✦✦✦✦✦✦

《从字到人》序——汉字之美与生命大道（作者：曲黎敏）

中国古代把学问分成两种：一种叫"大学"，一种叫"小学"。大学是性命义理之学，也叫君子之学，旨在培养一种君子的品德，以便自利利人，造福社会。所以不是认识字的人就可以被称为君子。小学指文字、训诂学。小学是启蒙教育，是每个小孩子一定要掌握的基本知识。

中国历史上所有的经典都是研究人的，不解决人的问题，就不是学问。《黄帝内经》是研究人的，它是从五脏六腑来研究人之本性的经典；《说文解字》也是研究人的，它是从语言文字入手来研究人性的问题。当一切从人出发，我们的心灵便随之开启，我们的学问便落到了实处。

 复习思考 ✦✦✦✦✦✦✦✦✦✦✦✦✦✦✦✦✦

1. 简述中国古代礼的内涵及其精神实质。
2. 如何进行礼仪与道德修养？
3. 如何建设有中国特色的社会主义礼仪文化体系？

第二章　社交礼仪与职业道德修养

 案例引导

发自内心的礼貌

一次，著名文学家歌德在公园散步，在一条仅能让一个人通过的小路上，遇到了曾经严厉批评过他的作品的人，两人越走越近。"我是从来不给蠢货让路的！"批评家傲慢地开口说。"我正好相反。"歌德说完，笑着退到路边。

歌德有个形象的比喻："行为是一面镜子，每个人都在里面显示出自己的形象。"正如中国孔子所说："爱人者，人恒爱之；敬人者，人恒敬之。"你真诚的对待别人，最终别人也会真诚的对待你。这就是所谓的"镜子效应"。生活本身就是一面镜子，你对它微笑，它也会对你微笑，反之亦然。而人的言谈举止、仪态形象也是一面镜子，如影随形相伴在我们左右。

歌德赞美说："存在一种出自内心的礼貌。它是变换了形式的爱心。由此而表现出来的是最适宜的礼貌。"

第一节　现代社交礼仪概述

中国礼仪文明源远流长，韩国礼仪、日本礼仪至今都留有中国古代礼仪的痕迹。我们应本着马克思主义"扬弃"的精神，取其精华，去其糟粕。古为今用，洋为中用，不断学习、总结、创新，兼收并蓄，充实和完善中国现代的礼仪规范。

特别是在国际经济共荣，国际经济一体化的今天，市场经济极大发展，我们不仅应该在经济上与西方对接，法律上与国际接轨，更应在礼仪规范方面与国际接轨，将传统礼仪发扬光大，坚持社会主义国家特有的核心价值观，形成有中国特色的礼仪规范，成为名副其实的礼仪之邦。

一、现代社交礼仪的含义及其重要性

(一) 社交礼仪的含义

从古今中外对于礼仪的描述中，我们可以发现，从广义上讲，礼仪指的是一个时代的典章制度；从狭义上讲，礼仪指人们在社会交往中由于受历史传统、风俗习惯、宗教信仰、时代潮流等因素的影响而形成并且为人们所认同和遵守的，以建立和谐关系为目的的各种精神、原则、行为准则和规范的总和。

礼仪，从个人修养的角度来看，可以说是一个人内在修养和素质的外在表现；从传播

的角度来看，是人际交往中彼此沟通的技巧；从交际的角度看，是一种艺术、交际方法，是约定俗成的用来表示尊敬友好的习惯做法。

在现代社会，礼仪可以有效地展现人们的教养、风度与魅力，体现着一个人对他人和社会的认知水平、尊重程度，是一个人的学识、修养和价值的外在表现。一个人只有在尊重他人的前提下，自己才会被他人尊重，才会逐渐建立起和谐的人际关系。

1. 社交礼仪的概念

社交礼仪是指在人际交往、社会交往和国际交往活动中，用于表示尊重、亲善和友好的风俗习惯和行为规范。现代社交礼仪具体表现为礼节、礼貌、仪式、仪表等。现代社交礼仪是现代人们用以沟通思想、联络感情、促进了解的一种行为规范，是现代交际不可缺少的润滑剂。

2. 社交礼仪的含义

(1) 社交礼仪是一种道德行为规范。

规范就是规矩，行为规范就是行为模式，告诉你要怎么做，不要怎么做。社交礼仪比法律的约束力要弱得多，违反社交礼仪规范，只能让别人产生厌恶，别人不能对你进行制裁，为此，社交礼仪要靠人的自觉自律约束，靠的是道德的修养。

(2) 社交礼仪的直接目的是表示对他人的尊重。

尊重是社交礼仪的本质。人都有被尊重的高级精神需要，当在社会交往活动过程中，按照社交礼仪的要求去做，就会使人获得被尊重的满足，从而获得愉悦，由此达到人际关系的和谐。

(3) 社交礼仪的根本目的是为了维护社会正常的生活秩序。

没有社交礼仪，社会正常的生活秩序就会遭到破坏，在这方面，它和法律、纪律共同起作用，也正是因为这一目的，无论是资本主义社会还是社会主义社会都非常重视社交礼仪规范建设。

(4) 社交礼仪应用在人际交往、社会交往活动中。

这是社交礼仪的范围，超出这个范围，社交礼仪规范就不一定适用了。如在公共场所穿拖鞋是失礼的，而在家穿拖鞋则是正常的。

(二) 社交礼仪的特点

1. 普遍性

古今中外，从个人到国家，礼仪无时不在，无处不在。可以说，凡是有人类生活的地方，就存在着各种各样的礼仪规范。远古的时候，人类为求生存而祭神以求保护，这种礼仪形式至今在一些地区依然存在，如我们在春节时，家家户户要贴对联，摆起烛台，祭天神、地神和灶神，以求来年吉祥如意、风调雨顺、合家幸福。这是人类对美好生活的愿望和寄托，以礼仪习俗的形式长久存在着。

2. 继承性

在礼仪文化发展的源流中，礼仪文化的发展是取其精华，去其糟粕的过程。作为一个民族的文化，是有其延续性和继承性的，如果片面的割裂或否定其民族的文化，无异于民族自杀，这个民族就会失去自己的根，一个找不到自己的人，再怎么跟在别人后面去学、去跑，也无法超越别人，而且会迷失的。因此，作为龙的传人，继承和发扬优良的传统礼仪文化是当务之急，当然，要批判地继承。

3. 差异性

人们说"百里不同风，千里不同俗"，不同的文化背景产生不同的礼仪文化，不同的地域文化决定着不同礼仪的内容和形式。仅就我国而言，疆土辽阔，是一个多民族的大家庭，其风俗习惯、礼仪文化大不相同，所以才讲"入乡随俗，入境问禁"。

4. 时代性

礼仪具有浓厚的时代色彩。经济基础决定上层建筑，不同的时代、国度、社会体制甚至是发展的不同阶段，由于社会经济生活内容的变化，礼仪文化也会随之而发生变化。时代的特色及变迁对礼仪文化的冲击无疑是巨大的，可以说，礼仪文化是一个时代的写照。

5. 发展性

礼仪的时代性决定了礼仪会随着社会的进步而不断发展。在全球经济一体化的今天，世界成为了一个"地球村"。在这样的大家庭中，各民族人民的交往前所未有的密切、频繁，因此，随着国家对外交往的不断扩大，各国的政治、经济、思想、文化等诸因素相互渗透，人们在经济交往中，相互之间礼仪文化的融合与发展，就显得尤为重要。

我国的传统礼仪被赋予了许多新鲜内容。礼仪规范更加国际化，礼仪变革向着符合国际惯例的方向发展。如何形成一整套既富有我们国家传统特色、同时又符合国际惯例的礼仪规范是一项很重要的任务了。我们呼唤我们国家传统的礼仪文化能够很好地得以传承，这样培养和形成出来的具有中国特色的礼仪文化，有助于我们的国家走向世界，更好地与国际接轨，成为"地球村"上一个真正的礼仪之邦。

礼仪规范的这种发展性总是与时代精神密切结合在一起的。礼仪的时代性、发展性和继承性都是相辅相成的。礼仪文化的发展总是受时代发展变化的推动，随着时代的进步，人类的礼仪规范必将更为文明、优雅、适用。

(三) 社交礼仪的重要性

1. 为什么要学习礼仪

西方马斯洛的需要层次论认为：Need 决定 Etiquette，需要决定礼仪。根据马斯洛对人性的研究，他认为人的需要可分为七个层次：

(1) 生理的需要；

(2) 安全的需要；

(3) 相属关系和爱的需要(交往的需要)；

(4) 尊重的需要；

(5) 认知的需要；

(6) 美的需要；

(7) 自我实现的需要；

(8) 自我超越的需要。

其中，如果希望得到交往的需要、爱与尊重的需要，首先要求你懂得关爱他人，尊重他人。而礼仪正是最直接的尊敬别人、爱戴他人的表现。

2. 学习社交礼仪的意义

(1) 是建设社会主义精神文明的需要。

社会主义精神文明建设的根本任务是，培养有理想、有道德、有文化、有纪律的社会主义公民，提高全民族的思想道德素质和科学文化素质。基本要求是坚持爱国主义、集体主义、社会主义教育，加强社会公德、职业道德、家庭美德建设。这些内容既是礼仪教育的基本内容，也是礼仪教育追求的目标。

(2) 学习礼仪是适应开放型及我国社会市场经济建设的需要。

改革开放，全球经济一体化，现代信息技术的飞速发展，使得人际交往与沟通显得更加的重要，而人际交往的范围，也逐渐扩展为大范围的公众沟通，国际分工与合作关系的不断变化，这就对礼仪的内容和方式提出了更高的要求。做好礼仪公关，才能在开放型的社会实现有礼有节的自由交往，创造出"人和"的境界。

(3) 学习礼仪是增强民族自尊心的需要。

继承和发扬我国传统礼仪文化的精华，加强社会主义核心价值观的建设，展现出礼仪之邦的大国风范，了解国际礼仪惯例，适应市场经济的发展与交流，重新树立中国人的美好形象，学习礼仪加强修养，提高国民素质是当务之急。

(4) 学习礼仪是社会主义市场经济建设的需要。

市场经济是公平竞争经济，也是法制经济，企业乃至国家的竞争取胜之道，不仅在于商品之竞争，还在于人才的竞争，员工的素质、服务的质量、企业及国家的形象都是无形的资产，在竞争中的作用越来越重要。礼仪对于员工、企业甚至国家树立良好的形象，意义重大。

二、现代社交礼仪的原则与作用

(一) 社交礼仪的原则

在社交场合中，如何运用社交礼仪，怎样才能发挥礼仪应有的效用，创造最佳的人际关系状态，这些都同遵守礼仪原则密切相关。礼仪的原则，是处理人际关系的指导思想，是做人的基本准则。

1. 礼仪原则

在这里我们讲礼仪的原则，其实也是在讲人际交往的原则。社会交往是人生存发展的需要。马斯洛研究发现：任何正常人都有"亲和需要"，希望得到他人的尊重与爱护，渴望与他人建立亲密的相互关系。

明确个人与他人的关系的重要性，会更好的处理好个人与他人的关系，从根本上避免"个人中心"，把友爱、和睦、团结看得重一点，把个人利益看得淡一点，个人反而能得到成全。

(1) 真诚尊重原则。

苏格拉底曾说："不要靠馈赠来获得一个朋友，你须贡献你诚挚的爱，学习怎样用正当的方法来赢得一个人的心。"

可见真诚尊重是与人交往的首要原则，对人不虚伪、不欺骗、不侮辱，所谓心底无私天地宽，只有真诚的奉献，才会有丰硕的收获，才能使双方心心相印，友谊地久天长。

(2) 平等适度原则。

平等是人际交往时建立感情的基础，是保持良好的人际关系的诀窍。

平等在交往中表现为不骄狂、不我行我素、不自以为是，更不以貌取人，或以地位职权压人。时时处处平等谦虚待人，这样就会结交到更多的朋友。

适度原则是指交往时应把握分寸，具体情况具体对待，如自尊不自负，活泼不轻浮，坦诚不粗鲁，信人但不轻信，谦虚但不拘谨，既要彬彬有礼又不能低三下四，既要老成持重又不能事故圆滑。

(3) 自信自律原则。

自信是心理状态良好的体现，在社交场合中，对自己充满信心，遇到突发问题，沉着应对，所谓胜不骄、败不馁。

自律就是自我约束，自信但不自负，不走极端，能够时常反省自己，才是人生修养最需要具备的，古人云，"吾日三省吾身"。这方面日本人好像学的不错，丰田公司将"不断地改进"融入的企业精神，不断将自己的产品做到极致，使得丰田汽车在国际市场上极具竞争力。如果能够把这种精神用于自身，一个人如能够不断地修正自己，他的前途将是不可限量的。

(4) 信用宽容原则。

孔子曾言："民无信不立，与朋友交，言而有信。"强调的正是信用的原则。在社交场合，注意守时，不迟到；言必信，行必果；没有把握的事，就不要轻易许诺。把个人的信用、企业的信誉视作生命的人，在职场生涯中一定能够立于不败之地。

人际交往过程中，难免遇到矛盾、冲突甚至是误解、伤害，这个时候，如何正确对待，是很重要的人生课题。

宽容的原则，就是与人为善的原则，是一种较高的人生境界。俗话说："宰相肚里能撑船。"能够成就大事的人，一定是心胸宽广、海纳百川的人，正所谓"上善若水，厚德载物"。胸怀大志，站得高，看得远，就不会因为眼前的小事、个人的恩怨而斤斤计较或耿耿于怀。大河流水小河满，能够顾全大局，理解、团结他人，为了维护集体的利益或公司的信誉而不计个人得失的人，一定能够得到公司的肯定和重用。

《大英百科全书》对宽容的定义是"宽容即容许别人有行动和判断的自由，对不同于自己或传统观点的见解的耐心和公正的容忍。"宽容是人类的一种伟大的思想，是创造和谐人际关系的法宝，能够换位思考，站在对方的立场去思考，是化解矛盾争取朋友的最好方法。

(5) 道德原则。

礼仪规范在本质上讲，从属于道德规范，遵纪守法，遵守社会公德、职业道德和家庭美德，这样的人在人际交往中的体现，自然是彬彬有礼、符合礼仪要求的。

(二) 社交礼仪的作用

社交礼仪在公共关系中的作用是显而易见的，它是社会公德、职业道德等的行为规范，协调着公共关系的诸多关系。

1. 礼仪是社会秩序的基石，对社会成员起到约束、规范的作用

礼仪作为社会行为规范，对人们的社会行为具有很强的约束作用，规范人际交往的目的、态度，规范人们的行为方式，协调人际关系，维护社会正常秩序。

孔子很重视社会伦理，把礼看成是维护社会制度的重要手段。他认为政治过程是一个由修己到治人的连续过程。"修己以安人"，"修己以安百姓"（《宪问》）。在他看来，修己是为政之本。安，就相当于今天的社会稳定。社会何以能稳定？不是靠压迫和欺诈，而是要在"修己"基础上建立社会正义，以礼待人社会便会安定。

2. 礼仪是社会文明程度的反映和标志，对社会成员起到教化、调节的作用

礼仪作为一种道德习俗，以道德规范的形式，教育人们自觉遵守社会秩序，同时以"传统"的力量，世代相传，对良好的社会风气的形成，起到了教化和倡导的作用。

礼仪又是对人际关系的调整和规范，要求人们互相礼让、互相尊重，有助于预防冲突，化解矛盾，在人际交往中起到调节和凝聚的作用。总之，礼仪对社会而言，会对社会风尚产生广泛、持久、深刻的影响。

3. 礼仪是人们情感交流的纽带，互相尊重，促进沟通

(1) 联络感情。

礼仪是人们在社交活动中形成的行为规范和准则，在此表现为礼节、礼貌、仪式等。这些礼节，不仅为了表示一种礼数，更主要的是为了表示相互之间的尊重，建立好的合作关系，其实质是人们联络感情的手段，能够营造和睦的气氛。

感情是礼仪的基础，有感而发，才会让对方感受到你真诚友好的情意，离开了真情实感，礼仪就会成为僵化的程序和一种手段，有虚情假意之嫌。

(2) 沟通信息。

礼仪行为可以传达多种信息。根据礼仪表现的方式，可分为三类：语言礼仪、表情礼仪、饰物礼仪。

语言礼仪，如："您好"、"上午好"、"身体好"、"心想事成"、"万事如意"、"节日快乐"等，表达信息、问候、祝福或一般性的礼貌等。

表情礼仪，又称"体态语言"、"肢体语言"，是人们表情达意的重要辅助手段。美国心理学家、人类学家霍尔："无声语言所表达的涵义要比有声语言多得多、深刻得多。"

外国心理学家甚至提出这样一个公式：一个信息的传递=7%词语+38%语音+55%表情。

这说明无声语言在人际传播中所占的比例是很大的。例如握手的姿势、用力程度不同，传递的信息也是不同的，要学会感受他人传递出的无声的体态信息，才能在社交活动中从容自如。

饰物礼仪，通过服饰、物品等表达思想的一种礼仪。如红色服饰适合喜庆场合、黑色服饰适合隆重庄严地场合，白色表示纯洁高尚等等。其他如"花语"等。

4. 礼仪是人际关系的钥匙，塑造形象、增进友谊

(1) 塑造形象。

塑造形象是现代社交礼仪的首要职能，包括塑造个人形象和组织形象两个方面。礼仪对个人而言，可以提升自我、塑造形象、成就个人；礼仪对企业而言，可以提升服务，塑造企业形象，创造增值价值。

马克思说，人是一切社会关系的总和。在各种社会关系中，要处理好国家、集体、个人之间的关系，扮演好每个人的社会角色，做好各种角色的转换，在工作中与人相处，就

不仅仅代表个人的形象，而且代表组织的形象。职业角色决定工作性质，自然决定了其应有的组织形象。不仅个人的言谈举止要得体优雅，规范而专业，更要忠于职守，克尽职责。

(2) 增进友谊。

现代社会由于网络与传媒的发展，人与人的交往更多的被高科技手段所取代，但是，面对面的交往更能加强相互了解，良好的社交礼仪甚至能够迅速打动对方，带来意想不到的成功收获，能迅速增进友谊，为日后的业务发展铺平道路。

社会学家研究表明，人类虽然是群体性动物，但都本能的有一种自我保护意识，人与人交往时会自动保持一定距离，也就是说，人在与不熟悉的对象交往时，会天生有一堵防护之墙，你能不能在最短的时间内，让别人接纳你，让别人向你打开心扉，这就需要礼仪作为人际交往的一栋桥梁。

三、现代社交礼仪的类型与体现

(一) 现代社交礼仪的类型

苏格拉底说："不要靠馈赠来获得一个朋友，你须贡献你诚挚的爱，学习怎样用正当的方法来赢得一个人的心。"人际交往要从心出发，辅之适当的形式，才能达到最好的效果。讲究礼仪，必须采用标准化的表现形式才会获得广泛的认可。在面对各自不同的交往对象，或在不同领域内进行不同类型的人际交往时，往往需要讲究不同类型的礼仪。在具体运用礼仪时，"有所为"与"有所不为"都有各自具体的、明确的、可操作的方式与方法。

1. 社交礼仪的种类

依礼仪使用媒介可划分为：语言礼仪、肢体礼仪、饰物礼仪、酒宴礼仪；从主体应酬的工作对象分为内务礼仪、公务礼仪、商务礼仪、个人社交礼仪；根据礼仪服务的对象划分为国内礼仪、涉外礼仪；从不同行业划分为商务礼仪、政务礼仪、社交礼仪、涉外礼仪、服务礼仪、学校礼仪、公关礼仪、商业服务行业礼仪、体育礼仪、军队礼仪、外交礼仪、宗教礼仪等；从交往的一般程序和过程来划分为欢迎礼仪、交谈礼仪、宴请礼仪、送客礼仪等。

2. "55387" 定律

西方学者雅伯特·马伯蓝比(AlbertMebrabian) 教授研究出的"55387"定律表明，决定一个人的第一印象，55%体现在外表、穿着、打扮，38%的肢体语言及语气，而谈话内容只占到7%。可见注重第一印象，注重我们的外表形象对于我们整体的事业和生活来说是多么的重要。中国古人说的"人靠衣装马靠鞍"很有道理。

根据"55387"定律，在整体表现上，旁人对你的观感，只有7%取决于你真正谈话的内容(真才实学)；而有38%在于辅助表达这些话的方法，也就是口气(语音语调)、肢体动作(手势等)、表情(微笑等)等等；却有高达55%的比重决定于：你看起来够不够份量、够不够有说服力，一言以敝之，也就是你的"外表"，可见在专业形象上，外表的重要性还比内在更胜一筹。一片蒙尘的玻璃怎能让人看清风景的美丽呢？

人的外表是让内在得以与外界沟通的桥梁，唯有恰如其分的外表，方能正确无误地将内里的讯息传递出去，这是一座无形的桥梁。往往一个人的内在很专业，而外在却不够专业或者毫不在意，都会直接地影响到别人对你能力的肯定；因为人会直觉地感受到一个穿着随便、对自己的体型有哪些特点都不了解，甚至言谈举止和穿衣打扮都不适宜的人，实在很难让人相信这会是个有智慧、对自己的专业领域能够掌握、平时对环境变化有感觉的人。

(二) 现代社交礼仪的体现

在此，我们依礼仪使用媒介的不同，概括介绍一下语言礼仪、肢体礼仪、饰物礼仪、酒宴礼仪。

1. 语言类礼仪

(1) 语音类礼仪。

语音类礼仪包括声音、音量和音调等。怎么说比说什么更重要，尤其要注意声音语调。要注意咬字发音与声调控制等。声音语调具体包括：① 高低；② 快慢；③ 轻重；④ 大小；⑤ 停顿；⑥ 语气；⑦ 吃字；⑧ 语病。

自我测试，能否做到：

a. 声音清晰、沉稳而又充满自信？

b. 充满活力与热情？语调是否保持适度变化？

c. 声音好听、刺耳难听？是否让人感到单调乏味？

d. 当你情不自禁地讲话时，能否压低自己的嗓门？

e. 让他人从你说话的方式中感受到轻松和愉快？

f. 避免使用"嗯"、"啊"等口头语？

g. 正确地说出每一词语或姓名？

(2) 书面类礼仪。

书面礼仪应当注意：语言的礼节性与规范性。语言表达总的要求是：准确、简练、有分寸。

在职场工作中提供服务时，我们应当注意以下四类服务禁忌语：

不尊重之语——如，面对残疾人时，切忌使用"残废"、"瞎子"、"聋子"等词；对体胖之人的"肥"，个矮之人的"矮"，都不应当口无遮拦。

不友好之语——即不够友善，甚至满怀敌意的语言。

不耐烦之语——在服务工作中要表现出应有的热情与足够的耐心，要努力做到：有问必答，答必尽心；百问不烦，百答不厌；不分对象，始终如一。假如使用了不耐烦之语，不论自己的初衷是什么，都是属于违规的。

不客气之语——如在劝阻服务对象不要动手乱摸乱碰时，不能够说："别乱动"、"弄坏了你得赔"等。

 **知识链接**

肢体语言示例

正视对方——友善，诚恳，有安全感，自信；

眯着眼——不同意，厌恶，发怒或不欣赏；

避免目光接触——冷漠，逃避，不关心，没有安全感，消极，恐惧或紧张等；

咬嘴唇——紧张，害怕或焦虑；

眉毛上扬——不相信或惊讶；

扭绞双手——紧张，不安或害怕；

向前倾——注意或感兴趣；

抬头挺胸——自信，果断；

懒散地坐在椅中——无聊或轻松一下；

坐在椅子边上——不安、厌烦或提高警觉；

坐不安稳——不安，厌烦，紧张或提高警觉。

2. 身体语言类礼仪

人们交往过程中的礼仪表现形式，除了语言礼仪外，还要讲究人体动作与表情的礼仪，这便是身体语言类礼仪，又称举止的礼仪。举止是指人们的姿态、神色、动作和表情。在日常生活中，人们的举手投足、一颦一笑都可称为举止。举止时刻都在自觉或不自觉地表露着人的思想、情感以及对外界的反应，通过它可以见微知著地洞察每个人的喜、怒、哀、乐等心理变化和活动，所以也叫体态语言或人体语言，它在人际交往中备受瞩目。

(1) 体态语言。

体态语言(body language)，亦称"肢体语言"、"身体言语表现"等，体态语言是指通过整个身体的协调活动来传达人物的思想，形象地借以表情达意的一种沟通方式。狭义上讲，肢体语言只包括身体与四肢所表达的意义；广义上讲，肢体语言也包括面部表情在内。体态语言丰富而微妙，是人们心迹的显露、情感的外化。体态语言相对于口语而言，是心理语言的外露，它更多是无意识的，因而对人的内心世界的反应更加可信。体态语言在人们的日常交际过程中往往起着不可估量的作用。

对于人体语言的研究，在我国有悠久的历史。公元三世纪时，刘劭在他所著的《人物志》中，把人的举止要素概括为"神、精、筋、骨、气、色、仪、容、言"等九项内容，称为"九征"。这种把人体语言高度抽象化的研究方法，受到了世界的瞩目。

美国现代心理学家伯特惠斯戴尔首次用了人体行动学或身势学这个词，并且认为，人体语言是由以下几个部分的动作构成的：头部，面部，颈部，躯干，肩，臂，腕，手，手指，臀，腿，踝，脚部。伯特惠斯戴尔认为以上每个部位都有着不同的语言表现功能。在人际交往中，人的体态语言有着十分丰富的内涵，有着重要的研究价值和实践意义。

(2) 体态语言的分类。

① 情态语言。

情态语言是指人脸上各部位动作构成的表情语言，如目光语言、微笑语言等。在人际交往中，它们都能传递大量信息。人的面部表情是人的内心世界的"荧光屏"。人的复杂心理活动无不从面部显现出来。面部的眉毛、眼睛、嘴巴、鼻子、舌头和面部肌肉的综合运用，可以向对方传递自己丰富的心理活动。

以微笑语言为例，微笑是一种令人愉悦的表情，它可以和有声语言及行动一起互相配合，在交际中表达深刻的内涵。有魅力的笑能够拨动人的心弦，架起友谊的桥梁。微笑与举止应当协调，形成统一和谐的美，使人感受到愉悦、安详和温暖。

② 身势语言。

身势语言亦称动作语言，指人们身体的部位做出表现某种具体含义的动作符号，包括手、肩、臂、腰、腹、背、腿、足等动作。在人际交往中，最常用且较为典型的身势语言为手势语和姿态语。手势语是通过手和手指活动来传递信息，能直观地表现人们的心理状态，它包括握手、招手、摇手、挥手和手指动作等。手势语可以表达友好、祝贺、欢迎、惜别、不同意、为难等多种语义。相较而言，握手是人际交往中用得最频繁的手势语。姿态语，是指通过坐、立等姿势的变化表达语言信息的"体语"。姿态语可表达自信、乐观、豁达、庄重、矜持、积极向上、感兴趣、尊敬等或与其相反的语义。人的动作与姿态是人的思想感情和文化教养的外在体现。

③ 空间语言。

空间语言，指社会场合中人与人身体之间所保持的距离间隔。空间距离是无声的，但它对人际交往具有潜在的影响和作用，有时甚至决定着人际交往的成败。人们都是用空间语言来表明对他人的态度和与他人的关系的。多数人都能接受的四个空间即：亲密空间、个人空间、礼仪交往空间、公共空间。

3. 饰物礼仪

(1) 服饰品味塑造形象。

① 服饰的重要性。

英国社会学家喀莱尔说过："所有的聪明人，总是先看人的服装，然后再通过服装看到人的内心"。美国社会学家韦伯伦(T.B.Veblen)指出："衣服是金钱、成功的确切证据，是社会价值的显在指标。"当你在穿衣服装扮自己时，就象在填写一张调查表，写上了自己的性别、年龄、民族、宗教信仰、职业、社会地位、经济条件、婚姻状况以及精神面貌等。

服饰是向他人表明身份的主要方式之一。事实上服饰已经渗透到每一个重大事件当中，从战争到音乐节，从 APEC 会议到奥运会，从政治到经济，从文化到娱乐，在这个越来越注重视觉概念的世界里，人们的仪表非常重要，而服饰则提供了途径。服饰覆盖了人体近90%的面积，当我们还没有看清一个人的容貌，来不及揣测对方的心理状态的时候，大面积的服饰往往已经给人们重要的提示。

② 服饰的含义。

服饰是指衣服及其装饰，也就是广义上的服装。它包括衣服和装饰两个部分。衣服以女装为例，包括洋装、大衣、套装、上装、衬衫、女衫、毛衣、裙子、裤装、内衣等。装饰有两种含义，一是装饰用品，比如领带、胸针、眼镜、手表、手链之类的饰物；二是指装饰用品或衣服上的图案、色彩等。

服饰讲求品位，服饰的品位是个人品位的物化。现代心理学家提出了"印象管理"这个概念，"印象管理"指的是控制自我社交过程中留给他人的形象和印象的战略与技巧，简单地说就是控制留给他人的印象。服饰是"印象管理"有效的工具和表达物，保险从业人员应该重视印象管理，把学会塑造和控制印象当作人生中重要的一件事。

(2) 男士职业着装四大误区。

① 在衬衫外套毛衣。

这是国内男性最常见的着装误区。正规的西装穿着方法，男士的衬衫外面是不穿毛衣的，但是国内天气一转冷，很多官员和企业家就习惯在衬衫外套件毛衣或毛背心。

其实御寒的问题完全可以通过巧妙的着装方式来解决。

一件羊绒衫等于三件羊毛衫。男士冬天的衬衫可以买大一两个尺码，在衬衫里面加一件薄羊绒衫，颜色以浅色如米色、淡黄或白色为佳。如果还冷的话就加一条羊绒围巾，再在西装外加一件大衣。仍然不够的话，在大衣和西装中间加一件宽松的毛衣。

② 袜子与鞋子颜色不一致。

调查显示有80%左右的男士并不注重鞋袜的细节，经常穿黄鞋子配绿袜子。

正确的着装应该是，穿什么颜色的鞋就配什么颜色的袜子，如果经常穿黑皮鞋的话，可以全买黑色袜子。

③ 不注重领带的更换。

男企业家至少要备50到100条领带，因为男士着装中最方便更换的就是领带。西装不可以经常换，但衬衫和领带则可以每天换。领带之于男人，就如围巾之于女人一般，可以让你的方寸之地更加生动，更有活力。

④ 金光闪闪，流于俗气。

企业家在花钱的基础上，还要注意不能穿得太俗气，尤其是在配饰方面。以往很多男企业家喜欢戴大金戒指、金项链，这些都是太俗气的表现，不过近年来这类现象已经大大减少。 所谓"穷戴项链富戴表"，有钱的话应该首先买手表。我们的企业家经常戴的"劳力士"手表。在香港和国外，戴劳力士的一般都是白领、金领，真正的企业家戴的是百达菲利、伯爵、肖邦等。总之，饰品不宜多。

4. 酒宴礼仪

酒宴礼仪是指通过设宴喝酒吃饭表示对客人的尊重和欢迎的一种礼节。古今中外通用。

酒宴类礼仪的内容很多，下面从日常餐饮角度，简单谈谈应当注意的礼仪内容。

(1) 入座的礼仪。

先请客人入座上席，再请长者入座客人旁，依主次入座，最后自己坐在离门最近处的座位上。如果带孩子，在自己坐定后就把孩子安排在自己身旁。入座时，要从椅子左边进入，入座后要端身正坐，不要低头，使餐桌与身体的距离保持在10～20公分。入座后不要动筷子或弄出声响，也不要起身走动，如果有事，要向主人打个招呼。动筷子前，要向主人表示赞赏其手艺高超、安排周到、热情邀请等。

(2) 进餐礼仪。

先请客人、长者动筷子，夹菜时每次少一些，离自己远的菜就少吃一些，吃饭时不要出声音，喝汤时也不要发出声响，最好用汤匙一小口一小口地喝，不宜把碗端到嘴边喝，汤太热时凉了以后再喝，不要一边吹一边喝。有的人吃饭时喜欢用力咀嚼食物，特别是咀嚼脆食物，发出很清晰的声音来，这种做法是不合礼仪要求的，和众人一起进餐时尤其要防止出现这种现象。

(3) 保持安静和谐的气氛。

进餐时不要打嗝，也不要发出其他声音，如果出现打喷嚏、肠鸣等不由自主的声响时，就要说一声"真不好意思"、"对不起"、"请原谅"之类的话，以示歉意。要适时地抽空和左右的人聊几句风趣的话，以调和气氛。不要只顾吃饭，不管别人，忌狼吞虎咽，更不要贪杯。

(4) 布菜。

如果要给客人或长辈布菜，最好用公筷，也可以把离客人或长辈远的菜肴送到他们面前。按传统习惯，菜是一个一个往上端的，如果同桌有领导、老人、客人的话，每当上来一个新菜时，就请他们先动筷子，或者轮流请他们先动筷子，以示尊重。

(5) 注意卫生。

吃到鱼头、鱼刺、骨头等物时，不要往外面吐或往地上扔，要慢慢用手拿到自己的碟子里，或放在紧靠自己的餐桌边，或放在事先准备好的纸上。最好不要在餐桌上剔牙，如果要剔牙时，就要用餐巾挡住自己的嘴巴。

(6) 明确就餐的主题。

要明确此次进餐的主要任务，很多商务人士都是在餐桌上谈生意的，所以要明确以谈生意为主，还是以联络感情为主，或是以吃饭为主。如果是前者，在安排座位时就要注意，把主要谈判人的座位相互靠近便于交谈或疏通情感；如果是后者，只需要注意一下常识性的礼节就行了，把重点放在欣赏菜肴上。

(7) 离席。

最后离席时，需要向主人表示感谢，或者及时邀请主人以后到自己家作客，以示回谢。

总之，和客人、长辈等众人一起进餐时，要使他们感到轻松、愉快，有个和谐融洽的气氛。我国古代就讲究站有站相，坐有坐相，吃有吃相，睡有睡相。这里说的进餐礼仪就是指吃相，要使吃相优雅，既符合礼仪的要求，也有利于我国饮食文化的继承和发展。

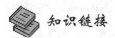 知识链接

女人最大的资本是教养，不是漂亮

十八世纪末政治家、思想家勃客曾写过这样的话："教养比法律还重要……它们依着自己的性能，或推动道德，或促成道德，或完全毁灭道德。"

在古代形容一个男人有教养是"谦谦君子，温润如玉"，夸一个女人有教养是"知书达理，温柔贤惠"。骂一个男人没有教养，最恶毒莫过"王八羔子养的"，说一个女人没有妇德，莫过于"母夜叉"。瞧，二者差别多大，一个是那样的雅，一个竟是那样的俗。

一个女人可以不漂亮，可以不美丽，但是不能没有教养，教养是一种潜在的品质，虽不会多么直接地吸引人的眼光，但是，对凡尘中的我们来说，生活需要女人有教养，家庭需要女人有教养。

什么是教养呢？教养不是随心所欲，唯我独尊；是善待他人，善待自己，认真地关注他人，真诚地倾听他人，真实地感受他人。尊重他人，就是尊重自己。真正的教养来源于一颗热爱自己，热爱他人的心灵。

一个重要标准，女人的教养决定着一个国家和民族的修养和前途。我特别想告诉女性朋友的是，女性修养、女性魅力是需要用心体味和感悟的，它是女人修炼的结果。通过不断地修炼，每个女人都可以不断地超越昨天，变得更有魅力。知晓魅力的重要性，愿意不断学习提升魅力的方法，能够把提升魅力作为生活的一个重要内容并为此做出长期不懈的努力，这会对一个人的事业和人生产生重要的影响。

富有教养，是道德美的表现形式，它会随着岁月的增加、心灵的净化而日益显示出它光华。有一种说法是："不美丽是女人绝对不可以容忍的事情，但没修养绝对是男人不可以容忍的事情。"许多女人看上去十分美丽，但她们行为粗鲁，往往惹得男人望而却步，或者心生厌恶；相反，那些相貌平常，但言谈举止富有修养的女人常常能赢得男人的心。

有教养的女人静若幽兰，芬芳四溢。时间可以扫去女人的红颜，但它却扫不去女人经过岁月的积淀而焕发出来的美丽。这份美丽就是女人经过岁月的洗礼而成就的修养与智慧。它就像秋天里弥漫的果香一样，由内而外的散发出来。

有教养的女人像潺潺溪水，让周围的人被浸润。修养是一种人生体验到极至的感悟，是人生感悟极至的平静，那是一种更为简单纯净的心态。

有教养的女人不会随着岁月流逝而渐失光泽，而会越发耀眼迷人。智慧是美丽不可或缺的养分，智慧之于女人是博爱与仁心，是充满自信的干练，是情感的丰盈与独立，是不苛刻的审度万物，更是懂得在得到与失去之间慧心的平衡。修养与智慧的女人让美丽在不同的时刻呈现出不同的状态，一生散发着无穷的魅力。女人，应该是一条永远亮丽的风景线，笑看岁月，美丽依然……对朋友像春天般温暖。

女性教养程度的高低是衡量整个社会文明教养程度的一个重要标准，因为女人是母亲，是女人养育了所有的人，是女人把我们带到这个世界。不管社会发展有多快，不管女人现在可以扮演多少种角色，女人最重要的角色始终是母亲。天下所有的母亲都希望自己的孩子成为一个有教养的人，成为一个受人尊敬的人。而如果母亲没有教养，孩子会有教养吗？因此，女性们特别是那些想做母亲的女性是不可以没有教养的。

第二节　职业道德修养

 案例引导

要成就事业，先从改变自己开始

在伦敦闻名世界的威斯敏斯特大教堂地下室的墓碑林中，有一块名扬世界的墓碑。每一个到过威斯特敏斯特大教堂的人，都被这块墓碑上的碑文深深地震撼着。在这块墓碑上，刻着这样的一段话：

当我年轻的时候，我的想象力从没有受到过限制，我梦想改变这个世界。

当我成熟以后，我发现我不能改变这个世界，我将目光缩短了些，决定只改变我的国家。

当我进入暮年后，我发现我不能改变我的国家，我的最后愿望仅仅是改变一下我的家庭。但是，这也不可能。

当我躺在床上，行将就木时，我突然意识到：如果一开始我仅仅去改变我自己，然后作为一个榜样，我可能改变我的家庭；在家人的帮助和鼓励下，我可能为国家做一些事情。然后谁知道呢？我甚至可能改变这个世界。

据说，许多世界政要和名人看到这块碑文时都感慨不已。有人说这是一篇人生的教义，有人说这是灵魂的一种自省。事业的成功，更重要的是练好"内功"，要注重内在的职业与道德修养，"内圣"方可"外王"。

年轻的曼德拉看到这篇碑文时，顿时有醍醐灌顶之感，声称自己从中找到了改变南非甚至整个世界的金钥匙。回到南非后，这个志向远大、原本赞同以暴治暴填平种族歧视鸿沟的黑人青年，一下子改变的自己的思想和处世风格，他从改变自己、改变自己的家庭和亲朋好友着手，经历了几十年，终于改变了他的国家。

职业是人们所从事的工作，是人们的谋生手段，是人们获取生活来源、扩大社会关系、实现自身的社会价值的途径。长期从事某种职业活动的人逐渐养成了特定的职业心理、职业习惯、职业责任心、职业荣誉感等，从而形成一定的职业要求。而职场礼仪与职业道德就是这种职业要求的一种具体体现。其中职业道德为内核，职场礼仪为外延，一个真正的品牌的塑造，应当是由内而外，表里如一的。换句话说，现代社交礼仪就像是商品的外表和包装一样，给人以良好的第一印象，但真正的内涵，则是产品与服务本身的品质及服务人员本身的职业素养，二者相辅相成。

一、职业道德规范

(一) 职业道德的基本要求

职业道德是指从事一定职业的人在职业生活中应当遵循的具有职业特征的道德要求和行为准则。职业道德包含行业行为规则和道德规范两方面的内容，例如：教师应当教书育人，为人师表；医生应当救死扶伤，治病救人；财务会计应当遵纪守法，勤俭理财；军人应当英勇善战，保家卫国；干部应当勤政廉洁，奉公守法；法官应当秉公执法，刚直不阿。

1. 践行社会主义核心价值观

社会主义核心价值观的基本内容包括：富强、民主、文明、和谐、自由、平等、公正、法治、爱国、敬业、诚信、友善，共 24 个字。其中富强、民主、文明、和谐是国家层面的价值目标，自由、平等、公正、法治是社会层面的价值取向，爱国、敬业、诚信、友善是公民个人层面的价值准则。

职业道德是社会主义核心价值观的必然要求。社会主义核心价值观是社会主义核心价值体系的内核，体现社会主义核心价值体系的根本性质和基本特征。党的十八大以来，中央高度重视培育和践行社会主义核心价值观。习近平总书记多次对此作出重要论述、提出明确要求。中央政治局围绕培育和弘扬社会主义核心价值观、弘扬中华传统美德进行集体学习。

"爱国、敬业、诚信、友善"，是公民基本道德规范，是从个人行为层面对社会主义核心价值观基本理念的凝练。它覆盖社会道德生活的各个领域，是公民必须恪守的基本道德准则，也是评价公民道德行为的基本价值标准。爱国是基于个人对祖国依赖关系的深厚情感，也是调节个人与祖国关系的行为准则。它同社会主义紧密结合在一起，要求人们以振兴中华为己任，促进民族团结、维护祖国统一、自觉报效祖国。敬业是对公民职业行为准则的价值评价，要求公民忠于职守，克己奉公，服务人民，服务社会，充分体现了社会主义职业精神。诚信即诚实守信，是人类社会千百年传承下来的道德传统，也是社会主义道德建设的重点内容，它强调诚实劳动、信守承诺、诚恳待人。友善强调公民之间应互相尊重、互相关心、互相帮助，和睦友好，努力形成社会主义的新型人际关系。

作为职场人，应当自觉践行社会主义核心价值观，努力做到"为人民服务"，也就是为顾客提供优质服务，"人人为我，我为人人"，贡献社会，回报社会。

2. 职业道德的核心和基本原则

(1) 集体主义。

职业道德的核心体现为集体主义精神。集体主义是主张个人从属于社会，个人利益应当服从集团、民族、阶级和国家利益的一种思想理论，是一种精神。

集体主义的最高标准是一切言论和行动符合人民群众的集体利益，这是共产主义和无产阶级世界观的重要内容。其科学含义在于当个人利益和集体利益发生矛盾的时候要服从集体利益。一切行动和言论以集体为重个人为轻。

(2) 集体主义原则。

坚持集体主义原则，与承认正当的个人利益是一致的，不论是以集体主义否定正当的个人利益，或是以个人利益反对集体主义，都是错误的。集体主义首先要求人们要为社会集体利益的发展作出自己的贡献；集体主义原则尊重劳动者正当的个人利益，尊重劳动者个人才能的充分发挥。

但是，集体主义原则是与个人主义原则根本对立的。集体主义原则反对并谴责把个人利益凌驾在国家、集体利益之上，更不允许用个人利益否定国家和集体利益。在实际生活中，国家、集体和个人三者利益的一致，并不等于在每一个具体问题上三者的利益都完全相同。三者之间在利益上发生矛盾和冲突的情况是经常发生的。集体主义作为一种道德原则，一方面，要求国家和集体不断调整各种政策和措施，关心劳动者的个人利益，尽量使他们的个人利益得到发展；另一方面，也引导人们自觉地以个人利益服从集体利益，必要时甚至牺牲个人利益，保护集体和国家的利益。

综上所述，作为职场人，应当正确处理"国家、集体、个人"三者利益关系，兼顾集体利益和个人利益，反对极端个人主义，抵制行业不正之风。

(二) 职业道德基本规范

职业道德基本规范包括爱岗敬业、诚实守信、办事公道、服务群众、奉献社会。具体应做到：踏实勤奋、忠于职守、严于律己；精通业务、热情周到、优质服务；团结友爱、言行文明、遵纪守法。

1. 爱岗敬业

爱岗敬业就是热爱自己的岗位，尊重自己所从事的职业。"敬业"是"爱岗"的前提，不尊重自己的职业，也很难热爱自己的岗位。爱岗敬业的要求和表现：干一行爱一行，爱一行专一行。要勤业、乐业、精业。

爱岗敬业，把自己的岗位同自己的理想、追求、幸福联系在一起，把企业的兴衰与个人的荣辱联系在一起；自觉维护企业的利益、形象和信誉。随着社会主义市场经济体制的建立，企业将面临着市场的挑战。如今，社会已进入了信息时代，生产力发展突飞猛进，科学技术日新月异，员工要不断提高自己的文化素质和业务水平，熟练地掌握职业技能，才能胜任自己的工作，更好地为企业服务。

(1) 勤业。

查尔斯·哈夫在《每天多做一点点》中说："每天多做一点点意味着不断地改变自己，就会改变人的一生。"如果你付出了，就是播下了成功的种子——天道酬勤，没有播种，就没有收获。智慧的精髓就在于愉快与勤奋的结合；愉快的工作是成功之道，幸福之源。不断的行动，不断的进步，日积月累，终会有所成就。

(2) 乐业。

乐业就是乐在工作中，如果工作是乐趣，那么人生是天堂；如果工作为了生存，那么人生是荒野。我们都有这样的经历，一旦自己做喜欢的事，就很少感到疲倦。比如钓鱼、逛街、打游戏。心理学家曾做过这样的实验：两组被测试的人员，一组人员从事自己感兴趣的事，另一组则相反，做的是他们不感兴趣的事，没多久后一组就开始出现小动作，一会就抱怨头痛、背痛，而前一组则兴致勃勃的工作，甚至忘记了吃饭的时间。这个实验告诉我们，产生疲倦的原因，不仅是体力的消耗，更主要的原因是心理上的疲倦或厌倦。心理上的疲倦往往比肉体上的体力消耗，更让人难以承受。因此，能够把工作当做艺术创作，并乐在工作中，将极大地促进事业的成功。

(3) 敬业。

敬业是指对自己的工作充满爱和虔诚，专心致志、忠于职守、并为之奋斗的态度和思想境界。敬业是一种精神力量的体现。敬业的基本要求：尊重职业、精通职业、献身职业。要用使命感来激发和提升敬业素质，完成本职工作，干一行爱一行，不要只为薪水工作，在工作中锻炼技能，对工作结果负责，全心全意尽职尽责，抱着神圣的心态去做。

2. 诚实守信

(1) 诚实守信的意义。

诚实守信的要求是诚实劳动、合法经营、信守承诺和讲求信誉。诚信是各行各业的生存之道，是维系良好市场经济秩序必不可少的道德准则。一个人失去了诚信，心灵就失去了纯洁；企业失去诚信，就失去了信誉，失去资源和市场；国家、民族失去诚信，就失去尊严，终将失去国际地位。构建和谐社会诚信更举足轻重，会让国家、集体、个人受益无穷，任何时候任何地方，应将诚信放于做人的首位，视为企业的生命线。

诚实守信的价值是从业者步入职业殿堂的"通行证"，也是具体行业立足的基础。不诚实守信，就会失去顾客和社会的支持和信任，无论个人和企业都会遭遇失败。

例如，北京同仁堂集团公司，有300年历史的老字号药店，其长盛不衰，历经风雨，靠的就是："德"、"诚"、"信"，履行的是职业道德，把"保证药品质量作为重要内容"。其下属的19家药厂和商店，每一处都挂着对联，上联："炮制虽繁从不敢省人工"，下联："品味虽贵必不敢减物力"。它的要求就是保证质量，不能省功减料！同仁堂无论在国内国外，包括在东南亚，都有很高的信誉。

(2) 诚实守信的基本要求。

诚实守信的基本要求是要诚信无欺、讲究质量、信守合同。

诚信素质对个人的要求是诚实守信，这是道德的要求和做人的根本，是企业招聘人才的重要标准。曾子曰："吾日三省吾身：为人谋而不忠乎？与朋交而不信乎？传而不习乎？"

诚实守信的具体要求是忠诚所属企业，维护企业信誉，保守企业机密，遵章守制，秉公办事。认真执行各种政策、法规，克己奉公、不谋私利、办事公道、不能凭感情或义气用事，更不能出于私心、从个人利益角度考虑问题、处理事情，否则会滋生腐败现象。办事公道是正确处理各种关系的准则，要求坚持公平公正，公私分明，光明磊落。

(3) 诚信素质的提升方法。

通过认识和培育加以提高；不做任何欺诈和虚假行为；内心树立诚信理念；要有"诚信第一，品格第一"的理念。

树立诚信理念，要将诚信印在心中，从心灵上认识；诚信是高尚的品行，更是责任、道义、准则；诚信不仅是名誉，更是资本，是职场生存发展的需要。

3. 办事公道

古人云："有公心，必有公道。"荀子曰："公道达而私门塞矣，公义明而私事息矣。"办事公道是正确处理各种关系的准则，办事公道是指我们在办事情、处理问题时，要站在公正的立场上，对当事双方公平合理、不偏不倚，不论对谁都是按照一个标准办事。办事公道有助于社会文明程度的提高；办事公道是市场经济良性运作的有效保证。办事公道的基本要求是要客观公正、照章办事。办事公道具体包括：

(1) 服务团体，不损害自己所属的团体利益：公司员工的竞业禁止；

(2) 服务社会，不损害社会公众和国家、民族利益；

(3) 不以职业之便利牟取不正当个人利益：各种贪污、渎职行为；

(4) 在处理各种利害关系时平等、公正地对待他人。

4. 服务群众

服务群众是指全心全意地为人民服务，一切以人民利益为出发点和归宿。市场经济呼唤服务精神，社会文明需要服务精神，通过服务群众可以使我们的人生价值得到实现。

服务群众的基本要求是在服务中要热情周到，满足客户的需要，同时要有高超的服务技能。

以海尔的文明服务为例，山东青岛海尔集团创造了一系列现代营销服务理念，深刻体现了职业道德规范。他们的服务理念："全方位、全过程、全免费"，让消费者享受到及时、周到、热情的"国际星级一条龙"的优秀服务，把"真诚到永远"的承诺，变为"用户放心、安心、舒心"。海尔服务人员承诺是："一证件：上门服务，出示证件；二公开：公开出示海尔'统一收费标准'，并按标准收费，公开记录单。在服务完成后，请用户签署意见；三到位：服务后清理现场到位，服务后通电试机演示到位，讲解使用知识到位；四不准：不准喝用户的水，不准抽用户的烟，不准吃饭，不准收用户的礼品；五个一：递上一张名片，穿上一副鞋套，自带一块抹布，配备一块垫布、赠一份小礼品。"

5. 奉献社会

奉献社会是指把自己的知识、才能、智慧毫无保留、不记报酬地贡献给人民、社会，是无私忘我的最高境界。奉献社会有助于培养社会责任感和无私精神；能充分实现自我价值。奉献社会的基本要求是要坚持把公众利益、社会效益摆在第一位，是每个从业者的宗旨和归宿。奉献社会是职业道德最高层次的要求。

马克思谈职业理想和价值："如果我们选择了最能为人类福利而劳动的职业，我们就不会为它的重负所压倒，因为这是为全人类所作的牺牲；那时我们感到的将不是一点点自私而可怜的欢乐，我们的幸福将属于千万人，我们的事业并不显赫一时，但将永远存在；而面对我们的骨灰，高尚的人们将洒下热泪。"

二、职业道德修养

人的一生是一个不断学习和不断提高的过程，因而也是一个不断修养的过程。

1. 职业道德修养

所谓修养，就是人们为了在理论、知识、思想、道德品质等方面达到一定的水平，进行自我教育、自我提高的活动过程。修养是人们提高科学文化水平和道德品质必不可少的手段。

职业道德修养指从事各种职业活动的人员，按照职业道德基本原则和规范，在职业活动中所进行的自我教育、自我改造、自我完善，使自己形成良好的职业道德品质和达到一定的职业道德境界。

职业道德修养用儒家的话来说就是"内省"，也就是自己同自己斗争，正是由于这种特点，必须随时随地认真培养自己的道德情感，充分发挥思想道德上正确方面的主导作用，促使"为他"的职业道德观念去战胜"为己"的职业道德观念，认真检查自己的一切言论和行动，改正一切不符合社会主义职业道德的东西，才能达到不断提高自己职业道德的水平。

2. 职业道德修养的途径

首先，树立正确的人生观是职业道德修养的前提。其次，职业道德修养要从培养自己良好的行为习惯着手。最后，要学习先进人物的优秀品质，不断激励自己。职业道德修养是一个从业人员形成良好的职业道德品质的基础和内在因素。一个从业人员只知道什么是职业道德规范而不进行职业道德修养，是不可能形成良好职业道德品质的。

3. 职业道德修养的方法

职业道德修养的方法多种多样，除了职业道德行为的养成外，还有以下几种：

(1) 学习职业道德规范、掌握职业道德知识。

(2) 努力学习现代科学文化知识和专业技能，提高文化素养。

(3) 经常进行自我反思，增强自律性。

(4) 提高精神境界，努力做到"慎独"。

三、职业化心态及职业化行为

(一) 职业化的含义和作用

1. 职业化

简单的讲，职业化就是一种工作状态的标准化、规范化、制度化，即在合适的时间、合适的地点，用合适的方式，说合适的话，做合适的事。职业化包含职业化素养、职业化行为规范和职业化技能三部分内容。

以国际通行的概念分析，职业化的内涵至少包括四个方面：一是以"人事相宜"为追求，优化人们的职业资质；二是以"胜任愉快"为目标，保持人们的职业体能；三是以"创造绩效"为主导，开发人们的职业意识；四是以"适应市场"为基点，修养人们的职业道德。职业道德、职业意识、职业心态是职业化素养的重要内容，也是职业化中最根本的内容，如果我们把整个职业化比喻为一棵树，那么职业化素养则是这棵树的树根。

2. 职业化的作用

(1) 职业化是企业核心竞争力的体现。

职业化的作用体现在，工作价值等于个人能力和职业化程度的乘积，职业化程度与工作价值成正比，即：工作价值=个人能力×职业化的程度。

如果一个人有 100 分的能力，而职业化的程度只有 50%，那么其工作价值显然只发挥了一半。一个人的职业化程度越高，其能力、价值就越能够得到充分、稳定的发挥。如果一个人的能力比较强，却自认发挥得很不理想，总有"怀才不遇"的感慨，那就很可能是自身的职业化程度不够高造成的。

(2) 职业化是职场立身之本。

职业化的作用，对于个人来说包括：确认人生的方向，提供奋斗的策略；突破并塑造充实的自我；准确评价个人特点和强项；评估个人目标和现状的差距；准确定位职业方向；重新认识自身的价值并使其增值；发现新的职业机遇；增强职业竞争力。职业化是职场立身之本。

3. 职业人的核心目标

(1) 职业人的核心目标是客户满意。

职业人总是准备提供超过客户期望值的服务，这里的客户包括上司、同事、家人、下属和生意场上的客户。

(2) 职业人的工作要以客户为中心。

以客户为中心的第一个含义是你能够对客户产生影响。你能够使客户满意，意味着你必须具有一定的能力，使客户接受你为他提供的服务，你有能力才能产生影响。以客户为中心的第二个含义是互信，在你的职业圈子里创造互信的关系，这样才能协调好各个环节，使其功能发挥达到最佳状态。

职业化的中心是提供客户满意的服务，从另一种意义来说，就是提升客户的竞争力，使客户的价值得到提升。以客户为中心还意味着你必须关注对整体的把握，而关注整体，意味着你要关注那些限制整体发展的因素。木桶理论说明，限制最大产出的是数量最少的资源。职业人的要务之一就是帮助客户以尽量小的投入获得尽量大的产出。

(二) 职业化心态

1. 积极心态

(1) 积极心态(positive mental attitude)，主要是指积极的心理态度或状态，是个体对待自身、他人或事物的积极、正向、稳定的心理倾向，是一种良性的、建设性的心理准备状态，在学校文化素质教育、心理教育、心理咨询与治疗操作层面上主要指学生各种正向、主动、积极的心理品质的培养和训练。积极心态，也是一种生活态度，阳光般的把生活中的一切当作一种享受的过程。

(2) 积极的工作态度就是面对工作、问题、困难、挫折、挑战和责任，从正面去想，从积极的一面去想，从可能成功的一面去想，积极采取行动，努力去做。也就是可能性思维、肯定性思维、积极思维。主要体现在做事方面。

2. 阳光心态

健康心态＝阳光心态＋积极心态。什么是阳光心态？就是：把别人的批评、责骂、指出不足、建议等，看成是善意的，看成"关爱、帮助和造就"，以感恩和学习的心态，虚心听取、思考、分析、反省，从中吸收有利于自己进步成长的营养，促进自己进步成长。主要是指做人方面。阳气心态是一种主动的生活态度，对任何事都有足够的控制能力，反映了一个人胸襟、魄力。阳光心态会感染人，给人以力量。阳光心态会使一个人变得阳光、开朗，会使工作走向成功。

3. 像老总那样爱工作

能够与单位同呼吸共命运，敬业爱岗，具有奉献精神，为企业发展尽心尽力。

(1) 有主人翁意识。

英特尔总裁安迪说过："不管你在哪里工作，别把自己当员工，应把公司看成自己开的。"松下先生对员工说："请打消'我们是为了领薪水而工作的员工'的概念，而是用'我们是经营这个大行业的主人'来尽心尽力的工作。"

(2) 有奉献精神和责任感。

奉献精神是一种高尚的情操，是一种自愿自觉的情绪和行为表现，超越了本职工作。如最高的护士奖"南丁格尔奖"。

有人说，假如你非常热爱工作，那你的生活就是天堂；假如你非常讨厌工作，你的生活就是地狱。在每个人的生活当中，有大部分的时间是和工作联系在一起的。放弃了对社会的责任，就背弃了对自己所负使命的忠诚和信守。责任就是对工作出色的完成，责任就是忘我的坚守，责任就是人性的升华。

(三) 拥有职业化行为

1. 职业人要为高标准的产出负责

(1) 行为思考的出发点是客户感兴趣的。

职业人应当首先考虑的并非自己的利益而是客户的需要和诉求，当我们的工作能够得到客户的认可甚至能赢得客户的信赖以后，自然会生意兴隆，利润也会随之而来。

(2) 有义务保守与客户合作之间的所有秘密。

对老板而言，职业人能够帮他做他做不了的事情，老板之所以雇佣你，因为你是有竞争力的，你具有专业优势和特殊才能；他认为你的判断是客观的，职业人很重要的一点是用数据说话。首先，你的所有建议案是有数据支持的；其次，你的所有行动方案是可以实现的，有量化指标；另外，结果是可以考量的。

2. 团队协作

作为职业人，你必须记住一点，只有团队协作，才能够提供高标准的服务。这里讲述的不是专业人士，而是职业人士，专业人士是学有专精的人，而职业人士则是注重团队合作的专业人士。尤其是在分工越来越细的现代社会，团队协作就更应该被强调。

3. 细节造就完美

细节体现修养与教养，细节决定成败，细节开发优质服务，细节树立企业形象，细节展示品牌效应。细节工作看似简单、乏味、繁琐，但这是职业化心态的要求，是敬业奉献精神的体现，只有点滴小事的不断积累，才能走向最后的成功。细节包括个人形象、言谈举止、在单位内外人际交往中的行为，对工作忠诚度等等。因细节失误而导致的遗憾比比皆是。例如，2006 年 12 月，浙江象山某企业出口到法国的网络线，因颜色不符合要求而全部返工，企业损失十几万美元。原因是相关人员疏忽了与客户的样品的确认环节，仅仅凭着工作人员的主观印象确定的颜色。

4. 责任心胜于能力

比尔·盖茨说："人可以不伟大，但不可以没有责任心。"责任心是每一位员工都必须具备的基本修养。

(1) 责任心。

责任心是指个人对自己和他人、对家庭和集体、对国家和社会所负责任的认识、情感和信念，以及与之相应的遵守规范、承担责任和履行义务的自觉态度。它是一个人应该具备的基本素养，是健全人格的基础，是家庭和睦，社会安定的保障。具有责任心的员工，会认识到自己的工作在组织中的重要性，把实现组织的目标当成是自己的目标。

传统的责任心管理模式，是靠培养、教育和励志的方式来达到目的，这种模式为感性模式。但是在当前社会中，各种责任问题泛滥，责任心在问题和事故后，并没有让人们得到启发和借鉴。

(2) 责任心概念需要新的认知。

责任分为四个维度，这四个维度涵盖了责任心的所有范畴，它们分别为：角色责任、能力责任、义务责任和原因责任。当代责任管理需要理性责任。现实生活和工作中，人们容易走两个极端：一是过于感性，或者说过度运用价值理性来对责任心进行施教，由于缺乏理性引导，容易产生空洞和教条的负面效果；二是过度依赖规则制度，导致成员对责任产生抵触和逆反心理，通常表现为工具理性运用的过度。总之，职业人必须为自己的职业生涯负责，需要努力提升自己。

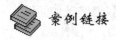 案例链接

第六枚戒指——简·伯特

我 17 岁那年，好不容易找到一份临时工作。母亲喜忧参半：家有了指望，但又为我的毛手毛脚操心。工作对我们孤女寡母太重要了。我中学毕业后，正赶上经济大萧条，一个差事会有几十、上百的失业者争夺。多亏母亲为我的面试赶做了一身整洁的海军蓝衣服，才得以被一家珠宝行录用。

在商店的一楼，我干得挺欢。第一周，受到领班的称赞。第二周，我被破例调到楼上。楼上珠宝部是商场的心脏，专营珍宝和高级饰物。整层楼排列着气派很大的展品橱窗，还有两个专供客人看购珠宝的小屋。我的职责是管理商品，在经理室外帮忙和传接电话。要干得热情、敏捷，还要防盗。

圣诞节临近，工作日趋紧张、兴奋，我也忧虑起来。忙季过后我就得走，恢复往昔可怕的奔波日子。然而幸运之神却来临了。一天下午，我听到经理对总管说："艾艾那个小管

理员很不赖，我挺喜欢她那个快活劲儿。"我竖起耳朵听到总管回答："是，这姑娘挺不错，我正有留下她的意思。"这让我回家时蹦跳了一路。翌日，我冒雨赶到店里。距圣诞节只剩下一周时间，全店人员都绷紧了神经。

我整理戒指时，瞥见那边柜台前站着一个男人，高个头，白皮肤，约莫三十岁。但他脸上的表情吓我一跳，他几乎就是这不幸年代的贫民缩影。一脸的悲伤、愤怒、惶惑，有如陷入了他人设下的陷阱。剪裁得体的法兰绒服装已是褴褛不堪，诉说着主人的遭遇。他用一种遥不可及的绝望眼神，盯着那些宝石。我感到因为同情而涌起的悲伤。但我还牵挂着其他事，很快就把他忘了。

顾客打来要货电话，我进橱窗最里边取珠宝。当我急急地挪出来时，衣袖碰落了一个碟子，六枚精美绝伦的钻石戒指滚落到地上。总管先生激动不安地匆匆赶来，但没有发火。他知道我这一天是怎样干的，只是说："快捡起来，放回碟子！"我用近乎狂乱的速度捡回五枚戒指，但怎么也找不到第六枚。我寻思它是滚落到橱窗的夹缝里，就跑过去细细搜寻。没有找到。

我突然瞥见那个高个男子正向出口走去。顿时，我领悟到戒指在哪儿了。碟子打翻的一瞬，他正在场！当他的手就要触及门柄时，我叫道："对不起，先生。"他转过身来。漫长的一分钟里，我们无言对视。我祈祷着，不管怎样，让我挽回我在商店里的未来吧。跌落戒指是很糟，但终会被忘却；要是丢掉一枚，那简直不敢想象！而此刻，我若表现得急躁——即便我判断正确——也终会使我所有美好的希望化为泡影。

"什么事？"他问。他的脸肌在抽搐。我确信我的命运掌握在他手里。我能感觉得出他进店不是想偷什么。他也许想得到片刻温暖和感受一下美好的时辰。我深知什么是苦寻工作而又一无所获。我还能想象得出这个可怜人是以怎样的心情看这社会：一些人在购买奢侈品，而他一家老小却无以果腹。

"什么事？"他再次问道。猛地，我知道该怎样作答了。母亲说过，大多数人都是心地善良的。我不认为这个男人会伤害我。我望望窗外，此时大雾弥漫。

"这是我头回工作。现在找个事儿做很难，是不是？"我说。他长久地审视着我，渐渐，一丝十分柔和的微笑浮现在他脸上。"是的，的确如此。"他回答，"但我能肯定，你在这里会干得不错。我可以为你祝福吗？"

他伸出手与我相握。我低声地说："也祝您好运。"他推开店门，消失在浓雾里。

我慢慢转过身，将手中的第六枚戒指放回了原处。

请思考：这则案例给我们的启示。

第三节　职业形象塑造

 **案例引导**

打造魅力形象需内外兼修

贺岁片《手机》中费墨说"20 多年来和一个人睡一张床，难免会有审美疲劳"。面对男性的审美疲劳，作为女性，不应当怨天尤人，而是应当自省，如何摆脱审美疲劳，抗拒岁月的侵蚀，葆有自己的女性特质。然而作为女人，是否缘于女人远离了文化与博爱的陶冶？

婚后，女人们成为了秩序生活的保守者与维持者。在操持家务与职场打拼的辛苦中，自觉不自觉地开始了自己的审美失意和青春流逝，皱纹横添，目光黯淡，让女人们开始在灰心中沮丧失望，索性开始了"破罐子破摔"的妥协，从此世上有了"懒女人和丑女人"之说。

然而，合格的职场女性，会以全副心智去抗拒这岁月的剥蚀。她们周身散发出来的都是温馨的气息，她们不仅在职场打拼，也操持家务，还相夫教子，然而，她们绝对不会忽略自己。善于用闲暇读书或欣赏音乐，充实陶冶自己的情操，或购买时装与饰物装饰打扮自己，或沐浴健身强身健体，努力让自己的心永远年轻，永远给人以蓬勃的朝气和审美的气息。如此，男人们还会发出"审美疲劳"的慨叹吗？"苟日新，日日新"如果我们能常常做些新的调整和变化，这种变化就能够使所有的感觉疲劳得到恢复，使人们对生活的感觉充满生机和活力。这适用于女人也适用于男人。

有很多人明明你给她设计的是非常漂亮的形象，可就是穿不出来气质，内在的气质很重要，内外兼修才真正具有持续的魅力！而一个内在平和的人就会具有包容万千的美，那种淡定与坦然能融化一切的不平与纷争。

一、职业形象塑造的含义

市场经济是竞争经济，竞争经济发展到现代社会在一定意义上讲可以说是"形象竞争"。国外有专家指出，形象是当今社会的核心概念之一，形象可以决定个人、企业乃至国家民族的发展。形象已经成为一种无形资产，而职场礼仪的一项重要功能就是帮助职场人塑造职业形象。

(一) 职业形象的概念

1. 个人形象

个人形象是指一个人的总体形象，是人的素质的外在表现。人的形象包括：人的仪容仪表、言谈行为举止、气质风度、个性风格等方方面面的形象要素。同时，它也是一个人的人生观、价值观等内涵方面的外化表现。从交际效果上看，它是人们在社会交往中在对方心目中形成的综合化、系统化的印象，这种印象是通过人体的感官传递获得的，人们通过视觉、听觉、触觉、味觉等各种感觉器官的作用在大脑中形成的关于一个人的整体印象。个人形象的作用是人们交往融洽成功与否的重要因素。

2. 职业形象

职业形象则是指人们在职业场所中所表现来的总体工作形象，它是职场工作人员代表其企业与社会公众接触交往过程中所树立起来的企业及企业员工的总体职业印象，是企业与社会进行沟通并使之接受的重要方法。

个人及职业形象要想发挥"名片"的交际作用，需要进行总体设计和修炼，通过整体的形象规划，突显自己的魅力，创造成功的契机。要经营好自己的人生，需要根据自己职业的性质和特点，塑造一个完美的个人及职业形象。(图 2-3-1)

图 2-3-1

3. 个人形象设计

形象设计或塑造就是运用专业知识，通过整体形象分析，进行气质、兴趣、职业等特定策划和包装，发现并挖掘存在于每个人身上的独特气质和潜能，恰到好处地利用身材、色彩、服装、搭配、发型及化妆塑造一个符合社会地位、职业特征、个人修养、角色定位、场合分析、心理需求的有说服力的完美形象，这种设计还包括肢体语言、仪态风度、语言沟通、礼仪规范等，以及内在形象的修炼(学识、眼界、涵养、艺术等)，通过多方面的努力，才能成就一个人真正内外合一的形象品质的提升。

(二) 职业形象塑造的作用

1. 职业形象塑造对于企业的作用

(1) 职业化的形象是高水平企业的外在表现。

企业职业形象与职业礼仪，是指工作人员在工作中，对自己的言行举止加以约束，以达到尊重顾客、礼貌待客的一系列礼仪规范。企事业单位推崇职业形象与职业礼仪，有助于提升员工整体形象、修养及素质，塑造和维护企事业单位的整体形象，进一步提高服务水平与服务质量，创造出更好的经济效益和社会效益。它是企业文明服务、优质服务的主要内涵，也是树立企业文化的重要组成部分。(图 2-3-2)

图 2-3-2

(2) 企事业单位注重职业形象及职业礼仪的培训的必要性。

一些专业人士认为：单是具备学习专业本领的能力还不够，你还需在交际场合应付自如，比如果断的握手、坚强的微笑、能记下初认识者的姓名，都可以帮助你比寻常之辈胜出一筹。假如你本身具有魅力，你更可以轻而易举地击败竞争对手。特别是身为职场白领工作人员，必须予人清洁整齐、斯文有礼、大方而不拘谨的形象。除言谈举止外，连心理、营养、皮肤和衣着打扮也要有教养，美国的一些大企业也认识到，属下员工的形象，可以影响公司业务的拓展。

因此，像可口可乐、美国电话电报、IBM、兰克斯乐和汉华实业银行等，都聘请职业形象顾问辅导员工。现代社会，几乎所有国际大机构都非常重视公司员工的形象塑造，力图把职业形象这个属于静态的因素变成一种动态的竞争力去超越对手，使其成为公司征战市场的有力武器。

2. 职业形象塑造对于个人的作用

(1) 提升个人整体形象。

现代社会是重形象、讲礼仪的商业时代。掌握职业形象与职业礼仪知识可以帮助个人提升整体形象，做到举止大方，谈吐优雅，更好地展现个人独特气质与魅力，给他人留下深刻的个人与职业形象。

现实生活中，无论你是个什么样的人，无论从事什么职业，在每一个场合，每一分钟里，只要有他人存在，你的一言一行、一举一动都在向他人展示着自己的形象。你的眼神、你的表情、你的姿态、你的行为举止、你的谈话方式、你的衣着打扮，这些都是一个人最基本的形象信息，是你自己的生动的广告。其他人会通过这些个人形象信息，判断你是一个什么样的人，以及是否值得与你合作等。

(2) 参与形象课程的学习，助推事业发展。

曾任美国克莱斯勒汽车公司总裁的艾柯卡被认为是美国在个人形象建造方面很成功的专家。他曾经成功地把一家濒临破产的美国汽车公司拯救过来，使其业务蒸蒸日上。他的本领是向形象培训专家"老祖宗"——戴尔·卡耐基学习得来的。艾柯卡表示："我到戴尔·卡内基学校接受形象课程之前，是个性格内向、怕见大场面的人。"但经过上课后，他的形象起了脱胎换骨的变化。这对于他的事业，有极大的帮助。

提升职业礼仪形象往深层讲，是提升我们个人的修养品位、气质风度，一个人的修养程度就来自于这些细节，细节体现修养和教养，因此拥有职业化心态和良好的职业化的行为则是必备前提。

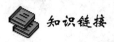 **知识链接**

韵致——女人灵魂的外衣

韵致是一件灵魂的外衣，无形地穿在我们每个人的身上。在你举手投足，一颦一笑间悄然绽放。它是心灵的雕窗，透出的那一丝丝优雅的馨香；它是灵魂的花房里酿出那一缕缕醇厚的绵长！它无关国色天香，也无关春红秋黄，它是一份宁静的神韵，它是一份无声的飘逸。

　　韵致是昂贵的，是千金都买不来的东西，它无价的长在你的身上，它是一种味道，一种气场。你可以有很多很多的钱，但也许你就差那么一点点气质。它不是你割个双眼皮，修个下巴就能做到的，那只是漂亮而不是韵致；也不是你背个几万元的包包，穿件限量版的衣服能够呈现的，这些也只是你的做派。

　　韵致它不择高低贵贱，它入得王谢堂前，也光顾寻常百姓家中。它上得了厅堂，也下得了厨房，是无处不在的。它是一个人的心性、修养、文化的总和，不用标榜，不用表白，就慢慢地从里到外散发出来。它不是走红毯时的昙花一现，也不是舞池中的惊鸿一瞥。它是居家时的一份随意美好，是一件简单的羊毛衫都遮不住的风情，是净窗明几间看书时的恬静，是一见之就怦然心动的雅致！

　　韵致更是一种岁月的凝练，是走过千山万水之后的柔软，是青山白烟中里的那抹淡然，是历经风霜而不染风尘的纯洁，是遇到伤害依旧有着包容之心的雅量。灵魂僵硬的人，是不配奢谈韵致的。一个女人一旦从政，弄得满桌子皮鞋乱飞，无闲暇拥抱自己的良知和本色，何有女人味可言！太过锋芒的人是不会具备高雅的韵致的。像红楼里的晴雯虽是正直聪慧，美丽优秀的，但就缺少了那么一点点韵味！韵致是"心体澄澈，常在明镜止水之中"；"是意气平和，常在丽日风光之内"。

　　清朝有个西园主人，他评黛玉说"宝钗有其艳而不能得其娇，探春有其香而不能得其清，湘云有其俊而不能得其韵，宝琴有其美而不能得其幽，可卿有其媚而不能得其秀，香菱有其逸而不能得其文，凤姐有其丽而不能得其雅，洵仙草为前身，群芳所低首者也！"实际大观园里的女儿们个个貌美如花，玲珑曼妙，但他们的韵致是各不相同的。颦儿集娇、清、幽、秀、文、雅于一身，独占魁首，是当之无愧的！

　　一个女人是可以艳的，艳到极致，盛大到了极点，可以艳到花惭月羞，风嫉水妒，但你必须要有一颗清丽的内心作为强大的支撑，方保新鲜。就像宝玉喜红一样，一个人要想把红穿到风生水起，就必须要有一张清秀的脸，方能压得住，否则便流于俗艳。女人是可以淡的，淡成一缕烟，化在水墨之间，芳情雅趣自遣，烟霞骨骼如兰，玉静花明，心月轻掩。

　　严格地说，韵致和服饰无关，却和审美有染。韵致是骨子里的东西，服装可以衬托你的韵致，但韵致并不依赖服饰。审美是一种眼光，一种见识，是一种思想的呈现。服装不能简单的用低档和高档划分，但良好的质地与精致的做工，外加简洁合体的裁剪，就是一种不动声色的高贵。

　　夏天，看过很多年纪不小了的女性，穿着黑纱蕾丝的短裙，珠子、亮片挂了一身，密不透风的料子，看得心里硬硬的。好的衣服应该是一湖水，一面镜子，不仅能灵动地勾勒出你曼妙的身姿，还能折射出你的品位。文字和图片也是有韵致的，"笔未落，境先出"。

　　韵致它和年龄无关，但却和修养有关，你青枝碧叶也好，你花枯香涸也罢，韵致都一样的钟情。一个女人能老到秦怡那样，满头银发，风韵犹存，也就不枉当初的如花美眷，似水流年了。看过一个历经坎坷的女人，戴着一枚祖母绿的戒指，绾着高高的发髻，满眼的清波，鬓角虽有几根白发，但依旧风姿高雅，笑容可掬。那是沧桑后的明净！是岁月开出的一株沉香！

　　青衣是有韵味的，一个莲步，一个优雅的转身，水袖一扬，漫天花落，一字一腔极尽哀婉缠绵，所有的前世过往，都浓缩在她的眉黛秋波之中。悠长的小巷是有韵味的，那是褪尽繁华后的安静，是时光的门帘娓娓地讲述着每一块青石板的故事。韵致和书籍有关，"腹有诗书气自华"，但要加上一点点灵性，否则就是僵硬的之乎者也，无味得很。韵致和品性有关，但要加上一点点浪漫，否则过分的端庄就是呆板的写意，与袅娜失之交臂！韵致是一件奢华的外衣，披在灵魂的上面，昂贵到你用一生的修为去为它买单……

二、职业形象定位与水平测试

(一) 职业形象的定位

1. 概念

职业形象的定位是指职业人特别是直接面对客户交往的工作人员的职业形象应该具有端庄稳重的外表、优雅的举止风度、脱俗的气质、优美的语言、得体的谈吐、整洁和谐的衣着打扮以及礼貌热情宽和的态度。

关于职业形象的形成，有研究表明，我们当中仍然有90%的人，是在会晤的最初几分钟内就彼此做出判断的。由于人类是一种视觉占主导的动物，因此我们对事物的印象，源于自己之所见。外表在个人印象中占55%——种族、年龄、性别、身高、体重、肤色、形体语言、衣着和打扮，它们都作为外表的一部分起着相应的作用。另外，说话的声音和方式则占个人印象的38%，而信息或说话的内容仅占7%。适宜性、可靠性、吸引性、财产状况和社会地位——对这些因素的判断，基于一个人的"直觉"和客观观察两者的结合，这种判断时对时错。如果你不愿麻烦自己努力塑造良好的个人形象，那么你正在冒着受人误解的危险。所以，形象的综合性和它包含的丰富内容，为我们塑造成功的形象提供了很大的回旋空间。

2. 良好的"首因效应"

(1) 首因效应。

在社会及工作交往中，第一印象往往是最深刻的，社会心理学中称之为"首因效应"。若要给人以良好的印象，使人认同你、接纳你、喜欢你，必须讲究个人的仪表和风度。所以，职场工作人员的衣着打扮应当端庄、得体，既体现职业特点和个人气质，又不失亲和力。有时，服装形象已经成为一种社会地位、工作性质和应负责任的标志，因此，人们的行为模式应与这一标志的要求相匹配。

(2) 职业人的仪表形象应当体现出"职业美"、"现代美"、"语言美"。

职业人在和客户交往时的语言应是思路清楚，声音清晰自然，充满热情，富有感染力，具有吸引力的。

"非礼勿言"是《论语》中的一句话，意思是不合乎礼仪的话不要说，使用规范，正式和文明的语言，应当是每个职业人必须具备的品德。

(3) 职业人还应讲究举止风度，温和谦虚。

职业人还应当具有良好行为举止形象。体态语言在表达人的情绪、情感和态度方面，要比言词性语言更明确，更具有感染力。因此，必须讲究行为举止风度。

可以说，如果礼仪是出自较高的修养和成熟的心态，温和谦虚就是礼仪的核心。生硬的礼貌并不能消除盛气凌人带给别人的不快，但是温和的气度却往往能够弥补礼节上的一些粗心疏漏。所以礼仪不是单纯的"你好"、"谢谢"、"请"。礼貌是外延，温和是内涵，这才是礼仪的真正涵义。

总之，新世纪的职场人应该富有时代的朝气。这种朝气，集中体现了当代人应该更懂得美、追求美、体现美。追求风度美、外在美和内在美的和谐统一，是当代人自我形象塑造应该追求的理想目标。

(二) 职业形象水平测试

你拥有什么样的形象呢？你的形象令人满意吗？作为职业人士，不论身处何种职业，基本的职业形象礼仪准则是应该恪守遵循的。拿出一面镜子，仔细端详你的形象所传递的信息，下面的这些提问可以基本上测试出自己给别人的形象。看看它们是否符合标准：

不少人有下意识的行为习惯，给人留下不良的印象。虽然他们自己很难发现这些易分散他人注意力的习惯动作，但在别人眼里则很明显。对照以下各点，看看自己有没有这些不良的行为习惯。

你能做的都做了吗？往往是一些小小的细节，也许是忘了或未发现的小事，会令你尴尬。按下面的条款自我反省一下，是否不经意间有着这样或那样的疏忽呢？

 **实训指导** ✦✦✦✦✦✦✦✦✦✦✦✦✦✦✦✦✦✦

职业形象的自我测试

答案有以下四个选择：经常有之——0分；偶尔有之——1分；几乎没有——2分；从来没有——3分。请认真回答以下提问，答完之后把分数加起就可以知道你的具体形象了。

1. 在别人眼中我看起来比实际年龄要大一些；
2. 人们只注视我的某一个部分；
3. 我的穿着比较前卫，经常听到别人"真佩服你的勇气"或"打扮得真新潮"的评价；
4. 对于自己服饰的色彩，经常受到很多的评价和指点；
5. 聚会中,总感觉别人的穿着打扮比自己好；
6. 除了在公司和参加好友聚会之外，别人都不容易认出我；
7. 人们常常说我性感；
8. 别人就我的某一个方面评价得很尖锐；
9. 与很多人一起去逛百货商店的时候，店员最后才向我打招呼；
10. 不太熟的人听到我从事的职业之后感到很意外；
11. 在工作岗位上时常感到不能充分地发挥自己的能力；
12. 得不到自己希望的职位；
13. 与别人交谈时不看对方的眼睛；
14. 别人恶作剧地模仿我的习惯行为；
15. 不熟悉的人也亲昵地称呼我；
16. 仔细观察发现别人和我握手时皱眉头或者眼神异样；

17. 时常认不出能叫出我名字的人来;

18. 对方对我无意间说的话感到不快;

19. 别人经常反问我:"你刚才说什么?"

20. 人们不认真听我讲话;

21. 人们喜欢在我说话的时候打岔;

22. 在我讲话的时候人们心不在焉;

23. 我说的是称赞的话,但对方感到不快;

24. 我讲出来的想法很简单,但人们总是不理解,而且反复地问我;

25. 在餐厅等公共场所,总有人提醒我说话小声点;

26. 在公司无论怎么游说别人,也无法让自己的想法被采纳;

27. 与我通过几次电话的人,在第一次见到我本人的时候,居然反问我是否真的是那个通过电话的人;

28. 别人动不动就对我的语气感到惊讶,但我认为我的语气并没有什么问题;

29. 总觉得对话只是表面功夫,我越来越多的时候干脆保持沉默;

30. 通电话时从不首先表明自己的身份,而要等到对方的追问;

31. 时常有人认为我说了不合时宜的话而责备我;

32. 记不住通过别人介绍而认识的人的名字;

33. 明明是我请客,饭店服务员却总是把账单给别人;

34. 不善于遵守约定;

35. 感谢某人的时候不选择写信而是利用电话;

36. 即使有人来找我,而且等在旁边,我也继续长时间打电话;

37. 整理好商务文件对我来说是件困难的事;

38. 不经意间发现别人对自己评头论足;

39. 习惯于找借口;

40. 总感觉到是在为别人干工作,好像经常做的事情和自己关系不大;

41. 人们忠告我多培养几项兴趣爱好;

42. 接受别人正确的说法时总是在后面加上一个"但是";

43. 优柔寡断,不容易做决定;

44. 其实自己没什么事情,但别人问我是否有什么事情;

45. 竭尽全力也升不了职;

46. 与其说是活着,更像是在被命运牵着走;

47. 有充分的闲暇时间,但很少有特别令人兴奋的约会;

48. 约会时常常因为我发愣而引起别人大声地叫我;

49. 第一次约会之后就没有再接到电话;

50. 参加聚会时总感觉不自在。

测试结果分析:

根据对以上问题的回答把分数加起来,对照下面,来查看一下自己的形象究竟如何。

(1) 分数在 50 分以下

我的形象处于极差的状态;人际关系也亮起了红灯;需要得到专家的帮助,把自己的现状认真地整理出来，需要大力改善。

(2) 分数为 50~99

需要听取一些忠告；要进一步有意识地补充外在部分；如果你已经是一个领域的专家时，或许会认为外在形象并不是很重要的，只需用工作来表现自己就可以了。然而当你与同事们出去野餐时，是否考虑过应该穿运动鞋、拖鞋还是皮鞋呢？良好的外在表现会给你的工作带来更多的方便，从而使你更容易实现自己的真正价值。关于自己不关心的外在部分，有必要接受别人的忠告。

(3) 分数为 100~124

具有比较稳定的形象，能友好地对待别人；如果再加上专家的忠告，就可以达到更好的形象。

(4) 分数为 125 分

具有无可挑剔的完美形象。无论在谁看来都能表现出很好的形象，但在自信之余是否做出了与实际不太相符的回答呢？

请思考：自我形象有哪些不足，应如何加以完善？请制定健身计划和自我完善方案。

水终有澄清的一天（林清玄）

在我童年居住的三合院里，沿着屋檐滴水的沟槽下，摆了一排大水缸。水缸有半人高，缸口大到双手不能环抱过来，是为了接盛从屋顶流下来的雨水。刚下过雨的水缸是浑浊的，放一些明矾进去，等个两三天，水就会慢慢地清澈。因此，妈妈严格规定我们不能去玩水缸里的水。可是，不玩自己家的水，并不表示不玩别人家的水。

我们家正好在去中学必经的路上，每天有成百上千的学生走过。有一些喜欢恶作剧的孩子，路过的时候就会突然冲进院子，每个水缸都搅一下，然后呼啸着跑走。可恶的举动，使我们又愤怒，又紧张。为了防止水被弄浑，我们终日都坐在院子里，等待恶作剧的孩子。妈妈看我们被水缸弄得心神不宁，就安慰我们说："你们的心比水缸的水还容易混乱。那些恶作剧的孩子，根本不用理，时间一久，他们自然就觉得没什么好玩了。做自己该做的事，水，终有澄清的一天。"

"水终有澄清的一天！"妈妈的教诲，常常在我被误解、扭曲、诬陷的时刻，从水缸中浮现出来。我的心像水一样容易混乱，但在混乱之际，不需要过度的紧张和辩白，需要的是安静如实的生活。当我们心清明，水缸的水自然就澄清了。

如今，我每次走过乡下的三合院，童年院里的水缸都历历在目，就会想到一个洁身自爱的人，心境就如水缸里的水，来自天地，自然澄清。生命中的曲解，是一时一刻的，智慧与心境的清明追求，却是生生世世的。

一秒钟的混乱，可能要三天才能清明，但只要我们能够迈向更高的境界，水，终有澄清的一天。

阅读指导 ✦✦✦✦✦✦✦✦✦✦✦✦✦✦✦✦✦

1. 《中国哲学简史》(冯友兰) 阅读引导

《遇见我人生的灯塔——东方哲学》——朴槿惠

　　我走过的路与众不同。在大学时期，我梦想成为电子科学领域的产业主力军。但是，在我 22 岁时，母亲突然过世，我的人生道路也从此完全改变了。我自然而然地弥补母亲的空位，放弃了自己的梦想。但不出几年，父亲也同样离我们而去。在我不到 30 岁的时候，双亲都遇刺身亡，我和弟妹们的心情何等的绝望和痛苦，可想而知。让我更绝望的是，陪在父亲身边的人一一离开，而且我的父母由于政治原因受到人们的指责。我仿佛失去了一切，连呼吸都很困难，想要放弃一切。每当我看见其他家庭手拉手去郊游，都会在心里念叨："若我也出生在平凡的家庭，那多好啊……"熬过如此痛苦的时间，恢复平静，是不断地与自己进行对话，与自己斗争的过程。读东西方的古典书籍，进行冥想，天天写日记，回顾自身，这样慢慢地坚定了内心。

　　就在这时，有一本书悄悄地走进我的心房，成为了我人生的导师，那就是冯友兰先生所写的《中国哲学史》。东方哲学与重视逻辑和论证的西方哲学不同，讲究领悟。中国最具代表性的哲学家冯友兰先生的《中国哲学史》蕴含着做人的道理和战胜人生磨难的智慧，让我领悟到了如何自正其身，如何善良正直的活着。如同我的外号"笔记公主"，我无论见任何人，听到什么样的内容，会把所有的内容都会记下来，看书的时候也是如此。

　　读《中国哲学史》时，我把每个引起共鸣，让我有所领悟的句子都写在笔记本上，将含蓄的文字和字里行间中找到的真理刻在我心里。现在偶尔也会翻开以前的笔记本来回忆当时的感受。"最佳的修身之道是不矫揉造作，顺其自然。这就是道家的无为、无心。""推己及人，即为仁。""坐密室如通行，驭寸心如六马，可以免过。"这些句子依然深深地打动我心。

　　自与《中国哲学史》相遇，我恢复了心里的宁静，明白了之前所不能理解的许多事情。所谓人生，并不是与他人的斗争，而是与自己的斗争。为了在这场斗争中获得胜利，最重要的是内心必须坚定，控制住自己的感情和欲望。我懂得了平凡但珍贵的道理：金钱、名誉和权力都如同刹那间烟消云散的一抹灰烬，只有正直的人生才是最有价值的。从此人生的苦难成为激励我的伙伴，真理成为照亮我前程的灯塔。溪流有石头才能发出清脆的流水声，人生亦是如此，遇到痛苦之石才能歌唱生活。我也因经历了痛苦的时间，使全新的人生价值在心底深深扎根。当我失去一切深陷绝望的时候，反而看到了崭新的希望。与其放弃，不如再一次思考命运所赋予的使命和责任；不论大小轻重，不如再一次思考自己存在的理由。若把挫折当做伙伴，把真理当做灯塔，不管遇到什么样的困难都能找到克服的方法。

　　冯友兰先生的《中国哲学史》把深藏已久的东方精神遗产挖掘并擦亮，使其成为闪闪发光的宝石，让我们明白如何坚定地走过这花花世界。对于我来说，遇见这本书，是无比珍贵的缘分。

2. 《羊皮卷》(奥格·狄德曼)

《羊皮卷》序言：羊皮卷的故事

两千年前，在今天的阿拉伯地区的沙漠地带，有一个赶骆驼的男孩，名叫海菲。他最急切的愿望就是要改变他地位低下的生活，因为他爱上了一位美丽的姑娘，而姑娘的父亲却富有而势利。

海菲的恳求得到了他的老板——大名鼎鼎的皮货商人帕萨罗的恩准。为了验证他的潜力，老板派他到一个名叫伯利恒的小镇去买一件袍子。然而，他却失败了，因为出于一时的怜悯，他把袍子送给了客站附近山洞里一个需要取暖的新生婴儿。

海菲满是羞愧的回到老板那里，但有一颗星星却一直跟在他的头顶上方闪耀着。老板帕萨罗将这种现象解释为上帝的启示，于是，他给了男孩十道羊皮卷，那里面记载着震古烁今的商业大秘密，有实现男孩所有抱负所必需的智慧。

海菲怀揣着这十道羊皮卷，带着老板给他的一笔本金，离开了驼群，走向远方，正式开始了他独立谋生的推销生涯。

若干年后，这个男孩成为了一名富有的商人，并娶回了自己心爱的姑娘。他的成就继续扩大，不久，一座浩大的商业王国在古阿拉伯半岛崛起。

熟悉以上这段文字的人都明白，这是一部奇书的故事梗概，他的名字叫《世界上最伟大的推销员》。作者奥格·狄德曼，美国人，一位杰出的企业家、作家和演说家。

每一个时代都会产生它的"有力量的文学"，这种文学作品所蕴含的力量如此之大，甚至能够改变读者的生活命运。《世界上最伟大的推销员》就是这样的作品，它那如诗歌般美妙的文字，闪烁着人类思想精华的内涵，注定要影响无数人的生活。

能够写出如此震撼人心、精妙绝伦的著作，作者一定是得到了神启。

奥格·狄德曼，1924 年出生于美国东部的一个平民家庭，在 28 岁以前他是幸运的，读书工作娶妻生子，但后来，面对人间的种种诱惑，由于自己的愚昧无知和盲目冲动，最终失去了一切宝贵的东西，几乎赤贫如洗。于是他开始到处流浪，寻找自己以及赖以度日的种种答案。

两年后，在一次到教堂做弥撒的时候，他认识了一位受人尊敬的牧师，也许是由于他苍白的脸庞和忧郁的眼神，牧师同他展开了交谈，并解答了他提出的许多人生的困扰，临走的时候，牧师送给他一部圣经，此外还有一份书单，上面列着十一本书的名字。它们是——《最伟大的力量》、《钻石宝地》、《思考的人》、《向你挑战》、《本杰明·富兰克林自传》、《获取成功的精神因素》、《思考与致富》、《从失败到成功的销售经验》、《神奇的感情力量》、《爱的能力》、《信仰的力量》。

从这一天开始，奥格·狄德曼便天天泡在图书馆里，将牧师推荐的书籍一一阅读，渐渐笼罩在心头的那一片浓重的阴云退去了，一抹阳光照射进来，他激动万分，心潮澎湃，终于看到了希望。

"我现在就付诸行动！"重拾信心的狄德曼下决心，"今天，我将爬出满是失败创伤的老茧，用爱来面对世界，重新开始新的生活。"

人是自然界最伟大的奇迹，一旦狄德曼意识到自己的潜力，便焕发出前所未有的生活热情和勇气。遵循书中智者的教诲，瞄准目标，扬帆远航，抵达梦中的彼岸。在以后的日子，他当过卖报员、公司推销员、业务经理……

在这条他所选择的道路上，充满了机遇，也满含了辛酸，但他已不可战胜，因为他已经掌握了人生的准则，就好像上帝就在他的身旁。当遇到困难，甚至失败时，他都用书中的语言激励自己：坚持不懈，直到成功！

就这样，一分一秒，一砖一瓦，他紧紧扼住生命的咽喉，控制自己的情绪，用微笑来迎接每一天升起的朝阳，最大限度的实现自己的价值。终于，在35岁生日那天，他创办了自己的企业——"成功无止境"杂志社，从此步入了富足、健康、快乐的乐园。

他的成功还带来了巨大的荣誉，共有六百多个广播电视节目向他发出邀请，他成为了美国家喻户晓的商界精英。就如所有伟大谦虚的人一样，他没有就此止步，生命一息尚存，就发出一分光和热，他开始著书立说。他也要向那十一本书的作者那样给世人带去福音。

1968年，在他44岁的时候，他写出了《世界上最伟大的推销员》一书，它凝结了作者一生的心血，该书一经问世，即以二十二种语言在世界各国出版，社会各界人士，都被这部充满魅力的作品深深吸引，截至1998年，该书在全国总销量达到一亿八千万册。凡读过此书的人，都会发现，海菲实际就是曼狄诺本人的化身，而牧师赠给他的，则是那十道充满神秘色彩的羊皮卷。

 复习思考 ✦✦✦✦✦✦✦✦✦✦✦✦✦✦✦✦✦

1. 社交礼仪的基本原则和作用是什么？
2. 职业道德规范的具体内容有哪些？
3. 谈谈你的职业形象定位与职业形象塑造的打算。

第三章　保险从业者职场形象礼仪

 案例引导

一次不愉快的合作

美国的一家塑料机械公司，收购了德国的一家同类型公司，为了熟悉双方产品，两家公司互派工程师。在双方见面相互握手时，美方工程师的另一只手插在衣服的口袋里，德方工程师的手只轻点了一下对方的手，彼此之间都显得好像有些冷淡。

有一天，美方工程师和德方工程师共同在声音轰鸣的机房内调试一台新机器，美方工程师高声说："增强压力。"德方工程师把压力增强，并大声问"怎么样？"美方工程师伸出手掌，把拇指和食指相接成环状，做了一个手势(在北美各地这种手势用以表示"OK"的意思)。德国工程师看到此手势却一下子呆住了，脸色变得十分难看，突然放下手中的工具，气呼呼地走了。美方工程师非常纳闷。德方工程师找到公司经理，非常气愤地说："我决不再同美国工程师合作了！"为了解事情的原委，公司经理让德方工程师说明了情况，听完德方工程师的叙述，公司经理一下子明白了。

本案例的失礼之处，首先在于美方工程师在握手的时候将另一只手插在衣服的口袋里，这是一种不礼貌的握手方式。更重要的是，美方工程师所做的"OK"手势，在德国是笨蛋的意思。所以德国工程师很生气。可见这位美方工程师不懂得职场礼仪，给工作带来了不必要的麻烦。从而影响了公司的职场形象，造成了负面影响。

职场礼仪对于从业者是非常重要的。英国哲学家弗朗西斯·培根说："相貌的美高于色泽的美，而秀雅合适的动作美，又高于相貌的美，这是美的精华。"社交礼仪在塑造个人形象方面包括仪态、仪表、仪容等礼仪内容，通过本章的学习及不断训练，调整仪表、仪容及身体姿态形象，掌握工作及生活中正确的站、坐、行走的基本要领，从而养成良好的身体姿态习惯，培养正确的审美观和审美心理。塑造从业者良好的职业形象，最终使我们集健康、形体美化、端庄优雅的姿态形象于一体。

第一节　完美的人体形象

人的美，美在人的形体，美在人的形象，美在人的姿态动作，美在人的心灵，美在人的独特的神态及状态，美在人的独特风格形象。这是人类外在美和内在美的高度自然和谐统一。在学习身体姿态形象要求之前，首先应该了解完美人体形体的标准，并以此为根据认识自身的身体条件，再根据自身条件进行自我设计和自我完善。

一、完美形体的体现

罗丹说："在任何民族中，没有比人体的美更能激起富有感官的柔情了。"它抒发出来的魅力，马克思称之为"具有永恒的魅力"。形体美就是人的身体形态形体健美，完美的人体形体美大体有以下标准：

1. 骨骼

骨骼发育正常，身体各部分均匀相称，比例协调，无畸形。划分人体上下身比例的界线是以肚脐为界，上下身最佳比例应为 5 比 8，符合"黄金分割"定律——0.618。人的肚脐是人体总长的黄金分割点，人的膝盖是肚脐到脚跟的黄金分割点。

2. 肌肉

表现为肌肉富有弹性和显示人体形态的强健协调。过胖、过瘦、臃肿松软或肩、臂、胸部细小无力以及由于某种原因造成身体某部分肌肉过于瘦弱或过于发达，都不能称为肌肉健美。

3. 五官

五官端正，并和脸型配合协调，而且目光有神。了解人的面部五官的完美比例应从以下几点把握：

(1) 眼睛的位置大约在头部的二分之一处。

(2) 眼长=两眼间距离=鼻宽。

(3) 眉头的标准位置：

将内眼角和鼻翼连成一垂直线，眉头的标准位置在垂直线的延长线上。称为"三点一线"，眉的长度在鼻翼至外眼角连线的延长线上。

(4) 嘴的标准长度：

嘴角在瞳孔平视时瞳孔内侧的垂直线上。

4. 肩宽

双肩对称，微显下削，男宽女圆，无端肩缩脖或垂肩之感。肩宽指两肩峰之间的距离。人体肩宽的完美比例应是肩宽等于胸围的一半减去 4 厘米，或者肩宽是身长的四分之一。

5. 脊柱

具有正直的脊柱。正常人的脊柱背视呈直线，从头至尾笔直一条，侧视具有正常的体形曲线——胸段脊柱有点后突(正常弯曲度为 20 度)，颈段及腹段略向前弯曲，成为既正直又有曲线的优美人体的支柱。颈长超出脸部的 1/2 为美。(图 3-1-1)

第一，正直　　　　第二，侧斜　　　　第三，扭转

图 3-1-1

6. 胸

胸部宽厚，胸肌健壮发达，丰满而不下垂。

胸围：由腋下沿胸部的上方最丰满处测量胸围，应为身高的一半。

7. 腰

腰细而有力，微呈圆柱形，腹部呈扁平。腰围在正常情况下，量腰的最细部位。标准的腰围应比胸围细约三分之一，或腰围较胸围小 20 厘米。

8. 臀

臀部鼓实，微呈上翘，不显下坠。髋围在体前耻骨平行于臀部最大部位。髋围较胸围大 4 厘米。

9. 下肢

下肢修长，双腿并拢时正视和侧视均无屈曲感。大腿围在大腿的最上部位，臀折线下。大腿围较腰围小 10 厘米。小腿围在小腿最丰满处。小腿围较大腿围小 20 厘米。足颈围在足颈的最细部位，足颈围较小腿围小 10 厘米。

10. 上肢

双臂骨肉均衡，长短适度。上臂围在肩关节与肘关节之间的中部，上臂围等于大腿围的一半。标准臂长大约等于自己的三个手长。(图 3-1-2)

玉手柔软，十指纤长。玉手的外表形态很美，古人诗文中曾用"柔荑、葱根、红酥、香凝、纤纤、素素"等修饰语来描绘手的白嫩、细腻、温润、修长、纤巧等美的特征。健美的手，具有造型美，称得起是造物者的一种杰作，给人以一种对称、和谐、长短参差有致、形态多样统一的美。(图 3-1-3)

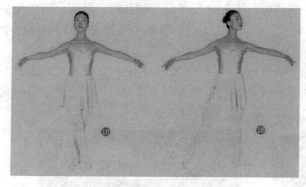

图 3-1-2

图 3-1-3

11. 肤色

肤色红润晶莹，充满阳光般的健康色彩。

我国肤色健美的标准是红润而有光泽的。肤色美在于细腻、光泽、柔韧、摸起来有天鹅绒之感，看上去为浅玫瑰色的最佳。

12. 形体

形体整体观望没有粗笨、虚胖和过分纤细的感觉。

形体美的基础是健康。所谓人体健康包括以下各方面：发育良好，骨骼健全，五官端正，腰身匀称，四肢协调，肌肉有弹性，皮肤光润，精神饱满，精力旺盛，动作灵敏。

二、黄金分割与美的标准

(一) 黄金分割

1. 黄金分割

黄金分割又称黄金律，是指事物各部分间一定的数学比例关系，即将整体一分为二，较大部分与较小部分之比等于整体与较大部分之比，其比值为 1：0.618 或 1.618：1，即长段为全段的 0.618。

2. 人体美学

人体结构中有许多比例关系接近 0.618，因此，0.618 被公认为最具有审美意义的比例数字。中国古代的"三庭五眼"理论亦基本与黄金分割理论吻合。

3. 生活中的黄金分割之美

有趣的是，0.618 这个数字在自然界和人们生活中到处可见：人们的肚脐是人体总长的黄金分割点，人的膝盖是肚脐到脚跟的黄金分割点。医学与 0.618 有着千丝万缕的联系，它可解释人为什么在环境 22～24℃时感觉最舒适——人的体温 37℃与 0.618 的乘积为 22.8℃，而且这一温度中肌体的新陈代谢、生理节奏和生理功能均处于最佳状态。

科学家们还发现，当外界环境温度为人体温度的 0.618 倍时，人会感到最舒服；现代医学研究还表明，0.618 与养生之道息息相关，动与静是一个 0.618 的比例关系，大致四分动六分静，才是最佳的养生之道；医学分析还发现，饭吃六七成饱的几乎不生胃病；建筑师们对数字 0.618 特别偏爱；无论是古埃及的金字塔，还是巴黎圣母院；或者是近世的法国埃菲尔铁塔，都有与 0.618 有关的数据；人们还发现，一些名画、雕塑、摄影作品的主题，大多在画面的 0.618 处(图 3-1-4)；艺术家们认为弦乐器的琴马放在琴弦的 0.618 处，能使琴声更加柔和甜美。

埃及吉萨金字塔，由 260 万块巨石砌成，一块 12 吨；塔高×10 亿＝地日距离；底面积÷2 倍塔高＝圆周率；穿过塔的子午线正好把大陆和海洋等分成两半，并坐落于大陆的重力中心；大自然之美，值得我们关注和研究。(图 3-1-5)

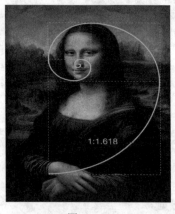

图 3-1-4　　　　　　　　　　　　　　图 3-1-5

据人体美学观察，人体的美在于整体的和谐与比例的协调，人体结构中有许多比例关系接近 0.618。(图 3-1-6)

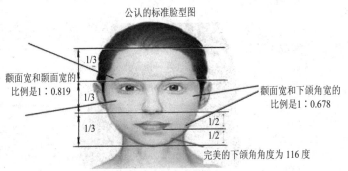

公认的标准脸型图

颧面宽和颞面宽的
比例是 1：0.819

颧面宽和下颌角宽的
比例是 1：0.678

完美的下颌角角度为 116 度

两比例一角度，成就瓜子脸美女

图 3-1-6

(二) 中国古代论完美的标准

1. "天地人三才"和谐为美

三者和谐，方为安泰。"额"比象为天，天欲张，故以阔圆者为贵；"鼻"比象为人，人欲深纹，故以端直为寿；"颌"比象为地，地欲方，故以方阔者为富。天庭饱满是指额头上中下部位宽大均匀且较突出、饱满，说明智力发展有很好的生理基础；地阁方圆是表示居住、钱财、意志力、忍耐力，长得端正方圆平厚的人，既贵且富。长得肥厚饱满称之为得地，得地者必富贵。

2. 面相与"三庭五眼"

古书上若说某人天庭饱满地阁方圆，就是这个人面相好的意思，以面相丰满圆润、五官比例协调为美。中国古代关于人的面部的比例关系有一种概括，叫做面部的三庭五眼。(图 3-1-7)

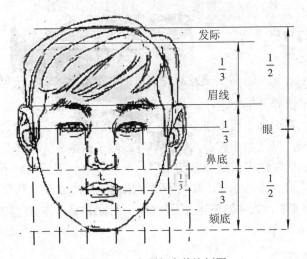

发际

眉线

鼻底

颏底

图 3-1-7　人面部完美比例图

三庭：将脸的纵向分成三等分。上庭为发际线至眉头；中庭为眉头至鼻底；下庭为鼻底至颏底。三庭公式为发际线至眉头线=眉头线至鼻底线=鼻底线至颏线。

五眼：以一只眼的长度为单位，将脸的横向分成五等分：五眼公式：左发迹线至左外眼角的宽度＝左眼宽度＝两眼间距离的宽度＝右眼宽度＝右眼外眼角到右发迹线的宽度。(图 3-1-8)

图 3-1-8　标准美女模拟图

3. 体型与"阴阳五行"

《黄帝内经》将人的面相和体型归纳为五种类型。

木型人肝经气旺，身形瘦，有才智，重精神生活，做事勤劳，稍欠持久力，易急躁，多忧虑；土型人色黄，厚重，面方圆，成熟稳重，喜欢传统，性格略固执，适合从商或实业；火型人气盛，偏红，急躁，大起大落，乱世运势好，反之则较为普通；金型人色白，方形脸，腮骨大，个性强，重名多于利，适合做生意；水型人白净，形圆，应变力强，思考灵活，基本上人缘好，适应环境能力非常强。

总之，中国古代关于人的面貌、形体的凶吉福祸之判断等与西方的审美标准差异较大，这是学习时应当注意的。

三、人体美的塑造与形体练习

英国的哲学家培根在《论美》中说："形体之美要胜于颜色之美，优雅行为之美又胜于形体之美。"

(一) 认识并塑造自己

1. 对体型的认知

美好的体型一部分是天生的；还有多半不是先天生成的，而是靠后天塑造的，即使天生丽质，如果后天不保养，也会走样。

由于遗传因素，在形体上或多或少会存在某些缺陷，如脖短肩窄，骨骼粗大，腿臂过短，上下身比例失调，以及罗圈腿、八字脚等等。除了这些先天的不足而外，还有后天造成的畸形，如因疏懒的生活习惯造成窝胸扣肩，单肩背书包造成两肩不端正长期负重造成驼背，终年伏案工作造成腰椎不直，家教不严造成坐无坐相立无立相等等。

从生活美学角度来看，人体的整体上四肢对称，比例协调，本身便具备了人体基本美感。

2. 关于人体体重

(1) 女性的标准体重。

身高(厘米) – 105 = 标准体重(公斤)。例如，身高 160 厘米的女子，她的标准体重应该是：160 (厘米) – 105 = 55(公斤)。

(2) 男性的标准体重。

身高(厘米) – 100 = 标准体重(公斤)。例如，身高 170 厘米的男子，他的标准体重应该是：170(厘米) – 100 = 70(公斤)。凡是超过标准体重 10% 者为偏重，超过 20%以上者为肥胖，低于 10%者为偏瘦，低于 20% 者为消瘦。

3. 认识独特的自己

每个人都想使自己的形体显得更漂亮，但是最重要的是首先要认识自己，对自己的体型要有一个客观、全面的了解。你可以站在大镜子面前观察自己，了解自己体型是哪种类型，是高、矮、胖、瘦、还是适中。根据完美形体标准从头到脚审视自己全身，看看上下身比例是否匀称协调，某些部位是否过胖过瘦。找到自己形体上的优点及不足，扬长避短，有针对性地进行自我设计，明确自我完善的方向。

爱美之心，人皆有之。形体美又是美中之最，而形体美的塑造主要是靠后天努力塑造成功的。那么，怎样才能获得令人满意的形体呢？

4. 好体型是可以塑造的

体型是可以通过改善营养结构、形体训练、力量锻炼而发生变化的。人体的各项形态指标，虽受遗传因素影响，但是这种影响也并不一致。一般地说，身高、肩宽和臂腿的长度受遗传影响较大，而胸围、腿围受到的影响就小些。

形体具有可塑性。人的生长过程中的环境条件、饮食营养以及从事职业或运动锻炼，对体型的形成亦会有很直接的关系。例如，有的父母个子矮小，但子女生长时期营养充足又爱运动，结果其骨架、身高往往会超过父母，这就是可塑性的根据。在体型改变方面，身体结构的变化亦是很重要的因素。你可以通过后天肌肉的锻炼改善径围，使体型的比例协调，通过健美方面锻炼，使体型美观起来。当然，可塑性也取决于你原来的身体素质。如原来肌肉不够发达，可塑性就大，效果也好，相反就差些。

(二) 形体练习的原则

1. 坚持自信原则

自信是一个人永恒的魅力。世界上几乎没有十全十美的人。每个人都有不足之处，而不足之处又是可以弥补的。有的人对自己体型上的某些不足之处产生自卑心理，却又缺乏锻炼的决心，总为自己不如别人而苦恼，其实大可不必。

美丽的魅力产生于对美的追求和自信中，是最能赋予个性美的，每个人都具有一副独具特质的体型，你可以根据自己的特点去塑造和充实自己，形成属于你自己的形体美。健康、活泼、充满着自信的神态和情绪，加上自己独具的气质，会使任何人都能呈现出属于他自己的美丽个性色彩。我们常见的极普通的高、矮、胖、瘦体型，各有长处，各有特点，都可扬长避短将其完善，只要充满信心自我锻炼，就可以获得相对较好的形体。

2. 目的性原则

形体练习的积极性来自于明确的目的和端正的动机。我们可以根据自身身体条件，设定形体训练目标计划，按照形体训练目标计划坚持训练，最终会收到成效。

3. 从实际出发原则

从实际出发原则是根据未来职场和社交中可能出现的实际情况，选择训练内容，反复模拟、强化训练、直至养成习惯。

4. 坚持经常性原则

进行形体练习必须持之以恒，使形体练习中各种有效的方法对人体各部位产生持久的影响，并逐渐形成一种"习惯"，使举手投足都体现出一种"行为美"。调整形体的方法一是增加肌肉和脂肪，使瘦型丰满；二是增加肌肉，消耗脂肪，使胖型变瘦；三是通过肌肉运动，使局部松弛的皮下脂肪紧缩起来，富有弹性。

人的运动器官有较大的可塑性，经过一段时间的机械用力，骨骼、关节、肌肉、韧带都会发生适应性的变化。对关节僵硬，肢体不够灵敏以及后天造成的畸形体型，可以参加各种形体锻炼，活动四肢、灵活关节，在自身不足之处下工夫，即可收到改变体型、端正体型的效果。

第二节　职场仪态礼仪

谈到"形象"，人们最先想到的就是一个人的容貌和气质，而往往忽视了一个很重要的方面——仪态。即使你拥有天使的脸蛋、魔鬼的身材，如果配上的是一副萎靡不振的姿态、粗鲁无礼的举止，其形象都将大打折扣。站立、坐卧、行走是人体最基本的姿态。姿态能反映出一个人的文化修养、气质和风度。良好的姿态能让你更加优雅、更具魅力。(图 3-2-1)

图 3-2-1

一、职场身姿礼仪

姿态是指一个人在静止或活动中所表现出来的身体姿势和举止神情。身体姿态主要包括站、坐、行、卧几个方面。中国古人讲"站如松，坐如钟，行如风，卧如弓"。也就是说，坐立行，应当坐有坐相，站有站相，走有走相。

(一) 职场站姿礼仪

姿态的优劣常常体现一个人的气质、风度和教养的，站姿是人的最基本的姿势。

1. 正确的站立姿势

(1) 站姿基本要求。

"站如松"是说人的站立姿势要像青松一般正直挺拔。头部端正，面部表情自然，目光平视，嘴微闭，面带笑意，下巴微收；脊椎颈部挺直；展肩、垂肩、松肩；挺胸、收腹、立腰；双臂在身体两侧自然下垂，上臂稍向后；臀部应提臀或夹臀；双腿并拢，双脚跟并拢，双脚呈 V 字型，两脚尖夹度 60°左右。上述站立姿势基本要求可以用如下口诀概括表述：

头正、目平、梗颈，挺胸、收腹、立腰，腿绷直、脚并拢，双臂下垂莫乱动。由于性别方面的差异，男女士的基本站姿又各不相同。男士要求稳健，具有阳刚之气；女子要求则是优雅，具有阴柔之美。

(2) 男士基本站姿形象——顶天立地式。

男士在站立时，一般应双脚平行，两脚尖朝前，两脚之间距离大约与肩同宽，全身正直，双肩稍向后展，头部抬起，双臂自然下垂伸直，两手自然垂放或于体前交叉。如果站立时间过久，可以将左脚或右脚交替后撤一步，其身体的重心分别落在另一只脚上。但是上身仍须直挺，伸出的脚不可伸得太远，双腿不可叉开过大，变换不可过于频繁。膝部要注意伸直。

(3) 女士基本站姿形象——亭亭玉立式。

女士在站立之时，应当挺胸，收颌，目视前方，双手自然下垂，叠放或相握于腹前，双腿基本并拢，呈现"V"形。双脚也可以呈小丁字形，不宜叉开双腿。(图 3-2-2)

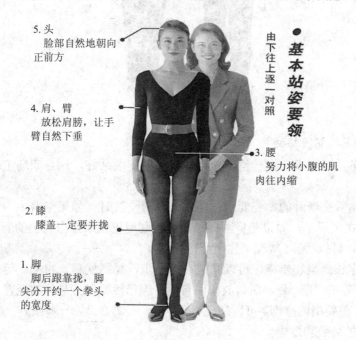

5. 头
　脸部自然地朝向正前方

4. 肩、臂
　放松肩膀，让手臂自然下垂

2. 膝
　膝盖一定要并拢

1. 脚
　脚后跟靠拢，脚尖分开约一个拳头的宽度

3. 腰
　努力将小腹的肌肉往内缩

由下往上逐一对照

● 基本站姿要领

图 3-2-2

2. 职场工作中的站姿形象要求

在职场工作及社会交际场合中，良好的站姿是十分重要的，它反映着一个人自身的素养。所以，我们可以通过站立姿态基本要点的学习，使自己的站姿显得更加得体、自然和高雅。

(1) 一位站姿。

男女生双脚成"v"型角度，保持站立的基本姿态，面带微笑，双目平视，双手垂放于身体两侧，自然下垂。

(2) 二位站姿。

女士丁字位站姿：脚位呈小丁字步，即两脚尖略开，右脚稍前，右脚跟靠于左脚内侧中端，疲劳时双脚可以前后相互交替，身体重心可以平均置于两脚上，也可以置于一只脚上。两手于体前交叉，右手握左手手指部位，双手交叉时，虎口相对，手型稍展开。这种姿势做得要自然。

男士双腿开立式站姿：双腿开立，两脚之间距离与肩同宽(20 公分左右)，两脚尖朝前。两手于体前交叉，右手搭左手手背。(图 3-2-3)

图 3-2-3

3. 不同场合下的职场站姿要求

(1) 上岗服务站姿要求：要一丝不苟地严格按照要求站好，这是职场工作人员的起码工作素质。

(2) 与客户站着交谈时的站姿要求：同别人站着交谈时，如果空着手，可以双手在体前交叉，右手放在左手上，如果是背着提包，可以利用皮包来摆出优美的姿势。若身穿风衣、大衣等服装，可以手插口袋，配以适当的手势。

(3) 女士身穿长筒裙和旗袍，可以站成小丁子步，显得优雅、自如。等车或等客人的时候，两脚的位置可一前一后，肌肉放松而自然，但仍然要保持身体的挺直。

(4) O 型、X 型腿型的掩饰。可以站成小丁子步，一脚在前，一脚在后，膝盖前后错开，衣着不要穿过瘦的裤装和短裙。

(5) 在领导、客人面前双手抱胸，用手叉腰，趴在桌上，站立时抖动腿，都属站相欠佳。

(二) 职场坐姿礼仪

"坐如钟"，坐姿形象是人在就座之后所呈现出的姿势状态。从总体上讲，坐姿和站姿一样是一种静态的姿势，是体态美的重要内容，它能反映出人的气质、风度和教养。"坐"作为一种举止，有着美与丑、优雅与粗俗之分。不正确的坐姿使人显得懒散、无礼；端庄、优美的坐姿给人安详、舒适、得体的美感。

1. 入座礼仪要求

入座起身动作要轻而缓慢，上体不塌腰，双手不扶腿，否则给人以沉重感。女士穿裙装入座要用手拢裙，姿态优雅。服务人员应在客户及领导之后入座，将上座让于宾客及领导。(上座——里为上、远门为上、居中为上、右为上、佳座为上、自由为上)坐下后可适当调整体位，但这一动作不可和入座同时进行，起身后可以稍微整理一下衣服。

2. 职场工作及社会交际场合中的坐姿形象要求

坐姿形象总的原则：庄重、大方、自然、舒适、得体。

坐姿要领口诀：入座轻稳头放正，梗颈、立腰、挺起胸，背轻靠，膝并拢，手搭好，脚放平。

(1) 基本端坐形象要求。

上半身挺直，人体重心垂直向下，下巴微微内收，颈部挺直，胸部挺起，双肩平正放松，腰部顶起，脊椎向上伸直并使背部和臀部成直角；双腿并拢并自然弯曲，大小腿成直角，小腿不要往里收，要成直角或稍往外放一些，这样给人以优雅、有教养的感觉。

在公共场合，女性一般是膝盖并拢的坐相，寓意为庄重、矜持。男性一般稍分开腿而坐，寓意为自信、大度、豁达；双脚合拢，大小腿成直角；手的放法，女士右手握左手指尖部位，放在腿上，距离膝盖 10 公分左右，偏右或偏左均可。男士手搭手背部；坐满椅子的三分之二以上，这样的坐相既能表现出端庄稳重优雅，又能表现出对对方的尊敬。如果坐在椅子上的面积太小，会令人感觉太谦卑。

(2) 男女士不同坐相。(图 3-2-4)

① 男性坐姿：男子坐姿庄重，给人以深沉稳健的印象。在职场及交际场合中，男子的坐姿对社会交际效果也有着潜在的影响。得体的坐姿，会使人产生信赖感，能表现出男性的阳刚之气。男性坐相一般是稍分开腿而坐，大约肩宽左右，体态语的含义为自信豁达。男士的具体坐姿有端坐训练式、垂腿开膝式、大腿叠放式、双脚内收式等。

② 女性坐姿：公众场合女性应该膝盖合拢而坐，体态语的含义为庄重、矜持。女士的具体坐姿有端坐、双腿斜放式、脚踝相交式、双脚前搭式、前伸后曲式、双腿叠放式等。

③ 坐相忌讳：仰靠沙发、四字型架腿、脱鞋、脚放桌椅上、架腿而坐时脚尖朝天并抖动、女士夏季穿超短裙坐下后频频架腿。

图 3-2-4

总之，无论何种坐相，都要坐得庄重、大方、自然、舒适、得体。这样会给人做事认真，踏实的感觉。

3. 关于坐姿的体态语言(图 3-2-5)

(1) 小幅度的摆动腿部意味着不安、紧张和焦虑，显得浮躁。

无论男女在人前频频交换架腿姿势，都是情绪不稳定和焦躁不安的表现。一条腿自然的架在另一条腿上的女性，往往对自己的身材和容貌有足够的自信。

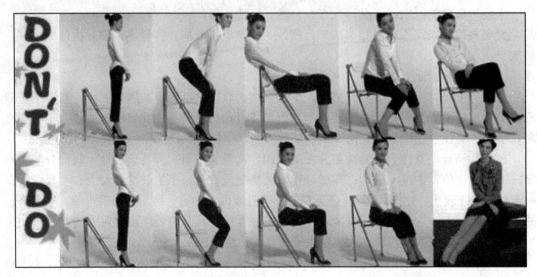

图 3-2-5

(2) 四字型搭腿显示出一种争辩和竞争性的态度，这是许多拥有竞争性性格的男性所采用的一种坐姿。对一个文明有礼貌的人来说，在同事、朋友和客人面前，我们应当尽量避免使用这种姿势。否则会给对方带来不好的感觉，也不利于友谊的发展。

(3) 女士双膝并拢的坐姿，表现出防御性的心态，容易使对方产生严肃感。

女性以脚踝相交的做法代替架腿，这种姿态看起来美观，拒绝的表示比较含蓄和委婉，在西方人看起来更有教养。

(4) 男性脚踝相交的坐态，往往表现在心理上压制自己的表面情绪，比如表示警惕、防范、或者对某人某事采取保留态度。

(5) 始终浅坐在椅子上的人，流露出心理上的劣势和缺乏精神上的安全感觉。

(6) 深坐并放低腰位者则显示出精神上的放松状态，也是向对方表示心理上的优势(师生、上下级、长晚辈)

(7) 在他人面前猛然坐下的动作，表面上随随便便、不拘小节，其实内心隐藏不安，或有心事不愿告人，同他人谈话时往往会显得心不在焉。

(三) 职场蹲姿礼仪

蹲的姿势时常被人称为蹲姿、下蹲或蹲下。在工作岗位上服务时，通常不允许服务人员采用蹲姿去直接面对自己的服务对象。毫无必要时如此去做，只会让人觉得自己缺少管束或是懒洋洋。

蹲的基本方法是人由站立的姿势，转变为两腿弯曲，身体的高度下降的姿势。它非跪非坐，介于二者之间。在一般情况下，一个人采用蹲姿，时间上不宜过久，否则就会感觉不适。因此，蹲姿其实只是人们在比较特殊的情况下所采取的一种暂时性的体位。

1. 适用情况

服务礼仪规定，只有遇上了下述几种比较特殊的情况，才允许服务人员在其工作之中酌情采用蹲姿。(图3-2-6)

图 3-2-6　正确的蹲姿

(1) 整理工作环境。在需要对自己的工作岗位进行收拾、清理时，可采取蹲姿。

(2) 给予客人帮助。要以下蹲之姿帮助客人时，如与一位迷路的儿童进行交谈时，可以这样做。

(3) 提供必要服务。一般认为，当服务人员直接服务于客人，而又有其必要时，可采用下蹲的姿势。另外，当客人坐处较低，以站立姿势为其服务既不文明、方便，又因高高在上、失敬于人时，亦可改用蹲姿。

(4) 捡拾地面物品。当本人或他人的物品落到地上，或需要从低处被拿起来时，不宜弯身捡拾拿取，不然身体便会呈现前倾后撅之态，极不雅致。面向或背对着他人时这么做，则更为失仪。此刻，采用蹲姿最为恰当。

(5) 自己照顾自己。有时，需要自己照顾一下自己，如整理一下自己的鞋袜，亦可采用蹲姿。

除了上述情况之外，一位服务人员在其工作岗位上毫无缘由、旁若无人地蹲在那里，不但没有道理，而且会为自己招致非议。

2. 蹲姿注意事项

即使是有必要在自己的工作之中采用蹲姿，也有七点重要事项需要注意：

(1) 不要突然下蹲。蹲下来的时候，速度切勿过快。当自己在行进中需要下蹲时，尤须牢记这一点。

(2) 不要距人过近。在下蹲时，应与身边之人保持一定的距离。与他人同时下蹲时，更不能忽略双方之间的距离，以防彼此"迎头相撞"。

(3) 方位失当。在他人身边下蹲，尤其是在服务对象身旁下蹲时，最好是与之侧身相向。正面面对他人，或者背部面对他人下蹲，通常都是不礼貌的。(图3-2-7)

图 3-2-7　错误的蹲姿

(4) 毫无遮掩。蹲在大庭广众之前时，尤其是身着裙装的女性服务人员这样做时，一定要避免下身旁无遮掩的情况，尤其是要防止大腿叉开，不然就会使个人隐私暴露于外人眼中。

(5) 勿随意滥用。在服务于人时，若在毫无必要的情况下采用下蹲的姿势，只会给对方虚假造作之感，而并无任何服务热情可言。非要这么做，只能是过犹不及。

(四) 职场走姿礼仪

1. 端正生活步态的意义

"行如风"是说人行走时如风行水上，有一种轻快自然的美。大文豪巴尔扎克曾经说过：巴黎的女性是走路的天才。无论他们的身材高矮或者穿着如何，由于具有优美的走路姿势，都可以展现自己的风姿、举止、服饰，使其显得更加俏丽动人。

(1) 良好的步态对身体健康有益。

良好的步态是一种动态的美，它有助于完善自我形象。人们都希望给别人以美感，增强个人魅力。良好的步态是增加个性魅力的一个非常重要的方面。这种美是后天可以学会的，有的人相貌虽美，但姿态不美，那是令人遗憾的。

(2) 良好的步态有助于表现你的能力和自信心。(图 3-2-8)

有时面对的人或事你很有信心时，你自然会把胸挺起来，走的很有自信心。而且心理暗示以及感染他人的作用又是非常重要的，如果有意识地在走路时挺腰收腹也会有助于增强你的信心，从而让每一个接触你的人都会对你产生信任感，让对方感到你是很有能力的一个人，对你也可能高看一眼。

(3) 良好的步态能给人以精神饱满和积极向上的印象。(图 3-2-9)

步态不好会给人一种不好的印象，如打不起精神、萎靡不振、蔫头耷脑或在心里算计别人的印象。

图 3-2-8

图 3-2-9

2. 正确的走路姿势要求

(1) 步度、步位和步韵。

① 步度。步度是指行走时两脚迈出步伐的长度。步度的一般标准是大约等于一个脚长。当然性别不同，服饰不同也决定步度的长短。通常讲男士跨大步，女士步度相对小些。行走时，对步度可适度进行控制，男士每步 40 cm 左右，女士每步 30 cm 左右。女士穿裙装和旗袍配以高跟鞋时，步度要小些，轻盈优美，不可跨大步。如果穿长裤，步度可以稍大些，这样显得活泼生动。穿牛仔裤、旅游鞋时步度应该更大些，给人以充满青春气息，轻快活泼之感。

② 步位。步位是指行走时脚落地应放置的位置。行走时标准的步位应该是两脚内侧成一线。走动时注意手臂摆动、双脚移动和步位控制之间的协调。

③ 步韵。步韵是指走路时应走在一定的韵律之中，膝盖和脚部、腕部都要富于弹性，肩部及手臂均自然、轻松地摆动，显得走姿自然优美。男士要走得潇洒，女士要透出柔美。

(2) 走姿要领口诀。

① 头正、立腰、挺胸，重心略向前倾，双脚内侧成一线，两臂自然摆动。

② 以胸领动肩轴摆，提髋提膝小腿迈，跟落掌接趾推送，双眼平视背放松。

(3) 走路姿势的要求。

① 正确的走路姿势。先做好步行之前的身体准备，即先练好自己的站立姿势。如果站立的姿势不妥当，头曲背弯，任你走路时怎样留意，也不会优美。

行走时要注意伸直膝盖；脚尖应该向前方伸出，向内和向外伸都不好看；身体重心可稍向前，它有利于挺胸、收腹、梗颈，要使身体重心很自然的向前移动；走路须走成一条直线，走路要用腰力，腰部不可松懈，否则会有吃重的感觉，不美观；双臂以肩为轴自然摆动，肩轴带动大臂小臂和手腕自然摆动。同时还要做到走路姿态自然。假如死板僵直地向前走路，会变得太呆板了，假如走路摇摆得太厉害则变得轻佻，假如走路太过拘谨，又显得做作。所以重要的是要走路走得自然，配合手脚动作，才能显示出走路的姿态优美。(图3-2-10)

② 不美的走路姿势。走路时低头或者后仰，臀部扭动，手抄兜，背手，抱着胳膊肘，掐腰，摇摆，摇头晃脑，左顾右盼，重心后倒，这几种姿势都有失风度，同时也破坏了行走时的平衡对称、和谐一致的美感。几个人一起走路时，既不能遥遥领先，也不要孤单落后，出入门时，同行者中如有领导或者长辈应请他们先行。

图 3-2-10

图 3-2-11

3. 女性保持姿态优美的要点(图 3-2-11)

(1) 把头部伸高，从后颈部着力向上伸。但是千万不要翘起下巴，扬起头来，脸是要正视前方的。

(2) 使肩部放松，让它自然地垂下。当你垂下肩膀的时候，应该使肩膀的外缘向后下垂，不要让肩膀向前垂下。

(3) 让整个胸部，包括全副肋骨，自然的升起。当你挺起胸部的时候，不要把胸硬挺起来，而是要从腰部开始，同整个脊骨到颈骨尽量向上伸，这样你自然会得到一个平坦的腹部和比较宽广的胸部。

(4) 使腹部尽量向里收缩。关于收缩腹部，可以经常靠墙站立，使你的整个脊骨、脚跟、肩部、头部全部贴在墙壁上，然后用力收缩腹部肌肉，维持这种姿势大约10～20秒钟左右，然后放松休息，经常这样练习，可以增强腹部肌肉力量。

(5) 使臀部往里收缩，关于收缩臀部，可以试着用双手按住腹部，然后让你的盆骨整个向上和向前移动。

(6) 走路的时候要让身体重心随着移动的脚步不断地过渡到前面去，不要让重心停留在后脚。走路的时候，后脚跟要迅速提起，把重心向前推。

(7) 女士穿高跟鞋向前迈步时要注意伸直膝盖、立腰、收腹、提臀、挺胸、抬头，特别要注意将踝关节、膝关节、髋关节挺直。这样穿高跟鞋走路能够使女士显得挺拔优雅。

如果您能遵守上面各个要领，并且经常做练习，便会成为一个散发出迷人力量女士。

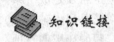 **知识链接**

挺直腰杆快步行走

挺直腰杆快步走可以给人留下精力充沛的印象。有一位曾在高级餐厅打工的学生说，他们进入餐厅正式工作以前，除了有各种基本训练以外，老板还再三交代他们在餐厅内工作时，必须以快速的步伐行走。许多人很佩服这位老板，因为如果让侍者慢吞吞地走，不但服务速度会慢，同时也会让客人留下不好印象，慢慢地走往往会给人一种很疲倦，无精打采的感觉。让侍者快步行走，可以说是这家餐厅的优良传统，这就是他们自我表现的一种方法。

不仅是侍者，任何人只要挺直腰杆快步行走，都会让人觉得积极、有干劲！走路方式往往会被人们所忽略，但却是我们在自我表现中不可忽视的重要一环。

二、表情语言类礼仪

(一) 面部表情语言

人类的面部表情大都具有共性，它超越了地域文化的界限，成为一种人类的世界性"语言"，民族性、地域性差异较少。(图 3-2-12)

图 3-2-12

1. 面部表情的涵义

(1) 脸是情绪和性格的晴雨表。

美国心理学家保尔·艾克曼研究发现，人的面部表情基本可分为六种：惊奇、高兴、愤怒、悲伤、藐视、害怕。1966 年，他曾把白人的照片拿到新几内亚的一个古老部落中——几乎与世隔绝的岛民，却能够准确说出照片上人的各种表情什么意思。他还发现，生来就双目失明的人，能同样的表情达意。

科学证明，面部表情是由 7000 多块肌肉控制的，这些肌肉不同的组合，甚至能使人同时表达两种以上的感情，如生气和藐视、愤怒和厌恶等。透过面部表情可看到心理，看到表情背后的生活经历、学识修养、心态人格。

(2) 面部表情的作用。

弗洛伊德说："一个人有眼睛可以看，有耳朵可以听，就可坚信，世间无人可以保守秘密，即使你默不作声，但是你的每一个毛孔都渗透着真意，是无法掩盖的。"这就是说人的语言和形体语言有时是矛盾的，在判断人的真意时，往往以形体语言作为依据会更加准确，因为表情最能表现人的内心。

表情是指人的面部神态，是人的内心情感在面部的表现。专家分析，健康的表情在对方的印象中是十分深刻的，它属于给人的第一印象。在给人的印象中各种刺激所占的百分比是：视觉印象占 75%，包括表情、态度，特别是微笑，谈吐印象占 16%，包括谈吐文雅、使用敬语、有文化教养等，味觉印象占 3%，包括香甜可口；嗅觉印象占 3%，包括芳香、舒畅等；触觉印象占 3%，包括和谐、温暖和综合性多方面感觉。

表情在人与人之间的沟通上占有相当重要的位置。俗话讲：出门看天气，进门看脸色。在特定的情境中，适宜的表情会让人觉得你很好相处，不合时宜的表情会使人不快或反感。一般情况下，职场工作中愉快、乐观、健康的表情会令人印象深刻，它是优雅风度的重要组成部分，也会为你带来更多的客户。

2. 面部表情的特征

人类的形形色色的表情变化中，以愉快和不愉快两个对立而统一的感情为典型。

(1) 面部表情的特征。

愉快表情的特征是嘴角向后拉长；双颊向上飞扬；眉毛拉平，眼睛变细。而不愉快表情特征是嘴角下垂；双颊松垂而细长；皱眉而成八字形。毋庸讳言，有人天生一副讨人喜欢的"喜相"，有人天生就一副"哭丧脸"。表情固然是内心情绪的表现，但也可以根据这些特征，有意识地改变一下表情形象。如果想保持愉快的表情，请注意放松自己的面部肌肉，对一些特征加以矫正，你的心境或许也会因此变得愉快起来。

(2) "喜好效应"。

喜好效应——人们总是能够接受自己喜欢或与自己相似的人提出的要求和建议。笑是增加正面情绪的有力元素。微笑是心理学"喜好效应"的一个重要元素。心理学家认为：当人的正面情绪占据了大脑的中枢神经后，心里会产生愉悦、高兴等正面的情绪反应，此时，向对方提出请求，对方更易于答应或者接受，包括穿着打扮、言谈举止、兴趣爱好等，若双方能产生共鸣，沟通就会更顺畅。

3. 工作中的面部表情

(1) 工作中适宜的表情。

人类是自然界的宠儿，人类的表情变化多端，不可胜数。举例来讲，工作中适宜的表情包括微笑、目光礼貌性的注视对方、生机勃勃、肯定的点头等。但要忌讳的表情是皱眉、冷眼、瞪眼、目光游离不定、张大嘴打哈欠等。表情礼仪中有两个重要的方面，即人的眼神和微笑。在服务工作场合要努力使自己的表情热情、友好、轻松、自然。

(2) 表情是内心活动的显示器。

在传播学认为：在人们所接受的来自他人的信息之中，只有 45%来自有声的语言，而 55%以上来自无声的语言。而在后者之中，又有 70%以上来自表情，由此可见其在人际交往中所处的重要位置。法国生理学家科瑞尔说："脸反映出了人们的心理状态"，"脸就像一台展示我们人的感情、欲望、希冀等一切内心活动的显示器"。伟大的启蒙思想家狄德罗则指出："一个人心灵的每一个活动都表现在他的脸上，刻画得很清晰，很明显。"他们所谈论的，其实都是表情的重要性。

(二) 眼神语言类礼仪

1. 眼神

(1) 眼神是对眼睛总体活动的统称。

眼神能够最明显、最自然、最准确的展示人的心理活动。在人类的眼、耳、鼻、舌、身五种感觉器官中，眼睛最为敏感。据资料显示：一个人通过感官接受外界信息的占 11%，而视觉获得的信息却要占 83%，其余的 6%的由嗅觉、触觉和味觉获取的。因此，印度诗人泰戈尔便指出："一旦学会了眼睛的语言，表情的变化将是无穷无尽的。"这又说明，眼睛语言的表现力是极强的，是其他举止无法比拟的。一双炯炯有神的眼睛，给人以感情充沛、生机勃发的感觉，目光呆滞麻木，则使人产生疲惫厌倦的印象。

(2) 眼睛是心灵的窗户。

因人心灵深处的奥秘都会自觉不自觉地从眼神中流露出来，尤其是人的瞳孔，当人快乐时瞳孔变大，光芒更加明亮照人，而当人有厌烦情绪或蔑视他人时，瞳孔会缩小。

中国古代珠宝商做生意时，为隐瞒真情，常戴着深色眼镜，以免因自己看到珍贵珠宝时喜悦而瞳孔扩张，被对方看出破绽而抬价。

(3) 目光语。

人们在日常生活之中借助于眼神所传递出信息可称为目光语。目光语的构成有目光注视的时间、角度、部位、方式、变化等五个方面。保险服务人员在学习、训练眼神时，主要应当注意注视对方的时间、注视他人的部位、注视他人的角度以及在为多人服务时加以兼顾的问题。

2. 注视对方的时间

(1) 目光。

服务人员在与顾客交谈时，你必须自然地、礼貌性地注视对方，以示态度的真诚(我的眼里只有你)，否则别人会认为你是不够礼貌真诚。

(2) 视线。

视线接触对方脸部时间应占全部谈话时间的 30%～60%。人们在日常交往中，注视对方时间的长短，是十分有讲究的。人际交往心理研究表明，交谈中，视线接触对方脸部时间应占全部谈话时间的 30%～60%，超过这个平均值者，可以认为对谈话者本人比谈话内容更感兴趣，(两种情形：a、认为你很吸引人，这情形可能包含了瞳孔的扩张；b、怀有敌意，表示着非语言的挑战，这情形瞳孔会收缩)低于平均值者，则表示对谈话内容和谈话者本人都不怎么感兴趣。

(3) 表意。

向对方表示友好时，注视对方的时间约占全部相处时间的 1/3 左右；向对方表示关注，注视对方的时间约占全部相处时间的 2/3 左右；注视对方的时间不到全部相处时间的 1/3，就意味着瞧不起对方；注视对方的时间在全部相处时间的 2/3 以上，被视为有敌意，或有寻衅滋事的嫌疑，也可视为对对方较感兴趣。

3. 职场注视客户的角度

在工作岗位上服务于他人时，保险工作人员自然应当对对方多加注视，否则就算是怠慢对方，目空一切。只有在介绍保险产品或服务项目时，方可稍有例外。

保险工作人员在注视服务对象时，所采用的具体的角度是否得当，往往十分重要。既方便于服务工作，又不至于引起服务对象误解的具体的视角，主要有三种。(图 3-2-13)

视线向上　　　　　　　视线向下　　　　　　　视线水平

图 3-2-13

(1) 正视对方。

正视是指在注视他人时，与之正面相向。同时还须将上身前部朝向对方。即便服务对象处于自己身体的一侧，在需要正视对方时，也要同时将面部与上身转向对方。正视别人，是做人的一种基本礼貌，主要表示着重视对方。

(2) 平视对方。

平视是指在注视他人时，身体与其处于相似的高度，视线呈水平状态。平视与正视，一般并不矛盾。因为在正视他人时，往往要求同时平视对方。在服务工作之中平视服务对象，可以说是一种常规要求。这样去做，可以表现出双方地位的平等与本人的不卑不亢。当自己就座时，看见服务对象到来，便要起身相迎。

(3) 仰视对方。

仰视是指主动居于低处，抬眼向上注视他人，以表示尊重、敬畏对方之意。反之，若自己注视他人时所处的具体位置较对方为高，而需要低头向下俯看对方，则称为俯视。在仰视他人时，可给予对方重视信任之感，故此服务人员在必要时可以这么做。俯视他人，则往往带有自高自大之意，或是对对方不屑一顾。服务礼仪规定服务人员站立或就座之处不得高于服务对象。

(4) 兼顾多方。

保险工作人员在工作岗位上为多人进行服务时，通常还有必要巧妙地运用自己的眼神，对每一位服务对象予以兼顾。具体的做法，就是要给予每一位服务对象以适当的注视，使其不会产生被疏忽、被冷落之感。

面对多名服务对象时，保险工作人员在为其进行服务时，既要按照先来后到的习惯顺序，对先到之人多加注视，又要同时以略带歉意、安慰的眼神，去环视一下等候在身旁的其他人士。这样做的好处在于，既表现出了自己的善解人意与一视同仁，又可以让对方稍感宽慰，少安毋躁。

4. 注视的部位

在人际交往中，目光所及之处，就是注视的部位。保险工作人员在注视服务对象时，所注视的对方的具体部位，往往与双方相距的远近及本人的工作性质有关。依照服务礼仪的规定，保险工作人员在服务于他人时，可以注视对方的常规的身体部位有：

(1) 工作中允许注视的常规部位。

① 对方的双眼。注视对方双眼，为关注型注视。表示自己聚精会神，对对方全神贯注，又可表示对对方所讲的话正在洗耳恭听。通常问候对方、听取诉说、征求意见、强调要点、表示诚意、向人道贺或与人道别，皆应注视对方双眼。但是，时间上不宜过久，否则双方都会比较难堪。

② 对方的面部。与服务对象较长时间交谈时，可以对方的整个面部为注视区域。注视他人的面部时，最好不要聚焦于一处，而以散点柔视为宜。在工作岗位上接待服务对象时，注视对方的面部，是最为常用的。

(2) 注视对方的面部还应该根据具体情况的不同而区别对待。

① 面部上三角部位：额头—双眼，也叫公务型注视。在工作、联系业务、生意谈判中时常采用此种眼神，多注于对方双眉之间，在正规的公务活动中，注视对方上三角部位，为公务型注视。这种注视表示严肃、认真、公事公办。

② 面部下三角部位：眼部至唇部，也叫社交型注视。这是一般场合运用的目光语，诸如在宴会、朋友聚会、舞会等场合，交往双方多用目光笼罩对方脸部，捕捉真挚、热诚的面部表情，给人一种舒服、得体、礼貌的感觉。

(3) 禁忌的注视部位。

一般情况下，与他人相处时；不要注视对方头顶、大腿、脚部与手部。对异性而言，通常不应注视其肩部以下。

5. 目光语的运用

(1) 见面时，不论是见到熟悉的人，或是初次见面的人，不论是偶然见面，或是约定见面，首先要眼睛大睁，以闪烁光芒的目光正视对方片刻，面带微笑，显示出喜悦、热情的心情。

(2) 对初次见面的人，还应头部微点，行注目礼，表示出尊敬和礼貌。在集体场合开始发言讲话时，要用目光环视全场，表示对听众的尊敬，同时也是提醒听众"我要开始讲话了，请予注意"。

(3) 与人交谈时，应当不断通过各种目光与对方交流，调整交谈的气氛。交谈中，应始终保持目光的接触，这是表示对话题很感兴趣。长时间回避对方目光而左顾右盼，是不感兴趣的表示。

(4) 应当注意，交流中的注视，不要紧紧盯住对方的眼睛，这种逼视的目光是失礼的，也会使对方感到尴尬。交谈时正确的目光应当是自始至终地都在注视，但注视并非紧盯。瞳孔的焦距要呈散射状态，用目光笼罩对方的面部，同时辅以真挚、热诚的面都表情。

(5) 交谈中，随着话题、内容的变换，做出及时恰当的反应。或喜或惊，或微笑或沉思，用目光流露出万千情意，会使整个交谈融洽、和谐、生动、有趣。

(6) 交谈和会见结束时，目光要抬起，表示谈话的结束。道别时，仍需用目光注视着对方的眼睛，面部表现出惜别的神情。

三、职场笑意传递与沟通

笑容，是人们在笑的时候的面部表情。利用笑容，人与人之间可消除彼此间陌生感，打破交际障碍，为更好地沟通与交往创造有利的氛围。

(一) 笑容

在日常交往中，笑有很多种类，据说人类有 30 多种笑容。从实际需要考虑，合乎礼仪的笑容可以分作以下五种：

1. 含笑

不出声，不露齿，只是面带笑意，表示接受对方，待人友善，适用范围较为广泛。

2. 微笑

唇部向上移动，略呈弧形，但牙齿不外露，表示自乐、充实、满足、会意、友好，适用范围最广。

3. 轻笑

嘴巴微微张开一些，上齿显露在外，不发出声响，表示欣喜、愉快，多用于会见亲友、向熟人打招呼等情况。

4. 浅笑

轻笑的一种特殊情况。与轻笑稍有不同的是，浅笑表现为笑时抿嘴，下唇大多被含于牙齿之中，多见于年轻女性表示害羞之时，通常又称为抿嘴而笑。

5. 大笑

嘴巴大张，呈现为弧形，上下齿都露出，发出"哈哈哈"的笑声，多见于欣逢开心时刻，尽情欢乐，或是高兴万分。

保险工作人员在工作岗位上应该保持微笑，为客户提供微笑服务。

(二) 微笑

1. 微笑的内涵

微笑是人类最基本的情感流露，是激发思想和启迪智慧的力量。微笑包含着丰富的内涵：在顺境中，是对成功的嘉奖；在逆境中，是对创伤的理疗；在遭遇到无奈、嘲讽时，一笑置之。人的感情是非常复杂的，表现在面部有"喜、怒、哀、乐"等多种形式，其中，"微笑"在人际交往中，有着突出重要的作用。(图 3-2-14)

图 3-2-14

微笑可以表现出温馨、有亲和力的表情，可以有效地缩短双方的距离，给对方留下美好的心理感受，从而形成融洽的交往氛围；微笑是充满自信的表现，只有不卑不亢、充满信心的人，才会在工作中为客户所真正接受。面带微笑者，往往说明对个人的能力和魅力确信无疑；微笑表现真诚友善、乐业敬业，微笑是人际交往中的润滑剂，是广交朋友、化解矛盾的有效手段，面对不同的场合和情况，如果能用微笑来接纳对方，可以反映出本人较高的修养，待人的至诚，这是处理好人际关系的一种重要手段。

2. 微笑的种类

(1) 真诚的微笑：具有人性化的、发自内心的、真实感情的自然流露。

(2) 信服的微笑：带有信任感、敬服感的内心情怀的面部表示，或是双方会心的淡淡一笑。

(3) 友善的微笑：亲近和善的、友好的、原谅的、宽恕的、诙谐的轻轻一笑。

(4) 礼节性的微笑：微微点头的招呼式的笑容，谦恭的、文雅的、含蓄的浅笑。

(5) 职业的微笑：服务行业，保持微笑是职业的要求，需要自觉地面带笑容。

3. 职业的微笑

美国希尔顿酒店的事业一向兴旺发达，秘诀就在于它一向要求全体从业人员微笑服务。它的总公司董事长唐纳·希尔顿曾经明言："酒店的第一流的设备重要，而第一流的微笑更为重要，如果缺少服务人员的微笑，就好比花园失去了春日的阳光和春风。"他每年用四分之三的时间视察下属子公司，视察中他总是经常问下级的一句话是"你今天对客人微笑了没有？"有鉴于此，在许多国家里，对其从业人员进行岗前培训时，微笑被列为重要的培训科目之一。

(三) 微笑的练习方法

微笑是一门学问，又是一门艺术。微笑应当是发自内心、自然大方的，要显示出亲切感，由眼神、眉毛、嘴巴、表情等方面协调动作来完成。要防止生硬、虚伪及笑不由衷。(图3-2-15)

图 3-2-15

1. 发声训练法

练习时嘴角两端微微向上翘起，发一、七、茄子、威士忌音。但是，注意下唇不要用力过大。

2. 情绪记忆法

心里想象美好的情景和事情。要笑得好并非易事，必要时应当进行训练。可以自己对着镜子练习，一方面观察自己的笑的表现形式，更要注意进行心理调整，想象对方是自己的兄弟姐妹、是自己多年不见的朋友。还可以在多人中间讲一段话，讲话时自己注意显现出笑容，并请同伴评议，帮助矫正。

3. 注意眼睛的笑容

眼睛会"说话"，也会笑，如果内心充满温和、善良和厚爱时，那眼睛的笑容一定非常感人，否则眼睛的笑容是不美的。

眼睛的笑容：一要眼形笑，二要眼神笑。练习时，用纸遮住眼睛下边部位，面对镜子，心里想着愉快美好的情景，双颊提起，嘴角两端作微笑口形。这时你的眼睛便会露出自然的微笑，这是眼形笑。然后，再放松面部肌肉，嘴唇和眼睛外形恢复原样，可是目光仍旧含着笑意，这就是眼神在笑。学会用眼神与客户交流，这样的微笑才是发自内心、真实而真诚的，有亲和力、有友善感。

4. 微笑与言谈举止相结合练习

例如：微笑着说："早上好"、"您好"、"欢迎光临"等礼貌用语。日本航空公司的空中小姐，只微笑这一项，就要训练半年。每位保险工作人员都可以清晨起床后对着镜子冲自己来一个动人的微笑，念一声"一"，这不仅可作为一天的良好开端，也可以琢磨怎样的微笑才使客户看了舒服。另外，时时保持明朗愉悦的心绪，遇有烦恼勿发愁，以乐观的态度正确对待，这样才会笑得甜美，笑得真诚。同时，把自己比作一名出色的演员，当你穿上制服走进岗位时，要清醒地意识到自己已进入角色，进入工作状态，生活中的一切喜怒哀乐应该全抛开。

5. 发挥"二号微笑"的魅力

舞蹈演员在舞台上表演轻松欢快的舞蹈时，要保持"二号微笑"，就是"笑不露齿"，不出声，让人感到脸上挂着笑意即可。保持"二号微笑"，让人感觉心情轻松，又比较愉快。

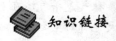 知识链接

从内心微笑——吴伯凡

从内心发出的微笑，如同从心底散发春气，温暖自己和他人。幸福春风会消解萧瑟的秋气。世界越来越美好，人生越走越幸运，改变只需从一个微笑开始。

有一位热心听众差不多每周都会写信给我们分享他读过的一些东西，其中有一个故事很有意思。故事是这么讲的：一位乘客要吃药，在飞机起飞之前，他就向空姐要了一杯水，空姐承诺待飞机平稳起飞后，马上给他送过来，但这杯水一直没有送过来。可能是跟空姐

提出各种服务要求的人太多了，她就给忘了。这位乘客非常生气，于是按响了服务铃。空姐一听到铃响，马上意识到了自己的失误，就把水送过来了，并微笑着说："对不起，先生，由于我的工作疏忽，耽误了您吃药的时间，非常抱歉。"

然而乘客并不买账，还说要投诉空姐。事后，为了弥补自己的疏忽，空姐每次经过这位乘客旁边的时候，都会微笑着问："您是否还有别的需要？"乘客一直板着脸，不予理睬。飞机快要降落的时候，这位乘客让空姐给他意见本，空姐这时候有点害怕，以为要投诉她。

乘客下机以后，空姐打开那个意见本，发现上面写了这样的一段话："你在整个过程当中表现出来的真诚的歉意，特别是你的十二次微笑深深打动了我，我决定不投诉你了，而是表扬。你的服务质量很高，如果还有机会，我一定会再次乘坐你们的航班！"这位乘客还说，当空姐第二次向他微笑的时候，他还认为这种道歉是应该的，没有什么感觉；当她第三次微笑的时候，他要投诉她的决心有点动摇了；当她第四次向他微笑的时候，他已经彻底原谅她了。

有一位中医讲过，当我们咧开嘴微笑时，胸口的膻中穴会打开，而膻中穴是心经、心包经经过的位置。所以，微笑不仅是一个心理问题，它也有生理上的契合。瑜伽要做各种各样的动作，中国的导引术也是如此，那是因为我们身体里有大大小小各种"线路"，摆不同的姿势就开启了不同的"机关"。你一微笑，它就打开了一个"机关"，你的心随之被打开了，然后你就开心了。

练瑜伽做观想的时候，在调息的同时要想象自己在微笑，不是哈哈大笑，也不是板着脸。瑜伽的本质就是放松，让整个身体进入一种绝对放松的状态，让身心去调理自身。你也可以试一试，现在努力让自己翘起嘴角去微笑，你会感觉到咧开的嘴角牵动了你胸口的某一条神经。人际关系的紧张可能源于你没有微笑，而导致你的肌肉和内心的紧张。你跟朋友打电话，你有没有微笑，或对方有没有微笑，双方完全能够感受到。

庄子讲"与人为善，与物为春"，就是要释放出一种暖意，一种催生生命、呵护生命的气息，这就叫做春气。满室皆春气时，人就会感觉很舒服。有的人家里一走进去就能感觉到那看不见、摸不着的生机，据说这种房子就会很好。有的公司也是这样，一进到公司里就能感觉到从经理到员工散发的春气，这样的公司就比较景气。

春天和秋天的温度差不多，都不冷不热的，但是性质完全不一样，因为他们的方向不同。从中医的视角来看，春天的时候地气是往上走的，秋天的时候地气是往下走的。所以，在春天没有风的时候，风筝也能放起来，而秋天没有风的时候，风筝就放不起来。冬天的时候，在地下室里感觉是暖和的，而夏天的时候，到矿井下就要穿棉袄。秋气是杀气，在中国古代，被判了死刑的人，都是秋后问斩。而春天是不杀人的，因为天地有好生之德，春天是万物生长的季节。

将春气和秋气放在人身上是一种比喻。但是，从前面的那个故事中，我们仿佛能看到这样的景象：乘客要吃药，空姐答应给他送水却没做到时，他就进入了非常肃杀的状态。他一动就是秋风萧瑟；而当这种肃杀的景象遇到春气——空姐的微笑时，就像春天来临时一样，第一次风吹过来好像没有什么，但当她第二次、第三次……第十二次吹来的时候，你就发现春风送暖，冰雪消融了。

"与人为善，与物为春"说的就是这种东西，就是说人的内心里要有暖洋洋的气息，而且这种气息可以温暖到消融周围的人。有的公司教育员工要微笑，但是光掌握微笑的动作要领不行，那只是技法的问题，那种职业化的微笑一下子就能看出来，员工有时也觉得自己是在卖笑。因为微笑不是发自内心的，员工自己都觉得别扭。这种并非发自内心的微笑，会让人感觉是皮笑肉不笑，甚至有一股凉意。如果想让员工散发暖意，那就必须让他们内心感到温暖。

所以从这个意义上来说，幸福是一种软实力。真正的幸福是一个人具有由内而外的幸福感。如果员工有这种幸福感，当他受到指责的时候，不管顾客态度多么不好，在由他来回应的时候，他说的话跟别人说的话，给人的感觉就是不一样，顾客的反应也完全不同，他的幸福春风会消解萧瑟的秋气，那么事情就解决了。如果一个人内心是一派肃杀之气，他说话行事就会像冰霜一样冷。某些高管就是因为心肠冷了，杀气就变得很重，甚至会危害本身的健康。

有些职场人士不明白，为什么中午吃饭同事不叫自己一起去。这种人老是觉得别人对不起他，其实他应该想想原因，如果他受欢迎的话，他不掏钱，别人都有可能拉着他去吃饭，而如果他心怀杀气，即使是他请别人吃饭，人家也会跑。不与物为春，而是与物为秋，就会造成这样的局面。中国传统文化中讲"内圣外王"，也有人解释成"内圣外旺"，就是说如果你在内心里有圣人的情怀，你就能够旺别人。现实生活中确实有这样的情况，有的人，跟他一起工作的人都发达了；有的人，跟着他的人都完蛋了。我们要具有慧眼，体察这种气场，找到那些能旺别人的人。保持一个温暖、春意盎然的内心非常重要。它既为自己，也为别人。有了一个柔软的内心，就会营造一个如沐春风的环境。

在自然界，春风所到之处，一夜之间山川变绿。但是，万事过犹不及，春风也不能太过。"蠢"字里面也有"春"，意思是春天来了，所有的虫子都想动一动，但是动太多了就是蠢了。所以，"愚蠢"这个词中，"愚"和"蠢"的意思是不一样的，"愚"是指一根筋、不带拐弯地往前走，"蠢"则是指没有方向地乱动。

苏联作家康•帕乌斯托夫斯基曾经描绘了一个与春为物、令周围人如沐春风的人。在他的著名作品《金蔷薇》里有一篇小说叫《夜行的驿车》，主角就是童话作家、诗人安徒生，他非常敏感，能从对方说话的腔调判断对方是一个什么样的人。在这辆漆黑的驿车里，他与三个姑娘相对而坐。其中一个女孩说："您看看我呢？"安徒生说她是一个非常善良的姑娘，在田里干活的时候会有小鸟歇在她的肩膀上。她旁边的那个姑娘说："真的，就是这样的。"安徒生接着说："将来你会有很多很多的孩子，他们每天都欢天喜地地，排着队到你面前领牛奶喝，然后你一遍又一遍地亲吻他们的脸。在任何情况下，你都是散发出春天般微笑的姑娘。"直说得另两位姑娘惊呆了，因为那姑娘就是这样的人。

与物为春的人会让身边的人觉得温暖，会让周围的环境非常和谐、友善，甚至连鸟儿都会歇到肩膀上。人缘好的人，不仅人缘好，物缘也好，与人、动物、周围的一切都是相生的，与物为春就应该是这样的。凑巧的是，故事中那个姑娘会有很多个孩子，这也象征着与物为春的人自己所拥有的生命力。

《不抱怨的世界》一书里曾经说过，当一个人伤害你的时候，你不要想着怎样去报复他，实际上他在伤害自己，他在伤害你之前，已经受到了很多的伤害。只有一个内心不太健全的人，一个心灵遭受着各种煎熬的人，才会无端地去伤害别人。这个时候如果你的心量足够大的话，你看到他时就会升起一种怜悯和慈悲之心。

这种感觉有点像母亲对待孩子，孩子犯错误了，母亲不会厌恶或痛恨他，多数时候，她的心里会说："哎呀孩子，你怎么能这样的呢？"真正的仁，是面对别人的异常，甚至是破坏性行为时，能够感受到那个人的痛苦，这也是敏感意义上的仁。什么叫好的服务企业？除了技法之外，还有心法。企业员工能否从客户的抱怨里感受到他们的苦呢？如果企业员工都能这样的话，这个企业就有一种不可战胜的能量。

内心微笑，宋人辛弃疾有句诗形象地描绘了这种状态："我见青山多妩媚，料青山见我应如是。"只有内心温暖了，你才能感知到青山妩媚的美景。

第三节　职场仪表礼仪

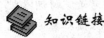 **知识链接**

美国学者曾对《财富》杂志排名前300位富人榜中的100名执行总裁进行调查：

97%的人认为懂得展示外表魅力的人在公司中有更多的升迁机会；

100%的人认为若有关于"商务场合着装"的课程，他们会送自己的子女去学习；

93%的人相信在初次面试中，应聘者会由于不得体的穿着而被拒绝录用；

92%的人不会选用不懂穿着的人做自己的助手；

100%的人认为应该有一本专门讲述职业形象的书以供职员们阅读。

如果你展示给别人的是高贵与自信，那么，别人就会以对待高贵、自信的人的方法来对待你；如果你展示给别人的是自卑与杂乱，有可能会导致别人的疏远甚至轻视！不要因此而愤愤不平——人是一种社会性动物，天生就有"得到别人的尊重与认可"的需求，塑造自信、高贵的领袖风范，是我们永远的追求。职业化的形象是高素质员工的外在表现，是企业形象的外在表现！

仪表形象，即人的外表形象，包括一个人的容貌、身材、姿态、修饰等。其中容貌、身材、修饰和服饰是仪表的静态因素，姿态是仪表的动态因素。容貌、身材是先天因素，修饰则是后天的调整、补充因素。仪表是形象魅力的外部特征，是一个人形象魅力的基础。

保险工作人员的形象来自于得体的仪表形象，接待客户的工作人员因为平时与客户交往很多，所以必须始终保持专业形象，要注意仪表形象的整洁、规范、朴素、大方，合乎时令的服装，这不仅是员工精神面貌的体现，同时也是尊重客户的体现。

一、仪容形象修饰

(一) 面部修饰规范

人的面部形象的修饰在仪表形象中占有举足轻重的位置。修饰面部，首先要做到面必洁，即要勤于洗脸，使之干净清爽，无汗渍、无油污、无泪痕、无其他任何不洁之物。洗脸，每天仅在早上起床后洗一次远远不够。午休后、用餐后、出汗后、劳动后、外出后，都需要即刻洗脸。对面部修饰有两大要求：

1. 形象端正

如果客户所接触到的保险工作人员容貌端庄、秀丽，看上去赏心悦目，即所谓"面善"，往往更加容易得到客户的信任。(图3-3-1)

图3-3-1

2. 注意修饰

要求保险人员平时要注重修饰本人的容貌，而且要持之以恒。修饰面容，具体到各个不同的部位，还有一些不尽相同的规定，需要具体问题具体分析。

(1) 眼睛。

眼睛是人际交往中被他人注视最多的地方，自然便是修饰面容时首当其冲之处。

首先要做到眼部保洁。主要是对眼部分泌物的及时清除。若眼睛患有传染病，应自觉回避社交活动。其次，要注意眼镜洁净。戴眼镜不仅要美观、舒适，而且还应随时对其进行揩拭或清洗。在工作场合与社交场合，与他人交谈时摘去太阳镜。

(2) 鼻子与胡须。

应随时注意保持鼻腔清洁。上岗工作前，勿忘检查一下鼻腔汗毛是否长出鼻孔之外。一旦出现这种情况，应及时进行修剪。在工作场合，男士最好不要蓄须，并应经常及时地剃除胡须。在公众场合，即使胡子茬为他人所见，也是失礼的。

(3) 嘴巴。

牙齿洁白，口腔无味，是口腔护理上的基本要求。每天定时刷牙，去除异物、异味。在上岗工作及重要应酬之前忌食葱、蒜、韭菜、萝卜、烟、酒、臭豆腐之类气味刺鼻的东西。

(4) 脖颈。

脖颈与头部相连，属于面容的自然延伸部分。修饰脖颈，一是要使之经常保持清洁卫生，不要只顾脸面，不顾其他，脸上干干净净，脖子上，尤其是脖后、耳后藏污纳垢，肮脏不堪，与脸上反差过大。二是要防止其皮肤过早老化，与面容产生较大反差。

(5) 耳朵。

耳朵虽位于面部两侧，但仍在他人视线注意之内。对它要注意：一是要勤于清洗。在洗澡、洗头、洗脸时，不要忘记清洗一下耳朵。二是要清理耳毛。有些人，特别是一些上了年纪的人，耳毛长得较快，甚至还会长出耳孔之外。在必要之时，应对其进行修剪，不要任其自由发展。

(二) 头发修饰规范

按照一般习惯，人们交往时，注意、打量他人，往往是从头部开始的。而头发生长于头顶，位于人体的最高点，所以更容易先入为主，引起重视。有鉴于此，修饰仪容通常应当"从头做起"。修饰头发，应注意的问题有四个方面：

1. 勤于梳洗

头发是人们脸面之中的脸面，所以应当自觉地作好日常护理。不论有无交际应酬活动，平日都要对自己的头发勤于梳洗，不要临阵磨枪，更不能忽略此点，疏于对头发的"管理"。勤于梳洗头发的作用：一是有助于保养头发，二是有助于消除异味，三是有助于清除异物。若是对头发懒于梳洗，弄得自己蓬头垢面，满头汗馊、油味，发屑随处可见，那是很损害个人形象的。

2. 发型梳理整齐

通常理发，男士应为半月左右一次，女士可根据个人情况而定，但最长不应长于 1 个月。洗发，应当 3 天左右进行一次，若能天天都洗自然更好。至于梳理头发，更应当适时梳理，一般早晚各一次较好。总之，头发一定要洗净、理好、梳整齐。如有重要的交际应酬，应于事前再进行一次洗发、理发、梳发，不必拘泥于以上时限。需要注意：此类活动应在"幕后"操作，不可当众"演出"。

3. 职场发型要求

职场对头发的长度大都有明确限制，保险工作人员要做到：女性不梳怪异发型，头发不宜长过肩部，必要时应以盘发、束发作为变通；男性不留长发、不留鬓角，头发长度要求前不遮眉、侧不掩耳、后不触领(不触及衬衫领口)。剃光头男女都不合适。人的脸庞有不同的类型，中国古代用"田、由、国、用、目、甲、风、申" 8 个字来比喻常见的脸型，发型的选择要根据人的脸型而定，以弥补脸型的不足，给人增添美感。

(1) "田"字脸和"国"字脸型的女性，发型应选择长发或烫发比较适宜，额前刘海不要剪成一条线，两腮用头发遮掩，以增添柔美感。

(2) "目"字型脸，脸型偏窄而长，发型宜选择短而蓬松的式样，前额可以用刘海遮掩，太阳穴两边的头发要向两侧蓬开。

(3) "甲"字型脸，上宽下窄，应选择适度的长发以遮住部分前额，使两颊相对变得不那么尖瘦。注意不要增加其上部的高度和宽度。

(4) "由"、"风"、"用"字脸型，上窄下宽，即两腮、两颧宽大，额部窄小，这种脸型选择的发式应上部蓬松，两侧的头发向下向内弯曲遮住两腮，前额用刘海修饰。

(5) "申"字型脸，前额窄，下巴尖，颧骨宽。这种脸型的发式应用头发掩盖过宽的颧骨，前额两侧头发宜蓬松。

(6) 此外，圆型脸的发式应将头发往上梳，两侧头发不要蓬开而应向下服帖垂下，以掩饰过圆的脸型。

(7) 椭圆型脸为我国审美观中的标准脸型，选择发式随意性较大。

总之，发型的变化可使人的相貌发生很大变化。在千变万化的发式中，女性应以柔和美观、娴雅端庄、明朗大方为美。男性发式以显示刚毅、洒脱、健康向上的阳刚之美为宜。

(三) 化妆修饰规范

在人际交往中，进行适当的化妆是必要的。这既是自尊的表示，也意味着对交往对象较为重视。化妆，是修饰仪容的一种高级方法，它是指采用化妆品按一定技法对自己进行修饰、装扮，以便使自己容貌变得更加靓丽。(图 3-3-2)

在公共场合，化妆需要注意两个方面。其一，是要掌握原则；其二，是要合乎礼规。

图 3-3-2

1. 化妆原则

进行化妆前，一定要树立正确的意识。这种有关化妆的正确意识，就是所谓化妆的原则。工作场合化妆的原则有如下几点：

(1) 自然美。

化妆意在使人变得更加美丽，因此在化妆时要注意适度矫正、修饰得法，使人变得化妆后避短藏拙。在化妆时不要自行其是，任意发挥，寻求新奇，有意无意将自己老化、丑化、怪异化。

(2) 淡雅。

"淡妆上岗"是对保险工作人员特别是女性化妆时所做的基本规范之一。淡雅就要求女性员工在工作时一般都应当化自然妆。要自然大方，朴实无华，素净雅致。做到了这一点，其化妆才与自己特定的身份相称，才会为他人所认可。

(3) 简洁。

保险工作岗位化妆，应当是一种简妆。也就是讲，要求工作人员在上班时化妆，并非是要其盛妆而出，应以简单明了为本。在一般情况下，上班妆修饰的重点，主要是嘴唇、面颊和眼部。

(4) 适度。

从根本上讲，保险工作人员工作妆，必须适合自己本职工作的实际需要。要根据自己具体的工作性质，来决定化不化妆和应该如何化妆。

(5) 庄重。

若是注意在化妆时对本人进行正确的角色定位的话，就一定会了解到，社会各界所希望看到的保险工作人员的化妆，应以庄重为主要特征。一些社会上正在流行的化妆方式，诸如金粉妆、日晒妆、印花妆、颓废妆、鬼魅妆、舞台妆、宴会妆等等，不宜为文职人员在上班时所采用。不然，就会使人觉得轻浮随便，甚至是不务正业。

(6) 避短。

保险工作人员化妆，当然有着美化自身形象的目的。要在化妆时美化自身形象，既要扬长，即适当地展示自己的优点；更要避短，即认真地掩饰自己所短，弥补自己的不足。

2. 化妆步骤及方法

(1) 洁面后使用化妆水(干性皮肤)或爽肤水(油性皮肤)，达到保湿、柔肤、收缩毛孔的效果。化妆水的选择以涂抹后感觉良好为宜。化妆水的使用方法是：

① 用化妆棉涂抹后用手轻拍；② 用手直接轻拍面部，拍到水分吸收即可，避开眼部。

(2) 眼霜、隔离霜。

应选择日霜、乳液或防晒霜(一种即可)，目的是起到护肤、隔离、防晒的作用。

(3) 遮盖霜。

使用遮盖霜的目的是遮盖皮肤的瑕疵、斑点、黑眼圈、红血丝、皱纹、皮肤暗影等。

(4) 粉底。

选择粉底应与颈部肤色相近、粉质细致、质地好为佳。使用效果是可以使肤质更细致。

(5) 干粉定妆。

使用干粉定妆的效果是，使脸部不出油，易上妆，不易脱妆。

(6) 眼影。

使用眼影的目的是用明暗色对比来体现眼部的立体感以及反衬隆鼻。具体方法是：

① 在整个眼睑上打上颜色较浅的眼影；

② 在靠近睫毛的地方打上深色的眼影，向上慢慢晕染，颜色越来越浅；

③ 在眉骨处打浅亮色眼影。

(7) 刷睫毛膏——刷睫毛膏是化妆的灵魂。

使用睫毛膏、睫毛夹甚至是美瞳，能增加眼睛的美感，增加眼部神采。使用时先夹睫毛，上睫毛膏，但美瞳的使用要谨慎。

(8) 画眉毛。

若感到自己的眉形刻板或不雅观，可进行必要的修饰，但是不提倡进行"一成不变"的纹眉，更不允许剃去所有眉毛，刻意标新立异。此外，还须注意，纹面、纹身一般也在禁忌之列。修眉，用修眉刀为好(最好不纹眉毛、眼线、唇形、漂唇)。眉形应以自然为宜。修眉的方法是，先用眉粉，后用眉笔，修补即可；眉毛差些的，先用眉笔画出好看的眉形，再用眉笔修成扁扁的鸭嘴状。颜色以铁灰、灰色、深咖啡为宜。画眉原则两头浅、中间浓(眉峰)，上边浅、下边浓。

(9) 口红。

简要画出口型、涂唇膏、用纸巾咬一下、吸去多余油脂、再画上一些，增强融和感，不易脱色。

(10) 腮红。

抹在微笑时面部突出的部位，以打圈的方式轻刷，腮红与肤色过渡自然，造成一种天生红润的效果。

最后修整，轻刷点干粉，轻点气味淡雅清新的香水。

3. 化妆禁忌

在进行个人化妆时，一定要避免某些不应当出现的错误做法。

(1) 离奇出众。

专门追求荒诞、怪异、神秘的妆容，或者是有意使自己的化妆出格，从而产生令人咋舌或毛骨悚然的效果。这一类做法，对于企业形象或个人形象的维护来讲，显然都会造成损害。

(2) 技法出错。

如粗黑的眼线、鲜红的唇膏、满颊的腮红、厚重的妆粉、刺鼻的香气只能给别人留下自己品位不高的印象。

(3) 残妆示人。

一是在出汗之后、休息之后、用餐之后，应当及时自查妆容。二是要在发现妆面出现残缺后，即刻抽身补妆，切莫长时间地以残妆示人，不然就会让别人觉得自己懒惰之至。三是要在补妆时回避他人，补妆之时，宜选择无人在场的角落，而不可当众进行操作。

4. 化妆礼仪要求

进行化妆时，应认真遵守以下礼仪规范，不得违反。

(1) 勿当众进行化妆。

化妆，应事先搞好，或是在专用的化妆间进行。若当众进行化妆，则有卖弄表演或吸引异性之嫌，弄不好还会令人觉得身份可疑。

(2) 勿在异性面前化妆。

聪明的人绝不会在异性面前化妆。对关系密切者而言，那样做会使其发现自己本来的面目；对关系普通者而言，那样做则有"以色事人"，充当花瓶之嫌。无论如何，它都会使自己形象失色。

(3) 勿使化妆妨碍于人。

有人将自己的妆化得过浓、过重，香气四溢，令人窒息。这种"过量"的化妆，就是对他人的妨碍。

(4) 勿评论他人的化妆。

化妆是个人之事，所以对他人化妆不应自以为是地加以评论或非议。

二、服饰形象礼仪

(一) 服饰的基本原则

服饰，是人体形态的外延。服饰包括上衣、披肩、裤子、裙子、衣扣等。有人说，衣服是人的第二张脸。这说明衣服对人来说，其功能不单是御寒和遮羞，而是具有装饰、美化作用的。有人说衣服是一种无声的语言，它展示着一个人的身份、涵养、个性爱好、审美情趣、心理状态等多种信息。衣着还是一个社会经济、政治、文化的晴雨表。它及时地反映着当时的社会发展状况。

俗话说："人凭衣裳马靠鞍"。人是需要衣裳来作修饰的，穿衣服应当讲究一些，穿上漂亮的衣服，就可以"面貌一新"，使人变得漂亮。当然，这并不是说，只要服装美，不论何人、何时、何地穿着，都可以产生美感。其实不然，要使服饰美正确地发挥交际作用，使自己的穿着真正地达到和谐，还必须掌握服饰穿着的原则。(图3-3-3)

图 3-3-3

1. 着装的 TPO 原则

TPO 原则是国际上公认的穿衣基本原则之一。这个原则是在 1963 年由日本男用时装协会提出的。其中：

T：Time，代表时间、时令、季节、时代；P：Place，代表地点、场合、职位、国家区域；O：Object，代表目的，对象。

TPO 原则是要求人们在选择服装、考虑其具体款式时，首先应当兼顾时间、地点和出席的场合及目的，并应力求使自己的着装及其具体款式与着装的时间、地点、目的协调一致，较为和谐般配。由于这个原则比较准确地概括了着装与环境的关系，因而很快被认可。

2. 服装的色彩搭配原则

色彩，是服装呈现的第一印象，令人记忆深刻，决定着穿着的成败。

(1) 色彩的特性及搭配原理。

① 冷色：具有收缩感，如蓝、绿、黑色等，能够使人平静；② 暖色：具有扩张感，如红、黄、白色等，能够使人显得热情。

(2) 搭配原理。

① 统一法：同色系；② 对比法：对比色；③ 呼应法："三一律"。

总之，在服装色彩搭配的选择上，应根据个人的肤色、年龄、性格、爱好、形体选择颜色。正装的色彩，最好控制在三种颜色以内。

3. 要注意整体和谐效果

中国古人讲"天时、地利、人和"，"天地人"三才的整体和谐观，无论在为人处事还是在穿衣戴帽方面都是适用的，也可以说是宇宙系统观在生活中的运用。选择服饰要从头到脚全面考虑。发型、肤色、上衣、下装以及鞋袜等都要协调一致。

4. 穿着要同自身条件相吻合

要根据自己身材的高矮、体形的胖瘦、皮肤的黑白以及容貌状况，选择不同的质地、色彩、图案、造型、工艺等，达到扬长补短的效果。比如，梨型身材的，可以用垫肩，增加肩的宽度；凹型身材的，适合穿套装；高胖的，可以选择以垂线为主稍稍宽松而且深色的服装；瘦高的，适合宽松随和带有横线条的服装；矮小的，应当穿简洁明快小花的稍紧身的服装；皮肤黑的，可选色彩明朗、图案较小的服装；皮肤偏黄的，不要穿与自己肤色相近的或深色服装。

5. 不要忽略小节

服饰任何一个细枝末节都不可大意，否则可能会贻笑大方，搞得十分狼狈。在出门之前，一定要检查一下衣着有没有污迹；衣领、裤口是否平整；扣子是否牢靠，扣上了没有；袜子有无破洞，是否服帖；鞋子是否合脚，鞋扣鞋跟是否松动，等等。这样才可以让你毫无顾虑地出席任何交际场合，使你放心大胆地施展社交才能，散发出个人的形象魅力。

(二) 西装穿着一般规范

西装是目前在全世界最流行的服装。它起源于欧洲，于清朝晚期传入中国，20 世纪 80 年代以后，西装在中国重新成为风尚，国家领导人接见外宾、经贸代表团出访国外、酒店的管理人员以及人们日常上班工作，西装都被作为最佳着装选择。同时，在许多国家，西装被认为是男士的正统服装，而且很久以来已形成了西装的穿着习惯与礼仪，一套合体的西装可以使穿着者显得潇洒、精神、风度翩翩。(图 3-3-4)

所谓西服，通常是指在西方国家较为通行的两件套，或者三件套的统一面料、统一色彩的规范化的正式场合的男装。广义的西装包括礼服、日常服和办公服。我们一般常说的西装，是指套装西装。西装是目前世界各地最常见、最标准、男女皆用的礼服。其最大特点是简便、舒适，它能使穿着者显得稳重高雅、自然潇洒。西装与衬衫、领带、皮鞋、袜子、裤带等是一个统一的整体，只有它们彼此间统一、协调，才能衬托出西装挺括、飘逸、光彩夺目的美感。因此，下面简述一下西装的穿着礼仪：

图 3-3-4

1. 穿西装的讲究

西装整洁笔挺，背部无头发和头屑。裤子要熨出裤线。男士穿西装要系领带。西服要配好衬衫，衬衫领要硬实挺括，要穿出层次，衬衣领口要高出西装领口 1～2 公分。在两臂伸直时，衬衫的袖子应该比西装袖长一厘米左右。深色西装一定要配白衬衫、黑皮鞋、黑袜子。穿在西服里面的内衣要薄，衬衫内穿棉毛衫不宜把领圈和袖口露出外面。衬衫的下摆要均匀地塞在裤内，要系好衣领及袖子的纽扣。当你打领带的时候，衬衫上所有的纽扣，包括领口、袖口的纽扣，都应该系好。

西装纽扣：男士的西服一般分为单排扣和双排扣两种。穿着双排扣西服的时候，应该系好所有的纽扣，包括内侧的扣子。在正规场合穿单排扣西服下扣不扣。一般两粒扣子的，只系上面的一粒，如果是三粒扣子西服，系好上面的两粒纽扣，而最下面的一粒不系。若单排扣西装纽扣全部不扣，显得潇洒，若全部都扣上会显得土气。站立时，纽扣扣上，以示郑重其事，就座后可以解开，以防走样。西装背心一般不扣最下面的扣子。

西服面料的选择：纯毛和混纺制品四季皆宜，且不易起褶。检验一种面料是否抗皱的方法是用手抓紧布料，然后放开，看看是否有褶。如果起褶，应三思后再买。

为保证西装不变形，衣袋，裤袋不要放东西。上衣袋只作为装饰，下袋盖应保持放在外边。真正装东西的是上衣内侧衣袋，如装票夹、名片盒等。裤子后兜可装手帕、零用。无论衣袖还是裤边，皆不可卷起；西装袖口处的商标应摘去；永远不要把手插在西服上衣的两侧口袋，这被认为很没有教养。

穿西装一定要穿皮鞋，且要上油擦亮。穿轻便布鞋、旅游鞋等都不符合正式场合的西装穿着规范要求。西装配正装皮鞋并且配深色袜子。

穿西装还讲究一定程序。正规的程序是：整理头发，更换衬衣，更换西裤，穿皮鞋，打领带，穿上衣。这既是一个穿着规范，又是一个行为礼仪。

应杜绝在正式的商务场合穿夹克衫，或者是西装和高领衫、T恤衫或毛衣进行搭配，这都不是十分稳妥的做法。男士的正装西装一般以深色的西装为主，正式的商务场合应避免穿着有花格子，或者颜色非常艳丽的休闲西服。

2. 领带

领带在男士的装饰中占有重要的位置，被称为西装的"灵魂"。正式场合中，穿西装必须系领带，而且不宜松开领带，而假日休闲时则不必打领带。领带的选择也是很有讲究的，应根据个人的情况选择合适的领带。一般来说保险工作人员尤其是车险服务人员应选用与自己制服颜色相称，光泽柔和、典雅朴素的领带为宜，最好不要选用那些过于显眼花哨的领带。(图3-3-5)

领带
(1) 色彩：低调的色彩为主。
(2) 图案：越简单越好，斜纹和简单的几何图形最好。
(3) 领带结：根据领口的大小选择。
(4) 领带的长度以至皮带扣处为宜。

图 3-3-5

打领带要注意场合，如政务场合——上班、开会、走访上级部门、汇报工作，社交场合——正式宴会、舞会、音乐会等场合应当打领带，休闲场合不打领带。领带的长度以到皮带扣处为宜，领带的下端应长及皮带上下缘之间，或不短于皮带的上缘。系领带时，衬衫的第一粒纽扣要扣好；非正式场合，可以不打领带，但衬衣的领扣不要再扣了。

领带形象应端正整洁，不歪不皱。质地、款式与颜色与其他服饰匹配，符合自己的年龄、身份和公司的个性。不宜过分华丽和耀眼。领带不要太细，太细了显得小气，当然，体型本身已粗壮魁梧者、亦不宜再系粗领带。

领带的颜色与西服的颜色要互相衬托，而不要完全相同。暗红色、红色和藏青色可以用作底色，主要的颜色和图案要精致、不抢眼。可选择小巧的几何印花和条纹，带有柔和图案的涡旋纹面料也是不错的。与西装、衬衫搭配时，应选择一种单色或有两种图案或两种单色和一种图案的领带。三种图案的搭配需要一定的技巧和经验，一旦成功，就会特别引人注目。领带的面料最好选择真丝，优雅且四季皆宜。(图 3-3-6)

四手结：是所有领结中最容易上手的，适用于各种款式的衬衫及领带。

半温莎结：此款结型十分优雅，其打法亦较复杂，使用细款领带较容易上手，最适合搭配尖领及标准式领口系列衬衫。

图 3-3-6

(三) 饰品选择

饰品，是指人们在着装的同时所选用、佩戴的装饰性物品。广义上讲，饰品是与服装同时使用的、发挥装饰作用的一切物品，例如首饰、手表、领带、手帕、帽子、手套、包袋、眼镜、钢笔、鞋子、袜子等等，皆可称作饰品。其中最重要的是首饰。此外还有手表、领带等等。

饰品在服饰中处附属地位，从审美的角度来看，它与服装、化妆一道被列为人们用以装饰、美化自身的三大方法之一。不要忽视饰品的作用。在社交场合，饰品尤为引人注目，并发挥着一定的交际功能。它是一种无声的语言，可借以表达使用者的知识、阅历、教养和审美品位。它是一种有意的暗示，可借以了解使用者的地位、身份、财富和婚恋现状。

1. 首饰

首饰以往是指戴在头上的装饰品，现在则泛指各类没有任何实际用途的饰物。由于其装饰作用十分明显，因而已经成为大多数人在社交场合经常使用的"常备品"，尤其受到女性的青睐。佩戴饰品时，倘若对首饰礼仪一无所知，难免就会弄巧成拙，招人笑话，不能使首饰真正发挥其本来的作用。在较为正规的场合使用首饰，务必要遵守其使用规则。这样做的好处是，既能让首饰发挥其应有的美化、装饰功能，又能合乎常规，在选择、搭配、使用之中不至于出洋相，被人耻笑。使用首饰具体规则如下：

(1) 数量规则。

首饰在数量上以少为佳。在必要时，可以一件首饰也不必佩戴。若有意同时佩戴多种首饰，其上限般为三，即不应当在总量上超过三种。

(2) 色彩规则。

首饰在色彩上要力求同色。若同时佩戴两件或两件以上首饰，应使其色彩一致。

(3) 质地规则。

首饰在质地上应争取同质。若同时佩戴两件或两件以上首饰，应使其质地相同。即金配金，银配银，这样能令其总体上显得协调一致。另外还须注意，高档饰物，尤其是珠宝首饰，多适用于隆重的社交场合，但不适合在工作、休闲时佩戴。

(4) 身份规则。

首饰应符合身份。选戴首饰时，不仅要照顾个人爱好，更应当使之服从于本人身份，要与自己的性别、年龄、职业、工作环境保持大体一致，而不致使之相去甚远。

(5) 体型规则。

使首饰为自己的体型扬长避短，选择首饰时，应充分正视自身的形体特点，努力使首饰的佩戴为自己扬长避短。避短是其中的重点，扬长则须适时而定。

(6) 季节规则。

所戴首饰应与季节相吻合。一般而言，季节不同，所戴首饰也应不同。金色、深色首饰适于冷季佩戴，银色、艳色首饰则适合暖季佩戴。

(7) 搭配规则。

应尽力使服饰协调。佩戴首饰，应视为服装整体中的一个环节。要兼顾同时穿着的服装的质地、色彩、款式，并努力使之在搭配、风格上相互般配。

(8) 习俗规则。

不同的地区、不同的民族，佩戴首饰的习惯做法多有不同、对此既要了解又要尊重。戴首饰不讲习俗，万万是行不通的。

2. 戒指的戴法及象征意义

戒指一般采用圆圈的形式，象征永恒。结婚戒指不能用合金制造，而必须用纯金、白金或银制成，它表示爱情是纯洁的。

戒指戴在不同的手指上所包含的意义不同。它是一种沉默的语言，一种讯号和标志。戒指戴在食指上，表示想结婚或表示求婚；戴在中指上，表示已在恋爱中；戴在无名指上，表示已订婚或结婚；戴在小指上，表示我是独身的。大拇指一般不戴戒指。前面所说的几种戒指的戴法及表示的象征意义是一种风俗，如不遵守也没有什么，但它容易使人产生错觉，甚至误会。假如，你是一位尚未订婚的小姐，把戒指戴在无名指上，别人会以为你已订婚了。倘若你正想寻找意中人，也许一个小小的戒指会使你在不知不觉中失去良机。此外，戒指也是一种装饰品，对不同类型戒指的选择表达了人们不同的审美观。

3. 饰品的搭配

美国 CMB 形象咨询公司总裁玛丽·斯皮兰妮的建议：职业女性在穿上漂亮的套装以后，你还应该注意许多细节之处。可是仍有不少女性不愿意花钱买些合适的饰品来与整套新装相配。记住，一双又破又旧、式样过时的便宜鞋子会使你的一身新衣黯然失色；同时一对旧耳环，或者那种配什么衣服都凑合的珍珠耳环，也会让时髦的服装大打折扣。最好是无领衣物才配围巾。要避免皮带突兀地表现出来，而应强调整个装束的浑然一体。有洞的破袜子绝对不可以再穿。最好拿出不同质地、不同颜色的袜子同时比较，选出满意的。鞋子的颜色应与服装相配，鞋跟的时髦而舒适、鞋面质地也要与衣服协调。

(1) 首饰。

除了耳环还要胸针、项链。这些小东西，即使不是纯金的，也能衬得整套衣服更加华丽。

(2) 耳环。

过去有句格言是说"耳环之于女人，正如领带之于男人一样重要。"所以，每天都应佩戴，但在职场则应慎重。一般来说，在社交场合，戴什么样的好，主要取决于你的个性、脸型、骨架，以及衣服的颜色。对耳环的基本要求是佩戴舒服，以及是否适合自己的脸型。

如果你双颊消瘦，一对圆形实心的耳环就很好。而宽脸方下巴的女性，应该选闪光的长形耳环。如果你是位娇小型的女性，戴一对小巧又精致的耳环正适合自己的身材。不过，耳环的式样只能新颖大胆，却不能喧宾夺主，掩蔽了你脸部的光彩。因为唯有你的眼睛才是心灵的窗户，耳垂可不能拿来与人交流，成为引人瞩目的焦点。

(3) 颈饰。

颈链、项链、长长的珠串远比花哨的衣领更能衬托你颈部的动人，但关键是按自己脖颈的长度、丰满程度和骨架大小来选择合适的颈饰。颈部偏长的女性戴粗短的项链很好，配上无领上装更佳，但这不适合颈短的女性，她们应改用长一些的，单根或多根的金质、珍珠项链，这样可以产生一种视觉效果，把颈部"拉长"。

高个的女士宜戴长细绳链，选单股还是多股则根据自己的气质而定。骨架与身材都较小的女士最好戴项链长度正好位于领口下四五英寸处，也可戴单串珠链或者单根长链下有坠的那种。总之，粗颈女士宜戴长项链，细颈女士可戴短的项链以及合适的项链，为的都是造成视觉上的假相，使脖颈处显得更加漂亮。

三、保险工作人员职场正装

穿着职业服装不仅是对服务对象的尊重，同时也使着装者有一种职业的自豪感、责任感，是敬业、乐业在服饰上的具体表现。规范穿着职业服装的要求是整齐、清洁、挺括、大方。一些国家每周工作日的衣服是不能重复的，特别是在日本，如果你穿着昨天的衣服上班，人家会认为你夜不归宿的。所以仪容仪表不仅表现为衣着得体，若每天的服装能够有些变化会更加完美。如果没有条件每天换衣服也没关系，一些小的变化会增添情趣。例如在昨天的套装上增加一条丝巾，效果肯定会不同。如果是男士，不能每天换西服的话，起码可以换一下领带和衬衫。(图 3-3-7)

图 3-3-7

(一) 职场男士着装的要求

1. 职场男士西装的基本原则

(1) 三色原则。全身颜色在三种之内，包括上衣、裤子、衬衫、领带、鞋袜。

(2) "三一定律"原则。穿西装时，身上要有三个地方颜色要一致，鞋、腰带、公文包颜色要一致，宜选黑色。

(3) 穿正装的"三忌"。袖子上的商标没拆；穿西裤、非正式场合夹克衫打领带；正式场合白色袜子与西装搭配。

穿西装除了拆除商标外，还要做到：熨烫平整、扣好纽扣、不卷不挽、慎穿毛衫、少装东西、巧配内衣。西装必须剪裁合身，颜色传统，质料高级。西装、衬衫、领带这三样中必须有两样是素色的。纯棉的白衬衫永远是主管人员最适当的选择，袜子的颜色必须比裤子更深。短袖衬衫只适合于业务员。在两手伸直时，衬衫的袖子应该比西装袖长一厘米左右。每天早晨出门前，在镜子前端详自己一分钟。在这一分钟内，思考一下你今天所要见的人，他们的地位，以及对你或你公司的重要性，再看看镜子里的你，所穿的西装、领带是否相配。

2. 男士着装的选择

男人一般都喜欢穿西装，因为西装对男人来说是最主要的商务服装。人们最容易从穿着的西装来判断一个人的地位、个性和才干。

(1) 西装应质地精良。

买西装时，拽紧上衣袖子 2、3 秒钟然后放手。如果袖子能立刻恢复到原来的形状，证明这西装是可以穿的；如果上面留下皱纹，最好不要买。选择长度合适的西装。

(2) 衬衫的选择。

要避免穿着有光泽而且透明的衬衫，有光泽的衬衫不适于职业着装。领子除了要宽紧适中之外，还应注意领子的高度要与自己的脖子的长度相一致。一个长脖子的人穿一件矮领子的衬衫会使他的长脖子更显眼，一个短脖子的人穿一件高领子的衬衫看起来会很滑稽。袖口要在腕骨下边一点，而且要比西装的袖子长出半寸至一寸左右。衬衫的颜色要比西装的颜色浅一些，领带的颜色比衬衫的颜色深一些。

3. 男装搭配要领

(1) 颜色知识。

记住三种颜色：白色、黑色、米色。这三种颜色被称为"百搭色"。也就是说他们和任意的颜色搭配都是合理的，因此购买服饰的时候如果不知道什么颜色好，那么这种颜色将不会出错。男士正装的色彩应该是深色系的。

(2) 正装的合身。

正装讲究合身，衣长应过于臀部，标准的尺寸是从脖子到地面的 $\frac{1}{2}$ 长；袖子长度以袖子下端到拇指 11 cm 最为合适；衬衫领口略高于西装领口；裤长不露袜子，以到鞋跟处为准；裤腰前低而后高，裤型可根据潮流选择，裤边不能卷边；这些均是穿着西装的基本搭配，体现正装的规范性。

(3) 以领带为核心的搭配。

衬衫和领带的搭配是一门学问，若搭配不妥，有可能破坏整体的感觉，但是如果搭配得巧妙，则能抓住众人的眼光，而且显得自己别出心裁。领带起主导作用，它是服装中最抢眼的部分。一般说，应该首先把注意力集中在领带与西服上衣的搭配上。以比较讲究的观点看，上衣的颜色应该成为领带的基础色。

(4) 白色衬衫。

白色衬衫穿在每个男人身上都非常出色，适用于各场合，且不会过时，所以每个男人至少应该准备一件可换洗的白衬衫，它和各种活泼的颜色或花样大胆的领带搭配都不错。永恒的时尚搭配是白色或浅蓝色衬衫配单色或有明亮图案的领带。

(5) 简单为好。

在服装搭配之道中，简单永远讨好。如果你对自己选择领带的品位不那么自信，就不要企图标新立异。衬衫与领带的搭配在某种程度上还反映着你为人处世的老练程度。每位男士都应该至少有一件白色或浅蓝色的领部扣扣衬衫。在领带方面，至少有一条纯藏蓝色或葡萄酒红色的领带供白天使用，还应该有一条丝质织花领带或纯黑色领带以备在参加正式晚宴时代替领花使用。

(二) 职业女性着装要求

现代女性多是职业女性，办公室着装基本上应该是大方得体的，体现职业女性的专业素质。"服装语言"无声地诠释了你所在的行业和你的职业态度，直接影响你在其他人心目中的形象，影响他人对你的态度。(图 3-3-8)

图 3-3-8

1. 女士职业穿着规范

女士穿西服套裙适宜搭配肤色长筒丝袜；在正式场合，女士的服装不应暴露其腋下；注意不要穿着薄、露、透的服装。

2. 女士套裙穿着的四大禁忌

女士穿职业裙装需注意四不准：

(1) 穿着黑色皮裙。

黑色皮裙，在正式场合绝对不能穿，这是国际惯例。

(2) 光腿(光脚)。

正式的高级的场合不能光腿，否则既不雅观，也不好看。

(3) 裙、鞋、袜不搭配。

鞋袜不配套，穿套裙不能穿便鞋，与袜子更要配套，穿凉鞋不穿袜子，穿正装时可以穿前不露脚趾后不露脚跟的凉鞋。

(4) 三截腿。

三截腿是指女士在穿半截裙子的时候，穿半截袜子，袜子和裙子中间露一段腿肚子，结果导致裙子一截，袜子一节，腿肚子一截，这种穿法容易使腿显得又粗又短。

3. 首选西服套裙

套裙的选择，应注意面料、颜色、图案、点缀、尺寸、造型、款式。套裙的穿法，应注意大小适度、穿着到位、考虑场合、协调容装、装饰、兼顾举止。

4. 西服套装

最安全的着装是职业套装。选择合身的短外套，搭配长裤。衬衫则宜选择与外套和谐自然的，不要太夸张。要特别注意只有在穿长裤子的情况下才可以穿短丝袜。很多女性不注意这一点，喜欢穿裙子或短裤配短丝袜，其实这样的搭配非常不雅。鞋子最好是高跟或者中高跟的皮鞋，因为有跟的皮鞋更能令女性体态优美。夏天不宜穿露趾的凉鞋，更忌在办公室内穿凉拖。着装色彩不宜太夸张花哨。黑色很好搭配衣服，但是如果运用不好很容易给人沉闷死板的感觉，所以一定要与其他色彩巧妙组合，搭配出庄重又时髦的效果。年轻女性还可以选择具有色彩的衣服，如果有图案，则力求简单。

佩戴的饰品以不妨碍工作为原则。工作时所戴的饰品应避免太漂亮或会闪光，太长的坠子是不适合的。对于耳环的选择也要以固定在耳上为佳，如果你的饰品在工作时会发出声音，为了不影响别人的工作情绪，应该立即取下。此外，还提醒大家，善于运用丝巾或羊绒巾，可以使你的着装更加时尚。

 **实训指导** ✦✦✦✦✦✦✦✦✦✦✦✦✦✦✦✦✦

实训主题：职场仪态

情景模拟 1：职业着装及职业形象展示。
情景模拟 2：前台接待(站姿)。
情景模拟 3：走廊行走遇到同事(走姿)，双方微笑并互相问候。
情景模拟 4：柜面服务时的坐姿礼仪。

实训要求：

以小组为单位，进行情景演练，每组 10 分钟。

 **职业素养** ✦✦✦✦✦✦✦✦✦✦✦✦✦✦✦✦✦

责 任 与 能 力

"责任"是做人做事的根本。社会上不乏有能力之人，但企业真正需要的则是既有能力又富有责任感的人才。"责任"是最基本的职业精神和商业精神，一个人的成功与企业的成功一样，都来自他们追求卓越的精神和不断超越自身的努力。责任胜于能力，责任承载着能力，一个充满责任感的人才有机会充分展现自己的能力。

为工作竭尽所能是责任的最好体现。有些事情并不是需要很费力才能完成的。做与不做之间的差距就在于——责任。简单来说，按时上班准时开会等一些工作上的小事，真正能做到的并不是所有的人。违反单位制度，其本质就是一种不负责的表现，首先是对自己单位和职业的不负责，更是对自己的不负责。

能力或许可以让你胜任工作，责任却可以让人创造奇迹，特别是保险工作人员，在每天反复出单、整理手续日复一日的琐碎、程式化的日常工作中，责任心能使保险工作人员把平凡具体的事情做得尽善尽美，进而弥补能力的不足，提升能力和水平。从某种意义上讲，责任，已经成为人的一种立足之本，成为企业求生存求发展的重要能力。一个人生活在这个社会上，即使是一个自由职业者，他也会和各种团队、组织和人员发生往来，在这个过程中，责任感是最基本的能力，如果你缺乏责任，组织不会聘用你，团队不会让你加盟，搭档不愿意与你共事，朋友不愿意与你往来，亲人不愿给你信任，你终将被这个社会抛弃。在这个世界上，有才华的人太多，但是有才华又有责任的人却不多。只有责任和能力共有的人，才是企业和公司发展最需要的。

 阅读指导 ◆◆◆◆◆◆◆◆◆◆◆◆◆◆◆◆◆

《最伟大的力量》（马丁·科尔）

选择的力量

你拥有一种伟大而令人惊叹的力量。这种力量，一旦运用得当，将带给你信心而非羞怯，平静而非混乱，泰然自若而非无所适从，心灵的平静而非痛苦。这种力量就是选择的力量。

千百万的人都在抱怨他们的命运不济，他们厌倦生活——以及周围的这个世界的运转方式，但却没意识到：在他们的身上有一种力量，这种力量会使他们获得新生。一旦你意识到了这种力量的存在并开始运用它，你就会改变自己的整个生活，使生活变成你所喜欢的样子。一种原本充满悲伤地生活可以变得充满快乐，失败可能会转化为成功。当贫穷啃噬着你的生活的时候，你可以将它变成一种幸运。羞怯可以转化为信心。充满失望的生活会变得妙趣横生和令人愉快。担惊受怕也可能变为自由。

当生命不断前行的时候，一个人可能会一次又一次、许多次地处于逆境中。他可能会陷入一系列的困难中，他可能不得不和这样那样的麻烦抗争。不久他就形成了这样一种生活态度，人生世间难得，人生就是战斗，生活所发的牌总是和他过不去，那么，做这样那样的事有什么用呢？——"你不可能成为赢家"。那么，这个人就会灰心丧气，认准自己无论怎么做，都"不会有什么好事"。他自己成功的梦想破灭之后，他便将注意力转移到子女身上，希望他们的人生会是另外一个样子。

有时，这会成为一种解决问题的方式，然而孩子们又会陷入和父辈们相同的生活方式之中。自始至终，这个人都没有能够发现那种可能改变他的人生的巨大力量。他没能分辨出，甚至不知道这种力量的存在——他看到成千上万的人在以和他同样的方式与命运抗争，然后他认为那就是生活。

你听说过点金石的故事吗，点金石是一块小小的石子，他能将任何一种普通金属变成纯金。

莱莫多·德奥维斯曾经讲过一个故事。亚里山德拉大图书馆被焚烧后，只有一本书被保存下来，人们觉得这本书没什么价值，后来被一个识得几个字的穷人用几个铜板买了下来，可是他发现这本书中有个很有趣的东西。那是窄窄的一条羊皮纸，上面写着"点金石"的秘密。

羊皮纸上的文字解释说，点金石就在黑海的海滩上，和成千上万的与他看起来长得一模一样的小石子混在一起，但秘密就在这儿。真正的点金石摸上去很温暖，而普通的石子摸上去是冰凉的。然后这个人就变卖了他为数不多的家产，买了一些简单的设备，在海边扎起帐篷，开始检验那些石子。

他捡起一个，感觉冰凉的石子，就扔向大海，一个星期，一年，三年，日复一日，年复一年，他还是捡着，还是凉的，又扔进大海，一颗又一颗……

但是，有一天上午，他捡起了一颗石子，而这块石子是温暖的——他把它随手就扔进了海里。他已经形成了一种习惯，他把捡到的所有石子都扔进海里了。他已经如此习惯于做扔石子的动作，以至于当他真正想要的那一个到来的时候，他也还是扔掉了。

 复习思考 ◆◆◆◆◆◆◆◆◆◆◆◆◆◆◆◆◆◆◆

1. 谈谈你对完美人体形象的认识并制定自己的健身计划。
2. 谈谈你对职场仪态礼仪的理解和认识。
3. 服饰穿着的原则有哪些？

第四章　保险从业者有效沟通礼仪

 **案例引导**

把小牛牵进谷仓

有一天，爱默生和儿子想把一头小牛弄进谷仓里。开始时，爱默生用力推，儿子用力拉，可是牛怎么也不动弹，最后还有些生气了的样子，开始对他们产生敌意。后来，有个爱尔兰妇女见了，虽然她不会写什么散文集，却比爱默生更懂得"马性"或"牛性"。她把自己的指头放进小牛嘴里，一面让它吸吮，一面轻轻地把它推入谷仓里。从这个例子可以看出，刚开始爱默生和他儿子都忽略了牛的需要，只是一味地强迫，反而适得其反。岂不知那只小牛也正好和他们一样，只想到自己所要的，所以两腿拒绝前进，坚持不肯离开牧草地。而爱尔兰妇女从牛的需要考虑，轻松地将牛拉了回去。

这正印证了卡耐基的话："如果说成功有什么秘诀的话，那就是站在对方的立场来看问题，并满足对方的需求。"

第一节　商务礼仪与有效沟通

一、商务礼仪基本原则

(一) 商务礼仪的含义和作用

1. 商务礼仪的含义

商务礼仪是在商务活动中体现人与人相互尊重的行为准则。这种行为准则，体现在我们日常商务活动的方方面面。商务礼仪的核心作用是体现人与人之间的相互尊重，以达到业务往来的目的。与社交礼仪不同，商务礼仪是商务活动中对人的仪容仪表和言谈举止的普遍要求。

商务交往涉及的面很多，但基本来讲是人与人的交往，要知道什么该讲什么不该讲；商务礼仪强调操作性，即应该怎么做或不应该怎么做。所以我们把商务礼仪界定为商务人员交往的艺术。

例如，商务礼仪中的座次，一般情况下亲朋好友聚会可能无所谓，但在商务谈判和业务往来中就必须讲究了。另外，与对方说话也要讲究艺术。

2. 商务礼仪的作用

金正昆教授认为，商务礼仪可以起到内强素质、外塑形象、维护个人和企业形象的作用。

我们在商务交往中会遇到不同的人，与不同的人进行交往是要讲究艺术的。比如夸奖人时如果不讲究艺术，也会让人感到不舒服；秘书接听找领导的电话，应先告知对方领导不在，再问对方是谁、有何事情；拜访别人要预约，且要遵时守约，提前或迟到可能会影响别人的安排或正在进行的事宜。

在商务交往中个人代表整体，个人形象代表企业形象，个人的一举一动、一言一行，就是本企业的典型活体广告。商务礼仪最基本的作用是"减灾效应"：少出洋相、少丢人、少破坏人际关系，遇到不清楚的事情，最稳妥的方式是紧跟或模仿，以静制动。

商务礼仪是人际交往的艺术，教养体现细节，细节展现素质，归根结底是自身修养的体现。

(二) 商务礼仪基本要求

这里仅就一般性的、最常用的、国际通行的一些礼仪知识做些简要的介绍。

(1) 在初次商务活动中，必须深入了解对方。

了解对方的方式很多，如交谈、询问、调查、查找有关资料、实地考察、通过有关部门查询等。通过这些方式，掌握对方目前的经营状况、信誉程度、地理位置、交通状况、发展潜力等。商品交易实质上是人们行为的交换，是当事人劳动的交换，所以必须体现出人们相互间的各种关系来，这样就必须做到相互了解、相互尊重、平等互利，这本质上就是礼仪的要求。无论是人寿保险、家庭财产保险还是机动车保险，在客户投保时应遵守诚实信用原则，了解核实、如实告知和及时说明都是很必要的。

(2) 商务洽谈中，须按章办事，不可感情用事。

有些保险从业人员对于认识的人、老同事、好朋友或者是经过熟人介绍来的客户，就有求必应，满口承诺，甚至违背原则帮忙照顾，损害公司利益，这些都是感情用事、违章违纪的表现。工作中必须从商业活动的实际出发，该怎么办，就怎么办，不能迁就，不能简单从事，更不能图省事而简化手续。如机动车查勘人员在查勘现场过程中、在标的车修理过程中都会遇到类似的情况，甚至会遇到熟人报假案的情况，如何坚持原则照章办事，并不是一件容易的事。

(3) 商务进行过程中，必须按约办事，信守承诺。

如果遇到突发事件，必须更改合约时，要事前与对方协商，取得对方的同意，最好要有书面材料或文字为据。信誉是商务活动的核心，也是商务往来中礼仪修养的关键点。无信誉的商务活动只能是一槌子买卖，而且仅这一槌子都可能导致致命的失败。要树立信誉高于一切的观念，宁可赔本，也要坚守信誉，只要信誉在，这次亏了本，下次就有可能赚回来，或许还会赚得更多。如果失去了信誉，在短时间里是无法再重新树立起来的。所以，商务活动中的信誉比赚钱更重要。至于保险行业的那些骗保行为，其实是很愚蠢的目光短浅的行为。

(4) 商务活动中必须严格遵守时间。

进行商务谈判时，按照事前约定的时间，必须准时到达洽谈地点。在机动车查勘定损过程中，客户发生交通事故并报案后，定损人员要尽量争取在第一时间赶到现场，及时查勘取证并撤离现场，这不仅为客户分担了风险，也保证了道路交通的顺畅，发挥了保险的作用，为社会做了贡献。在商务进行过程中，必须恪守时间观念，按照合同规定严格遵守，不得以任何理由拖延。例如保险理赔环节的及时完成，就是保险公司讲究信用和效率的体现。

(5) 文明经商、诚实守信。

文明经商有广义和狭义之分，广义包括的内容很多，狭义的文明经商是指举止文雅，行为文明，语言得体。诚信原则不仅是道德规范，同时也是我国民法、合同法、保险法规定的基本商业准则。最大诚信原则就是保险行业的首要原则。

(三) 商务礼仪基本理念

保险从业人员的业务能力只是基本能力，没有业务能力是做不好工作的，但是只有业务能力也是不够的。从公共关系领域和传播领域来看，保险从业人员还要具有交际能力。交际能力被称为可持续发展能力。交际能力不是搞一些庸俗关系，而是处理、规范、管理好人际关系。业务能力和交际能力被称为现代人必须具备的"双能力"。

1. 尊重为本

(1) 自尊。

自尊是通过言谈举止、待人接物、穿着打扮来体现的。你自己不自尊自爱，别人是不会看得起你的。例如女士在商务交往中的首饰佩戴，原则是"符合身份，以少为佳"，不能比顾客戴的多，不能喧宾夺主。在商务交往中有些首饰是不能戴的：一种是展示财力的珠宝首饰不能戴，二是展示性别魅力的首饰不能带，比如胸针、脚链不能戴。这在礼仪的层面叫做有所不为。礼仪是一种形式美，形式美当然需要一种展示。如果我们戴两件或两种以上的首饰，比较专业的戴法是"同质同色"。

(2) 更要尊重别人。

对交往对象要进行准确定位，然后才能决定怎样对待他。国际交往中礼品包装的价值，不得低于礼品的1/3。接受外国人的礼物时，要当面把包装打开，而且要端详一会，并要赞扬一下。和外国人一起就餐，不能当众修饰自己；不能为对方劝酒夹菜，不能强迫别人吃；进餐不能发出声音。这都是尊重别人。

另外要讲规矩，比如接受名片时要求有来有往，来而不往非礼也。要是没有名片，也要比较委婉地告诉对方没带或用完了。商务交往中有时需要一种"善意的欺骗"。

2. 善于表达

商务礼仪是一种形式美，内容与形式是相辅相成的，形式表达一定的内容，内容借助于形式来表现。对人家好，不善于表达或表达不好都不行，表达要注意环境、氛围、历史文化等因素。你对人家好要用适当的方式让人家知道，这是商务交往中的一个要求。

3. 形式规范

是否讲规矩既是企业员工素质的体现，也是企业管理是否完善的标志。有了规矩不讲规矩，说明企业没有规矩。比如作为一个企业，在办公时间不能大声讲话，不能穿带有铁掌的皮鞋，打电话也不能旁若无人。讲形式规范就是要提高员工素质和提升企业形象。比如，商务场合通电话时谁先挂断电话？答案是：地位高者先挂，客户先挂，上级机关先挂，同等的主叫者先挂。

形式规范体现在着装要求上，职场着装有六不准：第一不能过分杂乱，制服不是制服，便装不像便装；第二不能过分鲜艳(三色要求)；第三不能过分暴露；第四不能过分透视，里面穿的东西别人一目了然，这不是时尚，是没有修养；第五不能过分短小；第六不能过分紧身。讲不讲规矩是企业的形象问题。

在商务交往中，有四个不能用的称呼：第一不能无称呼，比如在大街上问路，上去就"哎"；第二个不能用的是替代性称呼；第三个不能用的是不适当的地方性称呼，在某一范围内用地方性称呼是可以的，但是在工作场合不能滥用；第四种不能用的称呼是称兄道弟。

以上是商务交往中的三个基本理念，这三个理念是相互融合的。有礼貌但不规范不行，在商务交往中礼貌不是口号，是有实际内容的，要把尊重、礼貌、热情用恰到好处的形式，规范地表达出来。

(四) 商务礼仪的 3A 原则

商务礼仪的 3A 原则，是美国学者布吉尼教授提出来的，它是商务礼仪的立足资本。3A 原则实际上强调的是在商务交往中处理人际关系最需要注意的问题。

1. 接受(Accept)对方

在商务交往中不能只见到物而忘掉人。强调人的重要性，要注意人际关系的处理，不然就会影响商务交往的效果。要接受对方，宽以待人，不要难为对方，让对方难看，客人永远是对的。比如在交谈时有"三不准"：不要打断别人；不要轻易补充对方；不要随意更正对方，因为事物的答案有时不止一个。一般而言，不是原则性的话，要尽量接受对方。

2. 重视(Attention)对方

欣赏对方。要看到对方的优点，不要专找对方的缺点，更不能当众指正。重视对方的技巧：一是在人际交往中要善于使用尊称，比如行政职务、技术职称；二是要记住对方，比如接过名片时要看，记不住时千万不可张冠李戴。

3. 赞美(Admire)对方

对交往对象应该给予赞美和肯定，懂得欣赏别人的人实际上是在欣赏自己。赞美对方也有技巧：一是实事求是，不能太夸张；二是适合对方，要夸到点子上。

(五) 保险工作人员文明礼貌三要素

1. 接待三声

即有三句话要讲，一是来有迎声，就是要主动打招呼；二是问有答声，一方面人家有问题你要回答，另一方面你也不要没话找话。在一些窗口位置，如办公室、总机、电话接听要有预案，就是要事先想好怎么说，遇到不同情况怎么办。比如，外部打来电话，打错了，找的不是他要找的单位，我们怎么回答，有素质的要说：先生对不起，这里不是你要找的公司，如果你需要我可以帮助你查一查，这是宣传自己的一个绝好机会，会给人一个很好的印象；第三是去有送声，如商店的服务员对顾客。

2. 文明五句

城市的文明用语与我们企业的文明用语是不一样的，作为一个保险企业，应有更高的要求，什么不要随地吐痰、不要骂人，这起点都很低。第一句话问候语"你好"；第二句是请求语，加一个"请"字；第三句是感谢语"谢谢"，我们要学会感恩；第四句是抱歉语"对不起"，有冲突时，要先说；第五句是道别语"再见"。

3. 热情三到

我们讲礼仪目的是为了与人沟通，沟通是要形成一座桥而不是一堵墙，只讲礼仪没有热情是不行的。

"眼到"，眼看眼，否则你的礼貌对方是感觉不到的。注视人要友善，要会看，注视部位是有讲究的，一般是看头部，强调要点时要看双眼，中间通常不能看，下面尤其不能看，不论男女。对长辈、对客户，不能居高临下地俯视，应该平视，必要时仰视。注视对方的时间有要求，专业的讲法是当你和对方沟通和交流时注视对方的时间，应该是对方和你相处总时间长度的 1/3 左右。问候时要看，引证对方观点时要看，告别再见时要看，慰问致意时要看，其他时间可看可不看。

"口到"，一是要讲普通话，这是文明程度的体现，是员工受教育程度的体现。讲不好也要讲，以方便沟通、方便交际。二是要明白因人而异，区分对象。讲话是有规矩的，看对象。比如你去交罚款，对方说"欢迎你下次再来"，你高兴吗？外地人和本地人问路表达有所不同吗？男同志和女同志问路表达有所不同吗？不得不承认，女同志辨别方向的能力不强，女同志问路你要讲前后左右，不要讲东西南北。

"意到"，就是意思要到，把友善、热情表现出来，不能没有表情，冷若冰霜。表情要互动。再有就是不卑不亢，落落大方。

在商务交往中沟通是相互理解，是双向的，要讲三个点。第一要自我定位准确，就是干什么像什么；第二是为他人准确定位；第三，遵守惯例，比如交往中需要跳舞，国际惯例是异性相请，男士请女士，女士可以选择，女士请男士不可以选择，不会可以走开。

二、有效沟通概述

(一) 有效沟通的含义和原则

1. 有效沟通的含义

(1) 有效沟通的概念。

在当今社会，人际交往的重要性是为人们所认可的。什么是有效的沟通呢？有效的沟通就是通过听、说、读、写，即通过演讲、会见、对话、讨论、信件等方式将思维准确、恰当地表达出来，以促使对方接受。

(2) 有效沟通的作用。

有效沟通是一种不可或缺的领导和管理才能，也是保险营销人员的看家本领。有人说成功的因素 85%取决于沟通与人际关系，15%取决于专业知识和技术。在现代社会，可以说人类最伟大的成就来自于沟通，最大的失败来自于不愿意沟通。有效的沟通能够使人们思想一致，产生共识，减少彼此的争执与意见分歧，疏导客户情绪，消除心理困扰，增进彼此了解，改善人际关系，减少互相猜忌，增强团队凝聚力。

沟通是一种人生技能，是一个人对本身知识能力、表达能力、行为能力的发挥。无论是企业管理者还是普通的职工，都是企业竞争力的核心要素，做好沟通工作，无疑是企业各项工作顺利进行的前提。作为保险行业的工作人员，行业内部的分工、配合、协作显得尤其重要。一份保单的签署、保费的收缴到出险报案、现场查勘定损再到核保、理赔，整个过程不仅需要内部工作人员的相互密切配合，还需要与客户及时沟通与互动，才能最后将案子圆满解决，其中有效沟通是不可忽视的因素。

2. 有效沟通的条件、原则和手段

(1) 有效沟通的条件。

达成有效沟通须具备两个必要条件：首先，信息发送者清晰地表达信息的内涵，以便信息接收者能确切理解；其次，信息发送者重视信息接收者的反应并根据其反应及时修正信息的传递，免除不必要的误解。两者缺一不可。

(2) 有效沟通的原则。

有效沟通的原则首选要遵从人际交往的原则，比如真诚、平等、尊重、互利、信用等。真诚合作，平等待人，这是人际关系的前提和基础；信用既是沟通的原则也是做人的根基；最后达到互利互惠，是物质上和精神上的互利，是双赢。

其次，有效沟通讲究艺术性，注重互动，以创建愉快共赢的人际关系。具体包括：

① 有效果的沟通：强调沟通的目标明确性。通过交流，沟通双方就某个问题可以达到共同认识的目的。

② 有效率的沟通：强调沟通的时间概念。沟通的时间要简短，频率要增加，在尽量短的时间内完成沟通的目标。

③ 有笑声的沟通：强调人性化作用。能够使参与沟通的人员认识到自身的价值。有诚意，彼此尊重，甚至有幽默感，只有心情愉快的沟通才能产生最好的效果，达到双赢的目的。

(3) 有效沟通的手段。

作为管理者，应根据实际情况采取不同的有效沟通的手段。在制度方面可以建立有效措施，如定期召开公司例会，在会上各部门负责人进行工作情况通报，以使各部门之间相互了解，解决信息不畅通之困扰；更可在会后安排形式不同的小聚，例如晚餐、夜宵等，以使大家相互之间更加畅所欲言，增进感情。

(二) 有效沟通的技巧与障碍因素

1. 有效沟通的技巧

古人讲"天时、地利、人和"，有效的沟通讲究时间、地点、场合，沟通的内容与方式因人而异，因时间、地点、场合的不同而相应地变化。如上面的案例中下雨天小雨伞的成功使用，就是因景生情的很好的例子。因此沟通中的"身份确认"很重要，需要因人而异。针对不同的沟通对象，如上司、同事、下属、朋友、亲人等，即使对于相同的沟通内容，也要采取不同的声音和行为姿态。

(1) 从沟通组成看，有效沟通包括文字、声音和行为姿态等三个方面。其中，文字占7%，声音占38%，行为姿态占55%。同样的文字，在不同的声音和行为下，表现出的效果是截然不同的。所以有效的沟通应该是更好地融合好这三者。

(2) 从心理学角度看，沟通中包括意识和潜意识层面。

意识只占 1%，潜意识占 99%。有效的沟通必然是在潜意识层面的，有感情的、真诚的沟通。

(3) 尽量肯定对方，避免使用否定性的词汇。

沟通中的肯定，即肯定对方的内容，并不是仅说一些敷衍的话。领会并重复对方沟通中的关键词，甚至能把对方的主要意图用自己的语言表述出来，回馈给对方，会让对方觉得他的沟通得到您的认可与肯定。对待客户的投诉电话更应如此。

卡耐基在《人性的弱点》一书中，谈到与人相处的基本技巧，他说"如欲采蜜，就不要打翻蜂房"，意思是说，真正智慧的人，绝不会轻易简单地批评、指责对方，而是要试着了解他们，弄清楚他们为什么会抱怨，这会比批评更加有效，"了解一切，就会宽恕一切"。

(4) 学会倾听。

倾听不是简单的聆听就可以了，需要耐心、理解和包容。把对方沟通的内容、意思全面领会了，在表示认同和理解的前提下，使自己在回馈给对方的内容上求同存异，与对方的真实想法一致。在社交场合，每个人都很在意自己的自尊，而认真地倾听对方讲话，就是最好地在维护对方的自尊，是对他人的一种最高的恭维。但生活中许多人更关心的是自己接下来要说什么，甚至从来都不关心对方需要什么或要说什么。

例如，有很多人在沟通中有时会不等对方把话说完，就急于表达自己的想法，这样是无法达到深层次的共鸣的。

2. 有效沟通的障碍因素

(1) 以自我为中心。

社会交往中首先应当避免的就是"以自我为中心"。要尽量做到"换位思考"，即设身处地站在对方的角度考虑问题。如果仅仅是把信息传递出去，忽视了信息接收者的感受，不能做到有效的互动，显然无法达到有效沟通的目的。

(2) 缺乏真诚。

真诚是理解他人的感情桥梁，而缺乏诚意的交流难免带有偏见和误解，从而导致交流的信息被扭曲，产生缺乏情感的互动效应。实际上，沟通中信息发送者的目的是否能达到完全取决于信息接收者。因此沟通者只有在转变观念、弱化自我意识、把对方看成合作伙伴的前提下才能与对方进行心理沟通。

(3) 信息传递不畅。

① 传递方：用词错误，辞不达意；咬文嚼字，过于啰嗦；不善言辞，口齿不清；只让别人听自己的；态度不正确；对接收方反应不灵敏。

② 传递管道：经过他人传递而误会；环境选择不当；沟通时机不当；有人破坏、挑衅沟通。

③ 接收方：先入为主(第一印象)；听不清楚；选择性地倾听；偏见(刻板印象)；光环效应(晕轮效应)；情绪不佳；没有注意言外之意。

(三) 有效沟通的方式

1. 团队中的沟通

在团队里，要进行有效沟通，必须明确目标。对于团队领导来说，目标管理是进行有效沟通的一种解决办法。在目标管理中，团队领导和团队成员讨论目标、计划、对象、问题和解决方案。由于整个团队都着眼于完成目标，这就使沟通有了一个共同的基础，彼此能够更好地了解对方。即便团队领导不能接受下属成员的建议，他也能理解其观点，下属对上司的要求也会有进一步的了解，沟通的结果自然得以改善。如果绩效评估也采用类似办法的话，同样也能改善沟通。

在团队中身为领导者，善于利用各种机会进行沟通，甚至创造出更多的沟通途径。与成员充分交流并不是一件难事，难的是创造一种让团队成员在需要时可以无话不谈的环境。

2. 个体的沟通

对于个体成员来说，要进行有效沟通，可以从以下几个方面着手：

(1) 知道要说什么，就是要明确沟通的目的。

如果目的不明确，就意味着你自己也不知道说什么，自然也不可能让别人明白，自然达不到沟通的目的。

(2) 知道什么时候说，就是要掌握好沟通的时间。

在沟通对象忙于工作或心情不佳时，你要与他商量重要的事情，显然不合时宜。所以，要想很好地达到沟通效果，必须掌握好沟通的时间，把握好沟通的火候。比如对于工作的事情，上班的时间适合交流，业余时间甚至节假日尽量避免打扰对方。

(3) 知道对谁说，就是要明确沟通的对象。

虽然你说得很好，但你选错了对象，自然也达不到沟通的目的。一个团队，谁是负责的人，一个家庭，谁是管事的人，这都需要用心观察。

(4) 必须知道怎么说，就是要掌握沟通的方法。

你知道应该向谁说、说什么，也知道该什么时候说，但你不知道怎么说，仍然难以达到沟通的效果。沟通时要用对方听得懂的语言——包括文字、语调及肢体语言，而你要学的就是透过对这些沟通语言的观察来有效地使用它们进行沟通。

以上四个问题可以用来自我检测，看看你是否能进行有效的沟通。

三、有效沟通的基本法则

彼得·德鲁克说："在现代职场中，你学会沟通，工作起来会比别人幸福，当然也会比别人杰出。"有效沟通的四个基本法则如下。

(一) 沟通是一种感知

禅宗曾提出过一个问题，"若林中树倒时无人听见，会有声响吗？"答曰"没有"。树倒了，确实会产生声波，但除非有人感知到了，否则，就是没有声响。沟通只在有接受者时才会发生。

与他人说话时必须结合对方的实际情况。如果一个经理人和一个半文盲员工交谈，他必须用对方熟悉的语言，否则结果可想而知。谈话时试图向对方解释自己常用的专门用语并无益处，因为这些用语已超出了他们的知觉能力。接受者的认知取决于他的教育背景、过去的经历以及他的情绪。如果沟通者没有意识到这些问题的话，他的沟通将会是无效的。另外，晦涩的语句就意味着杂乱的思路，所以，需要修正的不是语句，而是语句背后想要表达的看法。

有效的沟通取决于接受者如何去理解。例如经理告诉他的助手："请尽快处理这件事，好吗？"助手会根据老板的语气、表达方式和身体语言来判断，这究竟是命令还是请求。德鲁克说："人无法只靠一句话来沟通，总是得靠整个人来沟通。"

所以，无论使用什么样的渠道，沟通的第一个问题必须是："这一讯息是否在接受者的接收范围之内？他能否收得到？他如何理解？"

(二) 沟通是一种期望

对管理者来说，在进行沟通之前，了解接受者的期待是什么尤为重要。只有这样，我们才可以知道是否能利用他的期望来进行沟通，或者迫使他领悟到意料之外的事已然发生。因为我们所察觉到的，都是我们期望察觉到的东西；我们的心智模式会使我们强烈抗拒任何不符合其"期望"的企图，出乎意料的事通常是不会被接收的。

一位经理安排下属主管去管理某个生产车间，但是这位主管认为，管理该车间这样混乱的部门是件费力不讨好的事。经理于是开始了解主管的期望，如果这位主管是一位积极进取的年轻人，经理就应该告诉他，管理生产车间更能锻炼和反映他的能力，今后还可能会得到进一步的提升；相反，如果这位主管只是得过且过，经理就应该告诉他，由于公司的业务重组，他必须去车间，否则只有离开公司。

(三) 沟通产生要求

一个人一般不会做不必要的沟通。沟通永远都是一种"宣传"，都是为了达到某种目的而采取的行为。沟通总是会产生要求，它总是要求接受者要成为某人、完成某事、相信某种理念，它也经常诉诸激励。换言之，如果沟通能够符合接受者的渴望、价值与目的的话，它就具有说服力，这时沟通会改变一个人的性格、价值、信仰与渴望。假如沟通违背了接受者的渴望、价值与动机时，可能一点也不会被接受，或者最坏的情况是受到抗拒。

宣传的危险在于无人相信，这使得每次沟通的动机都变得可疑。最后，沟通的讯息无法为人接受。全心宣传的结果，不是造就出狂热者，而是讥讽者，这时沟通起到了适得其反的效果。例如一家公司员工因为工作压力大、待遇低而产生不满情绪，纷纷怠工或准备另谋高就，这时，公司管理层反而提出口号"今天工作不努力，明天努力找工作"，更加招致员工反感。

(四) 信息不是沟通

公司年度报表中的数字是信息，但在每年一度的股东大会上董事会主席的讲话则是沟通。当然这一沟通是建立在年度报表中的数字之上的。沟通以信息为基础，但和信息不是一回事。信息不是人际间的关系。它越不涉及诸如情感、价值、期望与认知等人的成分，它就越有效力且越值得信赖。信息可以按逻辑关系排列，技术上也可以存储和复制。信息过多或不相关都会使沟通达不到预期效果。而沟通是在人与人之间进行的。信息是中性的，而沟通的背后都隐藏着目的。沟通由于沟通者和接受者认知和意图不同而显得多姿多彩。

尽管信息对于沟通来说必不可少，但信息过多也会阻碍沟通。"越战"期间，美国国防部陷入到了铺天盖地的数据中。信息就像照明灯一样，当灯光过于刺眼时，人眼会瞎。信息过多也会让人无所适从。

德鲁克提出的四个"简单"问题，可以用来自我检测，看看你是否能在沟通时去运用上述法则和方法：一个人必须知道说什么、什么时候说、对谁说、怎么说。

四、保险从业者有效沟通的艺术

沟通者的心态很重要，我们把它概括为三个"心"，即喜悦心、包容心、同理心。喜悦心即在处理人际关系时，要以积极向上的心态去对待，从沟通中寻找到快乐；包容心则是要我们以博大的胸怀去包容他人的失误与不足，从更宽广的角度去看问题；同理心即在沟通中要学会换位思考，将心比心，从而更好地理解他人的需求。

(一) 保险营销人员提升沟通的能力

1. 口头沟通——如何提升表达能力、说服力

一个人的口头沟通能力好坏，决定了他在工作、社交和个人生活中的品质和效益。

(1) 口头沟通三要素：引起对方的注意和兴趣；让对方了解话中的意思；使对方边听边接受并产生行动的意识。

除了三要素之外，还要根据当时的气氛，考虑说话的目的、内容以及话的长短。

(2) 口头沟通，提升表达力的方法：

① 提炼要点：把要表达的资料先过滤一下，并浓缩成几个要点，一次表达一个想法。

② 观念相同：使用双方都能了解的特定字眼、用语。

③ 长话短说：要简明、中庸、不多也不少。

④ 需要确认：要确定对方了解你真正的意思。

(3) 无往不胜的说服法。

说服法包括：提出问题法；举出具体的实例；提出证据；以数字来说明；运用专家或证人的供词；诉诸对方的视、听、触、嗅、味五种感觉。例如：

口头沟通时，多说些正面赞美别人的口头禅，例如："哇！你好厉害哦！"、"哇！太棒了！"、"哇！你真是不简单！"、"哇！你真行！"(避免说些负面刺伤别人的口头禅！)

注意自己的措词，多使用事实陈述，少用情绪性的字眼批评别人或拒绝别人的好意。

2. 学会倾听

倾听是成功的右手，说服是成功的左手。沟通的四大媒介(听、说、读、写)中，花费时间最多的是在听别人说话。

有人统计：工作中每天有四分之三的时间花在言语沟通上，其中有一半以上的时间是用来倾听的。绝大多数人天生就有听力，但听得懂别人说话的能力，则是需要后天学习才会具备。

(1) 倾听别人说话的目的。

首先要给予对方高度的尊重，努力获取信息，用积极的心态面对，享受与人交往的乐趣，尽力收集回馈意见，增进彼此的了解。前美国总统克林顿说："倾听——用你的双耳来说服他人。"

(2) 倾听不良的原因。

外来的干扰；以为自己知道对方要说的是什么；没有养成良好的倾听习惯；听者的生理或心理状况不佳；听者的先入为主的观念。

(3) 培养主动倾听技巧。

深呼吸，从一数到二十；找一个让自己一定要注意听的理由；在脑中把对方的话转换成自己能了解的话；保持目光接触，因为眼睛所在，耳朵会相随。

(4) 以反应知会。

以适当的反应让对方知道，你正在专注地听；目光接触，显露出兴趣十足的模样；适当地微笑一下；用言语响应、用声音参与；说句："哦！"、"哇！"、"真的？"、"是啊！"、"对！"。再配合以肢体语言的响应，如点头、身体向前倾、面孔朝着说话者、换个姿势等。记下一

些重要的内容，并用说明的语句重述说话者刚谈过的话。如："你的意思是不是说……""换句话说，就是……"以回应对方一下。或在心里回顾一下对方的话，并整理其中的重点，也是个不错的技巧。例如："你刚刚说的某某论点都很棒，真的值得学习……"。

(5) 保持良好的心态。

在互动的过程中保持良好的心态很重要，要练习控制好你的情绪，不要情绪反应过度(如打岔、反驳)，要静心听完全部的内容。有不同意见的时候让自己深呼吸，从一数到十五或深呼吸三次，不要轻易否定对方，努力找出一些和对方意见一致之处，求同存异。当然，培养心平气和、冷静客观的心态非一日之功，需要不断地在实践中感受、调整，不断提升自己。

(6) 察觉非语言信息。

在沟通中要注意察言观色，听话同时要注意对方的身体语言、姿势、表情，倾听非语言信息。用"耐心、专心、用心、欢喜心"四心倾听，做一位好听众。

3. 主动提出问题

在学会倾听的前提下，还要善于发现问题，并及时提出问题，让对方自己思考。柏拉图的教学法被称为"究问式"或"问答式"教学法，即教学并不是教师一味的灌输，而是由讲授者提出问题，让对方在回答问题的过程中逐渐发现自己的无知，从而揭露矛盾，促进思考，然后进行分析、判断，最后得出结论。

在保险行业也是这样，保险推销不要用"讲"，而要用"问"。主动的方法应该是提问。推销时应该是80%的时间顾客在说，我们在聆听，然后提问，问关键性的问题。

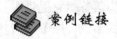 **案例链接**

主动攀谈——与出租车司机聊天

在出租车上，我与司机攀谈，"大哥，您能不能帮我分析一下，现在大家买保险不是特别踊跃的原因是什么？"因为是让他作为一个旁观者来分析，所以他没有压力。你千万不能直接问客户：您买保险了吗？您为什么没买保险？

司机就说："现在单位效益不太好，大家没有闲钱；另外，国家政策也拿不准，谁知道十年二十年后会是什么样。"我立刻同意他的观点："对，对于拿不准的东西我也会考虑考虑。"

然后话锋一转："大哥，听您的口气，好像您对保险也有一些了解，那么您这些保险知识是从哪得来的？"司机就说了："我家门口有一家××人寿的，他总跟我们讲什么一赔几的，有时还让我们买。"

我问："那您听明白了吗？"司机："没听明白，也没注意听。"我问："如果您有一天买保险，会不会去向他们咨询明白？"司机："那肯定会问明白。"

我说："实际上您就是再跟他咨询三天三夜，也未必听得明白，因为保险这个东西看起来简单，实际上非常复杂。买保险有点像去医院看病，一个聪明的病人会选择一家好医院，再选择一个好大夫，然后把病情交给大夫解决就可以了，他不会自己去研究医学。"

"买保险也是这个道理，最科学的方法就是找到一家合适的公司，再找到一个优秀的业务员，然后把您的情况交给他来打理，这样最好！您看我，我现在是××保险公司的合格代理人，做保险已经三年了，获得多次荣誉称号，我现在有客户300多人，其中很多都是咱们这种很投缘的朋友，所以大哥——假如有一天您有保险的需求，我希望能够为您提供优质的服务。"

然后掏出名片，"大哥，这是我的名片，给您留下一张，请多指教。"这样很自然地就留下了名片。等到快下车时，我又说："今天我是第一次来塘沽，觉得咱们特别有缘，如果没有特殊情况，也许两三年我都来不了塘沽，您能不能留个电话，逢年过节咱们也好联系一下？"

这样就留下对方的电话。如果对方不留，说明没有缘分，也不需刻意强求。随机展业一定要相信缘分。有了对方电话，按推销流程应该是电话约访出来谈，但在此之前，最好先打几个寒暄电话，可以这样说："张大哥，您好，我是某某，您最近过得怎么样？我没什么事，就是几天不见，问候问候您，噢，您正在出车，那我就不打扰您了，以后咱们再联系，您多保重呀！再见！"打过几次这样的电话，双方有了感情认可，再约见就容易成功了。

(二) 保险营业大厅柜面人员的沟通服务

保险营业大厅柜面人员首先要树立全心全意为客户服务的意识，拥有积极健康的心态，提高业务水平，提高工作效率，注意时间管理。

1. 角色定位

在服务过程中，要注意角色定位。角色定位主要是要求前台人员在为服务对象提供服务之前，必须准确地确定好在当时特定的情况下，彼此双方各自扮演何种角色。服务人员要确定好自己的角色，设计好自身形象，为客户提供特色服务，并能够根据客户的具体要求不断调整。

2. 双向沟通

双向沟通理论主张以相互交流、相互理解作为前台人员与服务对象彼此之间进行相互合作的基本前提。双向沟通的要点是了解服务对象、建立沟通渠道、重视沟通技巧。

3. 白金法则

白金法则基本内容是在人际交往中，尤其是在服务岗位上，若想获取成功，就必须做到：交往对象需要什么，那么就应当在合法的条件下，努力去满足对方什么。

白金法则告诉我们，在人际交往过程中，注意换位思考，才能更好地理解他人、接受他人，这样才能真正达到有效沟通的目的。

4. 零度干扰

零度干扰是指前台人员在向服务对象提供具体服务的一系列过程之中，必须主动采取一切行之有效的措施，将对方所受到的一切有形或无形的干扰，积极减少到所能够达到的极限，也就是要力争达到干扰为零的程度。

零度干扰的内容包括创造无干扰环境以及保持适度的距离，注意不要打探客户的个人隐私，注意谈话的分寸。

5. 前台人员的语言规范

语言礼仪就是为顾客服务时，根据时间、对象、场合、时效、过程、协助等情况，对服务用语的规范和要求。使用文明用语要求：语言标准、语调柔和、语气谦恭。尤其是当客户有异议的时候，一句文明用语可以大大降低他们的不信任感，减少冲突产生的可能，甚至能够化干戈为玉帛。最常见的八句服务文明用语包括：

◎ 您好，欢迎光临！

◎ 请稍候。

◎ 久等了。

◎ 不好意思。

◎ 明白了。

◎ 对不起。

◎ 谢谢。

◎ 欢迎下次再来！

(三) 学习沟通的艺术

1. 非语言沟通的艺术和技巧

首先，眼睛是灵魂之窗。人的一切情绪、态度和感情的变化，都可以从眼睛里显示出来。在非语言沟通中，眼神居首位，其次才是微笑和点头。

要向说话者保持一定的目光接触，显示正在倾听对方的说话。眼神可以实现各种情感的交流，可以调整和控制沟通的互动程度，可以传送肯定、否定、提醒、监督等讯息。诚恳坚定地看着对方，可以传达出对事情的信心度。

其次，要善用你的姿势、动作进行沟通，还要学习用你的声音作为你沟通的利器，以及注意穿着、装饰的沟通等。

2. 成熟沟通的十大法则

(1) 以开放性的话语问问题。

◎ 关于这个，你还有什么可以告诉我的呢？你觉得，什么是最大的问题呢？

◎ 那表示有什么更重要的事情呢？

◎ 有没有从另一个角度去观察呢？

◎ "××"的反应会是如何呢？

◎ 你觉得，"××"的能力可以负责些什么呢？

(2) 发问明确，针对事情。

◎ 事件究竟是如何发生的？谁需要负责呢？

◎ 在什么时候发生的呢？怎样发生的呢？

◎ 当时的情况是怎样的？最后的结果是什么？

(3) 显示出关心及了解对手的感受。

◎ 你真的感到不开心，是吗？我可以理解你的感受。

◎ 我可以理解这些事是你十分担心的。

◎ 我已经清楚为何你如此沮丧了。

◎ 我可以体会你当时伤心的程度。

(4) 促使对方说得更清楚、明白。

◎ 你可否告诉我这件事的来龙去脉？

◎ 为了让我更容易了解，请你用另一种方式告诉我，好吗？

(5) 专心聆听。

◎ 点头回应：嗯、好、哦、唔……

(6) 倘若你真是做错了，要大方坦白地承认。

◎ 这一点是我错了，我没弄清楚，你是对的，我了解我的错误之处了。

◎ 这样说是有道理的，我应该……谢谢你的指正。

(7) 预留余地，具有弹性，别逼到死角。

◎ 或许，我们可以试试别的办法，这是否是唯一的方法呢？

◎ 倘若采用别的途径又如何呢？可否我们从这个角度来看？

(8) 寻找真相。

◎ 这消息来自哪里？这些数据正确吗？我们有没有征询"××"的意见/忠告？

◎ 我看过另外一些详细的资料，在……我想，这需要做一个新的调查。

(9) 用慈爱式关怀语气引导，表示关心。

◎ 没错！这的确令人气恼，让我们来想想办法。

◎ 没错！真是让人气愤，但我(们)可以……

◎ 你有足够的理由对这事不关心，不过，从另一方来看……

◎ 详细告诉我一切吧！我们可能会找出途径来解决呢？

(10) 成熟式理性：我了解这个决定的内在含意。

◎ 命令式权威：我可以理解到，这对你来说实在是一个很大的顾虑。

◎ 儿童式直接：我希望没有说错什么，而导致你有被骗的感觉。

◎ 成熟式理性：我们已详细讨论过所有的方法，始终觉得这是最好的。

◎ 成熟式理性：或许我们不必急躁地立即作决定，大家分头思考一下，改天再议可能对我们更有利。

第二节　见面与交谈礼仪

 案例引导

保 险 营 销 员

小强在中华人寿公司担任一名业务员，虽然每天都起早贪黑地工作，但收入仍少得可怜。一天，他见到一位令人尊敬的前辈，小强请求前辈为他指点迷津。二人对面而坐，小强先是抱怨工作辛苦，向老者大吐苦水，接着又谈到投保的好处。

老者很耐心地听他把话说完，然后平静地说："你一直沉浸在自我之中自说自话，全然不顾我的感受，也丝毫引不起我投保的兴趣。"小强很沮丧，顿时哑口无言。

　　老者注视着他，接着说道：“人与人之间，像这样相对而坐的时候，一定要从对方的角度考虑问题。要了解对方的需求和兴趣，具备一种强烈的吸引对方的魅力。如果你做不到这一点，将来就没有什么前途可言了。”最后，老者说了一句：“小伙子，先努力改造自己吧。”

　　保险营销人员要提高营销业绩，并不只是要练习营销技巧，以为这样辛苦工作就可以了，更重要的是：要认识自己，要充实自己，沟通是双方互动的过程，要善于换位思考，要首先考虑对方的需求，不断调整，要善于忘我，热心为他人服务，这样业绩自然就会不断提高了。

　　在商务交往中，见面时的礼仪是比较讲究的，首轮效应不可忽视，第一印象非常重要。

一、问候与称呼

　　问候者打招呼也。记住别人的名字，是好人缘的开始。请记住这条规则：一个人的名字，对他来说，是所有语言中最甜蜜、最重要的声音。记住名字的方法，是对照其照片或长相、个性特征等记忆。

　　1. 问候的要求

　　(1) 问候他人的态度应主动、热情、自然、专注。

　　(2) 问候的次序。

　　问候要有顺序，一般来讲“位低者先行”，下级首先问候上级、主人先问候客人、男士先问候女士。

　　(3) 因人因场合而异，采用多标准问候语。在国外女士与男士握手女士可以不站起来；但是在国内，在工作场合是男女平等的。社交场合讲女士优先，尊重妇女。如果和外商打交道时，更惯用的称呼是先生、女士，慎用简称。

　　(4) 问候时要注意语气、声调。

　　2. 称呼的要求

　　称呼是人际交往的第一步，善于称呼对方，迅速记住对方的名字、身份，能迅速拉近人际距离，赢得良好的第一印象，体现出对他人的尊重。

　　(1) 称呼礼仪的原则：礼貌原则；尊崇原则；适度原则。

　　(2) 称呼的方式：职务性称呼；职称性称呼；行业性称呼；学衔性称呼；职业性称呼；或以性别、名字称呼。例如：按照国际惯例，称先生、小姐(未婚)、夫人和太太(已婚)、女士等。

　　(3) 注意事项：不要误读、误会、称呼错误，或使用不当，不合时代、地域的称呼或者绰号。此外，还要注意上下级关系、褒贬关系、主次关系。如果在介绍他人时，不能准确知道其称呼，应问一下被介绍者“请问你怎么称呼？”，否则万一张冠李戴，会很尴尬。介绍时最好先说：“请允许我向您介绍”或“让我介绍一下”、“请允许我自我介绍”。打招呼时男士为先，握手时女士为先。介绍时手掌向上，五指并拢，伸向被介绍者，不能用手指指指点点。当别人介绍到你时，应微笑或握手点头，如果你正坐着，应该起立。

二、握手与致意

1. 握手的礼仪

握手的礼仪也就是行礼的问题。行礼要符合国情，适合社会上的常规。在现代社会我们还是比较习惯于握手。握手表达的含义是友好、问候、欢迎和祝贺。

(1) 握手的顺序。

握手时第一要讲伸手的前后顺序。"尊者居前"，尊者先出手；主人和客人握手，客人来时主人先出手，客人走时客人先出手。

社交场合，女士优先，男士要等女士先伸手，否则，男士点头鞠躬致意即可，不可主动去握住女士的手。男士同女士握手，不宜握得太紧太久，但是商务场合男女士不分先后。

(2) 握手的方式。

右手握手，手要洁净、干燥和温暖。先问候再握手；握手时，对方伸出手后，我们应该迅速地迎上去；站着握手，目光礼貌注视对方，不要旁顾他人他物；握手时用力要适度，应握得稍紧而不能有气无力或用力过度，时间 3 秒以内为宜。

一般关系，一般场合，双方见面时稍用力握一下即可放开；关系亲密，场合隆重，双方的手握住后应上下微摇几下，以表现出热情。握手时，双目注视对方，微笑致意，不要看着第三者握手；多人同时握手时注意不要交叉。男子在握手前应先脱下手套、摘下帽子。

按照西方的传统，位尊者和妇女可以戴手套握手。作为主人，主动、热情、适时握手是很有必要的，这样做可以增加亲切感。

(3) 握手的忌讳。

握手的禁忌包括：握手一般不能用左手，不能戴墨镜，不应该戴帽子，一般不戴手套；与异性握手时不能双手去握；握手时还要避免上下过分地摇动。与外国人见面时，对方怎样握，相应地配合就可以了。

2. 致意的礼仪

致意，是指施礼者向受礼者点头、微笑或挥手、脱帽等以表达友好与尊重。致意的规则与握手的规则基本相同，地位尊者优先。致意的方式包括微笑、起立、举手、点头、欠身、脱帽致意等。

(1) 举手致意：一般不必出声，只将右臂伸直，掌心朝向对方，轻轻摆一下手即可，不要反复摇动。举手致意，适于向较远距离的熟人打招呼。

(2) 点头致意：适于不宜交谈的场所，如在会议、会谈进行中，与相识者在同一场合见面或与仅有一面之交者在社交场合重逢，都可以点头为礼。点头致意的方法是头微微向下一动，幅度不大。

(3) 欠身致意：全身或身体的上部微微向前一躬。这种致意方式表示对他人的恭敬，其适用的范围较广。

(4) 脱帽致意：与朋友、熟人见面时，若戴着有檐的帽子，则以脱帽致意最为适宜。即微微欠身，用距对方稍远的一只手脱帽子，将其置于大约与肩平行的位置，同时与对方交换目光。致意时要注意文雅，一般不要在致意的同时向对方高声叫喊，以免妨碍他人。致意的动作也不可以马虎，或满不在乎。而必须是认认真真的，以充分显示对对方的尊重。

三、介绍与名片

1. 介绍礼仪

介绍礼仪包括自我介绍礼仪、介绍他人礼仪、业务介绍礼仪。

自我介绍礼仪：尽量先递名片再介绍，自我介绍时要简单明了，一般在1分钟之内，内容规范，按场合的需要把该说的说出来。

介绍他人：

(1) 介绍人。不同的介绍人，给客人的待遇是不一样的，我们专业的讲法是三种人：一是专职接待人员，如秘书、办公室主任、接待员；二是双方的熟人；三是对于贵宾，要由主人一方职务最高者介绍。

(2) 介绍的先后顺序。"尊者居后"，男先女后、年轻先年老后，主先客后，下先上后，如果双方都有很多人，要先从主人方的职位高者开始介绍。

业务介绍有两点要注意：一是要把握时机，在销售礼仪中有一个零干扰的原则，就是你在工作岗位上向客人介绍产品的时候，要在客人想知道或感兴趣的时候再介绍，不能强迫服务，破坏对方的心情；二是要掌握分寸，该说什么不该说什么要明白。一般来说业务介绍要把握三个点：第一是人无我有，同类产品中别人没有我有；第二是人有我优，我有质量和信誉的保证；第三是人优我新。

2. 名片礼仪

交换名片的礼仪包括下面一些内容：

(1) 名片的递交方式：各个手指并拢，大拇指轻夹着名片的右下，使对方好接拿。双手递给客户，将名片的文字方向朝客户。

(2) 拿取名片时要双手去拿，拿到名片时轻轻念出对方的名字，以让对方确认无误；如果念错了，要记着说对不起。拿到名片后，要放置到自己的名片夹中。

(3) 同时交换名片时，可以右手提交名片，左手接拿对方名片。不要无意识地玩弄对方的名片，不要当场在对方名片上写备忘事情。上司在旁时不要先递交名片，要等上司递上名片后才能递上自己的名片。

(4) 送名片的礼仪：应起身站立，走向对方，面含笑意，以右手或双手捧着或拿正面面对对方，以齐胸的高度不紧不慢地递送过去；与此同时，应说"请多关照"、"请多指教"、"希望今后保持联络"等。同时向多人递送名片时，应由尊而卑或由近而远。

(5) 接受名片的礼仪：要起身站立，迎上前去，说"谢谢"；然后，务必用右手或双手并用将对方的名片郑重地接过来，捧到面前，念一遍对方的姓名；最后，应当着对方的面将名片收藏到自己的名片夹或包内，并随之递上自己的名片。忌讳：用左手接，接过后看也不看，随手乱放，不回递自己的名片等。

四、保险商务交谈礼仪

交谈是商务谈判活动的中心活动。而在圆满的交谈活动中，遵守交谈礼仪是十分重要的。商务交谈是有效沟通的一种，但商务交谈的角度有所不同，是以商谈业务为目的的沟通。

(一) 商务交谈礼仪的要求

1. 尊重对方，谅解对方

在交谈活动中，只有尊重对方、理解对方，才能赢得对方感情上的接近，从而获得对方的尊重和信任。因此，谈判人员在交谈之前，应当调查研究对方的心理状态，考虑和选择令对方容易接受的方法和态度；了解对方讲话的习惯、文化程度、生活阅历等因素对谈判可能造成的种种影响，做到多手准备，有的放矢。交谈时应当意识到，说和听是相互的、平等的，双方发言时都要掌握各自所占用的时间，不能出现一方独霸的局面。

2. 及时肯定对方

在谈判过程中，当双方的观点出现类似或基本一致的情况时，谈判者应当迅速抓住时机，用赞美的言词，中肯地肯定这些共同点。赞同、肯定的语言在交谈中常常会产生异乎寻常的积极作用。当交谈一方适时中肯地确认另一方的观点之后，会使整个交谈气氛变得活跃、和谐起来，陌生的双方从众多差异中开始产生了一致感，进而十分微妙地将心理距离接近。当对方赞同或肯定我方的意见和观点时，我方应以动作、语言进行反馈交流。这种有来有往的双向交流，易使双方谈判人员感情融洽，从而为达成一致协议奠定良好基础。

3. 态度和气，语言得体

交谈时要自然，要充满自信。态度要和气，语言表达要得体。手势不要过多，谈话距离要适当，内容一般不要涉及不愉快的事情。

4. 注意语速、语调和音量

在交谈中语速、语调和音量对意思的表达有比较大的影响。交谈中陈述意见要尽量做到平稳中速。在特定的场合下，可以通过改变语速来引起对方的注意，加强表达的效果。一般问题的阐述应使用正常的语调，保持能让对方清晰听见而不引起反感的高低适中的音量。

(二) 商务交谈的原则和技巧

1. 交谈的原则

谈吐，作为一门艺术，是礼仪的重要组成部分。交谈的原则表现为诚恳、亲切的态度；礼貌、大小适宜的声音；平和沉稳的语调，体现出对他人的尊重。

2. 谈吐礼仪要求

(1) 谈吐礼仪基本要求。

称呼、交谈内容得当，用语文明；语气诚恳，语调柔和，语速适中，吐字清楚；称呼多用敬称，少用别称、昵称，尽量不要直呼其名；谈话内容是双方共同感兴趣的，避免对方短处、弱点；发问时，多谈大家，少谈自己，避免自吹自擂或诉苦或苛责他人；交谈时有问必答，不轻易打断他人，不随意开玩笑、打呵欠、看手表等。

(2) 日常会谈应对法则。

保持适当距离；恰当地称呼他人；学会倾听；合理控制情绪；学会以对方为中心；赞美拉近距离；沉默是金；学会游说的艺术等。

3. 交际用语

初次见面应说：幸会；看望别人应说：拜访；等候别人应说：恭候；

请人勿送应用：留步；对方来信应称：惠书；麻烦别人应说：打扰；

请人帮忙应说：烦请；求给方便应说：借光；托人办事应说：拜托；

请人指教应说：请教；他人指点应称：赐教；请人解答应用：请问；

赞人见解应用：高见；归还原物应说：奉还；求人原谅应说：包涵；

欢迎顾客应叫：光顾；老人年龄应叫：高寿；好久不见应说：久违；

客人来到应用：光临；中途先走应说：失陪；与人分别应说：告辞；

赠送礼物应用：雅赠。

4. 保险行业服务用语

(1) 文明用语示例：

◎ "您好，请问我能为您做些什么吗？"

◎ "请稍等。"

◎ "对不起，让您久等了。"

◎ "请您到 XX 柜台办理。"

◎ "真对不起，现在人很多，请排队等一会儿。"

◎ "请收好保险凭证。"

◎ "这项业务我们暂时还没有开办，实在抱歉！"

◎ "让我给您介绍一下保险条款中的有关内容，好吗？"

◎ "欢迎您购买中国人寿财险险种。"

◎ "谢谢，欢迎您再来。"

(2) 服务忌语示例：

◎ "不是告诉你了吗？怎么还不明白！"

◎ "你保不保，不保就别问！"

◎ "手续不全，不办！"

◎ "怎么刚保了就退，真麻烦！"

◎ "着什么急，没看见我正忙着吗！"

◎ "我的态度就这样，你能怎么样！"

◎ "要下班了，不办了，明天来！"

◎ "不能赔就是不能赔，你说再多也没用！"

◎ "急什么，等批下来再说！"

 **案例链接**

随机应变，进退自如

客户如果情绪不好，保险营销员很可能成为他的出气筒，下面是保险营销员经历的一件尴尬的会面。

有一次，我去拜访一个老板，进屋发现他正在那焦头烂额地整理东西，对我视而不见。我当时坐也不是站也不是走也不是，灵机一动，决定以不变应万变，在原地一动不动站了一分钟，然后冲老板一鞠躬说："老板，那我就告辞了。"老板条件反射地问我，"哎，怎么刚来就走？"

我说："我从报纸上看到介绍您的文章，非常敬佩您，我今天的任务就是过来看您这个成功人士一分钟。现在时间已经到了，所以我得走了。"老板一听哈哈大笑："天下还有这样的业务员，小伙子，你是干什么的？"这样，我就和他搭上了话，如果他不理我，我也会冠冕堂皇地走掉。

面子是别人给的，脸是自己丢的，被拒绝得没有面子说明你还不够成熟，保险营销员的心理素质需要很雄厚才行，要会随机应变，巧用话术。

(三) 交谈禁忌

1. 令人讨厌的行为

◎ 经常向人诉苦，包括个人经济、健康、工作情况，但对别人的问题却不予关心，不感兴趣。

◎ 唠唠叨叨，只谈论鸡毛蒜皮的小事，或重复一些肤浅的话题及一无是处的见解。

◎ 态度过分严肃，不苟言笑，或缺乏投入感，悄然独立。

◎ 言语单调，喜怒不形于色，情绪呆滞。

◎ 以自我为中心，反应过敏，语气浮夸粗俗。

◎ 过分热衷于取得别人好感。

2. 损害个人魅力的言行

◎ 不注意自己说话的语气，经常以不悦而且对立的语气说话。

◎ 应该保持沉默的时候偏偏爱说话或打断别人的话。

◎ 滥用人称代词，以至在每个句子中都有"我"这个字。

◎ 以傲慢的态度提出问题，给人一种只有他最重要的印象。

◎ 在谈话中插入一些和自己有亲密关系、但却会使别人感到不好意思的话题。

◎ 在不适当时刻打电话。

◎ 不管自己了不了解，随意地对任何事情发表意见。

◎ 公然质问他人意见的可靠性。

◎ 在别人的朋友面前说一些瞧不起他的话。

◎ 指责和自己意见不同的人。

◎ 当着他人的面，指正部属和同事的错误。

◎ 请求别人帮忙被拒绝后心生抱怨。

◎ 措词不当或具有攻击性。

◎ 当场表示不喜欢。

◎ 老是想着不幸或痛苦的事情。

◎ 对政治或宗教发出抱怨。

◎ 表现过于亲密的行为。

3. 社交十不要

◎ 不要到忙于事业的人家去串门，即便有事必须去，也应在办妥后及早告退，也不要失约或做不速之客。

◎ 不要为办事才给人送礼。礼品与关心亲疏应成正比，但无论如何，礼品应讲究实惠，切不可送人"等外"、"处理"之类的东西。

◎ 不要故意引人注目，喧宾夺主，也不要畏畏缩缩，自卑自贱。

◎ 不要对别人的事过分好奇，再三打听，刨根问底；更不要去触犯别人的忌讳。

◎ 不要拨弄是非，传播流言飞语。

◎ 不能要求旁人都合自己的脾气，须知你的脾气也并不合于每一个人，应学会宽容。

◎ 不要服饰不整，肮脏，身上有难闻的气味。反之，服饰过于华丽、轻佻也会惹得旁人不快。

◎ 不要毫不掩饰地咳嗽、打嗝、吐痰等，也不要当众修饰自己的容貌。

◎ 不要长幼无序，礼节应有度。

◎ 不要不辞而别，离开时，应向主人告辞，表示谢意。

(四) 保险推销员推销语言

1. 推销语言的基本原则

(1) 以顾客为中心原则。

(2) "说三分，听七分"的原则。

(3) 避免使用导致商谈失败语言的原则。

(4) "低褒感微"原则。

(5) 通俗易懂、不犯禁忌原则。

2. 推销语言的主要形式

(1) 叙述性语言。语言要准确易懂，提出的数字要确切，强调要点。

(2) 发问式语言(或提问式)。提问方式包括一般性提问、直接性提问、诱导性提问、选择性提问、征询式提问、启发式提问。

(3) 劝说式语言(或说服式)打动顾客的四条原则：人们从他们所信赖的推销员那里购买；人们从他们所敬重的推销员那里购买；人们希望由自己来做决定；人们从理解他们需求及问题的推销员那里购买。

3. 推销语言表示技巧

(1) 叙述性语言的表示技巧：对比介绍法；描述说明法；结果、原因、对策法；起承转合法；特征、优点、利益、证据。

推销员在叙述内容的安排上要注意：先说易解决的问题，然后再讲容易引起争论的问题；如果有多个消息要告诉用户，应先介绍令客户喜悦的好消息，再说其它；谈话内容太长时，为了引起客户格外注意，应把关键内容放在结尾，或放在开头；尽量使用顾客的语言和思维顺序来介绍产品，安排说话顺序，避免将自己准备好的话一股脑说下去，要注意顾客的表情，灵活调整；保持商量的口吻，避免用命令或乞求语气，尽量用以顾客为中心的词句。

(2) 发问式语言的表示技巧。提出问题，发现顾客需要，是诱导顾客购买的重要手段。有人说，推销是一门正确提问的艺术，颇有道理。发问式语言的表示技巧包括：根据谈话目的选择提问形式；巧用选择性问句，可增加销售量；用肯定性诱导发问法，会使对方易于接受；运用假设问句，会使推销效果倍增。

(3) 劝说式语言的表示技巧包括：运用以顾客为中心的句式、词汇；用假设句式会产生较强的说服效果；强调顾客可以获得的利益比强调价格更重要。

4. 保险推销员应对顾客拒绝的技巧

保险推销员经常会遇到顾客拒绝的问题。在此我们应树立正确的心态，掌握处理拒绝的原则和常用方法。

拒绝可以说是人的习惯行为，人们对于陌生的人或事都会有疑问、有本能的抵触心理。但是只要开始谈话，即使是对方表示拒绝，我们也可以看做是成交的开始，随机应变，若能将谈话进行下去，或许就会赢得转机。一个成功的案例，就可能是多次的拒绝加上最后的促成而构成的。

(1) 处理顾客拒绝的正确心态。

不要把"拒绝"或"反对"看作失败，而要把它当作学习经验的过程；要把"拒绝"提供的信息当作我们修正的方向和达成目标的最佳反馈；把"拒绝"看作练习营销技巧以及完善自我表现的机会；把"拒绝"视为成功过程的必备部分并从"拒绝"甚至讽刺中快速发展出幽默。

(2) 处理顾客拒绝的基本原则。

面对客户的拒绝，应当遵循的基本原则以及心态包括：诚实恳切，仔细聆听；深具信心，泰然自若；表示理解，绝对不与顾客争辩；灵活机智，提出方案，随机应变；不要强求。

(3) 处理顾客拒绝的基本步骤。

◎ 认真听取，探明真相。

◎ 复述顾客提出的异议。

◎ 回答顾客之前应有短暂停顿。

◎ 回答顾客提出的异议。

面对拒绝，可以尝试同顾客聊他可能感兴趣的话题或先谈一些与保险无关的话题，以缓和气氛；或者询问拒绝的原因，弄清这个反对意见是否有根据，是否是顾客的一个借口。如果这个反对意见符合实情，就要鼓励顾客说出来。如果顾客不愿意谈，就用他愿意的方法，沿着他希望的思路重复一遍反对意见。用"那么这就是真正的原因"或"喔，是这样吗？"等套话使面谈转入正题。当顾客态度一时难以改变时，可以要求互换名片，争取下一次的拜访。

 **案例链接**

保险培训师尹志红讲解"鸡蛋成交法"

客户说："我有十几万的存款，现在门面房每个月又有几千元的利润，我觉得有什么风险我都能应付，我们小康之家不买保险一样可以过日子。"

第一步，先同意客户的观点："张先生，您这么成功，我也相信，您不买保险一样可以过日子，但不买保险有时就稍稍有一点遗憾……"

客户问："什么遗憾？"

业务员站起来，把客户家里的电冰箱打开了，从里面取出一枚鸡蛋，说："张先生，保险其实非常简单——没有保险的人生，在时就像这只鸡蛋，一年365天中364天都没事，唯独有那么一天，这只鸡蛋一失手掉在地上，会怎么样？"(说完一放手，鸡蛋"啪"地掉在地上)——摔个稀巴烂！

"这只鸡蛋孵出来经过了很多天，很不容易，但是掉在地上一下子就完蛋了。事业有时就像这只鸡蛋一样，百年成之不足，一日败之有余。"

"而有了保险的人生，就相当于这只乒乓球。"说着，业务员又从展业包里拿出一只乒乓球，"同样是一年365天都没事，唯独有那么一天，这只乒乓球一失手掉在地上，会怎么样？(说完一放手，乒乓球掉下去又弹起来)——它会给您一个反弹的机会和本钱！这就是保险呀。"——这就是美国友邦业绩第一名的夏船名震上海滩的"鸡蛋成交法"！

讲到这里，还不是最佳的促成时机，一定要停顿一下，给客户一个思考的机会，然后再跟上："张先生，您注意到没有，为什么我们坐的椅子有四条腿而不是三条腿？为什么这间房子的四角要有四根柱子，都是为了保险；为什么您的钱包里面要放几百块钱，实际上您今天出门可能只需要二百块，为什么要带四五百？也是为了保险起见以防万一嘛。也就是说，在您的生活中，时时处处都离不开保险，请问您为什么说您不需要保险呢？"

客户一想有道理呀！然后业务员接着说："张先生，我知道您奋斗到今天是很不容易，您就是我们这一代人的楷模，而且您也很想保住您拥有的东西。但是人生路上风雨无常，谁也无法预测明天将发生什么样的事情。一旦风险和疾病来临的时候，张先生，像您这么聪明的人，是愿意选择作这只鸡蛋，还是这只乒乓球呢？"

就这样，你就可能签下一张保单。但是鸡蛋成交法有一个限制，比如你今天要拜访10个客户，总不能带10个鸡蛋吧——一个月下来，保险不做了，改卖鸡蛋了！

没有鸡蛋的情况下怎么成交，你就要学会保险生活化，用信手拈来的小道具来促成。比如前几天，我去谈一笔业务，对方就说，小康之家，不买保险一样可以过日子。此时本来该用鸡蛋成交法了，但手头又没有鸡蛋，和我一起去的同事就看着我窃笑：尹志红，看你这次怎么成交？！

我当时灵机一动，看到手边客户递给我的茶杯——有了！我说："老板，您这么有钱，不买保险一样可以过日子，我绝对相信。只是不买保险有时会有一点遗憾……"说着，我就把桌上的茶杯拿起来，"没有保险的人生，有时就像这只茶杯，一年365天中364天都没事，唯独有那么一天，一失手掉在地上，这只茶杯会怎么样？摔得粉碎！"

"这只茶杯做出来经过了很多道工序，很不容易，但是掉在地上一下就完蛋了。事业有时就像这只茶杯一样，百年成之不足，一日败之有余。但是您设想一下，假如在这只茶杯外面包上一层泡沫呢？(说着，我又从口袋里掏出一条手帕，包在杯子外面。)平时使用的时候，有泡沫的杯子和没泡沫的杯子没有任何区别，但是一旦失手，茶杯掉下去，这个包着泡沫的杯子因为有保护，就不会摔碎。茶杯外面包的这层泡沫，就是保险！"这就是茶杯成交法，真正的保险生活化！

第三节　电话礼仪

 **案例引导**

如何做一名出色的销售员

这是卡耐基毕业后的第一次应聘。在国际函授学校丹佛分校经销商的办公室里，戴尔·卡耐基正在应征销售员工作。

经理约翰·艾兰奇先生看着眼前这位身材瘦弱、脸色苍白的年轻人，忍不住先摇了摇头。从外表看，这个年轻人显示不出特别的销售魅力。他在问了姓名和学历后，又问道："干过推销吗？""没有！"卡耐基答道。"那么，现在请回答几个有关销售的问题。"

约翰·艾兰奇先生开始提问："推销员的目的是什么？""让消费者了解产品，从而心甘情愿地购买。"戴尔不假思索地答道。艾兰奇先生点点头，接着问："你打算对推销对象怎样开始谈话？""'今天天气真好'或者'你的生意真不错'。"艾兰奇先生还是只点点头。

"你有什么办法把打字机推销给农场主？"戴尔·卡耐基稍稍思索一番，不紧不慢地回答："抱歉，先生，我没办法把这种产品推销给农场主，因为他们根本就不需要。"艾兰奇高兴得从椅子上站起来，拍拍戴尔的肩膀，兴奋地说："年轻人，很好，你通过了，我想你会出类拔萃的！"艾兰奇心中已认定戴尔将是一个出色的推销员，因为测试的最后一个问题，只有戴尔的答案令他满意。

真正优秀的推销员，推销的是对方需要的产品，而不是推销对方不需要的产品。

一、电话基本礼仪

(一) 拨打电话的礼仪

1. 重要的第一声

打电话给某单位时，若一接通，就能听到对方亲切、优美的招呼声，心里一定会很愉快，对该单位会有较好的印象。在电话中只要稍微注意一下自己的行为就会给对方留下完全不同的印象。同样说："你好，这里是 XX 公司"，如果声音清晰、悦耳、吐字清脆，给对方留下好的印象，对方对其所在单位也会有好印象。接电话时，应有"代表单位形象"的意识。

2. 要有喜悦的心情

打电话时要保持良好的心情，这样即使对方看不见你，也会从你欢快的语调中受到感染，给对方留下极佳的印象。由于面部表情会影响声音的变化，所以即使在电话中，也要抱着"对方看着"的心态去应对。

3. 清晰明朗的声音

打电话过程中绝对不能吸烟、喝茶、吃零食，即使是懒散的姿势对方也能够"听"得出来。

4. 挂电话前的礼貌

要结束电话交谈时，一般应当由打电话的一方提出，然后彼此客气地道别，说一声"再见"，再挂电话，不可只管自己讲完就挂断电话。

(二) 接电话的礼仪

1. 及时接电话

一般来说，在办公室里，电话铃响三遍之前就应接听，三遍后就应道歉："对不起，让你久等了。"如果受话人正在做一件要紧的事情不能及时接听，代接的人应妥为解释。如果既不及时接电话，又不道歉，甚至极不耐烦，就是极不礼貌的行为。尽快接听电话会给对方留下好印象，让对方觉得自己是受到尊重的。

2. 确认对方

对方打来电话，一般会自己主动介绍。如果没有介绍或者你没有听清楚，就应该主动问："请问你是哪位？我能为您做什么？您找哪位？"但是，人们习惯的做法是，拿起电话听筒盘问一句："喂！哪位？"这在对方听来，陌生而疏远，缺少人情味。接到对方打来的电话，您拿起听筒应首先自我介绍："你好！我是某某某。"如果对方找的人在旁边，您应说："请稍等。"然后用手掩住话筒，轻声招呼你的同事接电话。如果对方找的人不在，您应该告诉对方，并且问："需要留言吗？我一定转告！"

3. 讲究艺术

接听电话时，应注意使嘴和话筒保持 4 厘米左右的距离；要把耳朵贴近话筒，仔细倾听对方的讲话。最后，应让对方先挂电话，然后轻轻把话筒放好。不可"啪——"地一下扔回原处，这极不礼貌。

4. 调整心态

当您拿起电话听筒的时候，一定要面带笑容。不要以为笑容只能表现在脸上，它也会藏在声音里。亲切、温情的声音会使对方马上对我们产生良好的印象。如果绷着脸，声音会变得冷冰冰。最好用左手接听电话，右手边准备纸笔，便于随时记录有用信息。

(三) 接打电话需注意

(1) 接打电话的时候不能叼着香烟、嚼着口香糖；说话时，声音不宜过大或过小，应做到吐词清晰，保证对方能听明白。

(2) 要选好时间。打电话时，如非重要事情，尽量避开受话人休息、用餐的时间，而且最好别在节假日打扰对方。

(3) 要掌握通话时间。打电话前，最好先想好要讲的内容，以便节约通话时间，不要现想现说，"煲电话粥"。通常一次通话不应长于 3 分钟，即所谓的"3 分钟原则"。

(4) 要态度友好。通话时不要大喊大叫，震耳欲聋。

(5) 要用语规范。通话之初，应先做自我介绍，不要让对方"猜一猜"。请受话人找人或代转时，应说"劳驾"或"麻烦您"，不要认为这是理所应当的。

(6) 在接电话时切忌使用"说！""讲！"，这是一种命令式的语态，会让人难以接受，又不礼貌。也许自己工作繁忙，时间紧张，希望对方直截了当，别浪费时间，但这种硬邦邦的电话接听方式显得过于粗鲁无礼，有一种盛气凌人的气势，给人的感觉是"有什么话快说！"

(7) 使用手机时应当注意场合、防止噪音、安全第一、巧用短信、遵守法律、不宜借用、置放到位。

二、职场电话礼仪

接听电话要迅速，语言要礼貌、亲切、规范、简练、平和、耐心。

1. 保险公司电话规范用语示例

(1) "您好，中国某某保险公司。"

(2) "对不起，让您久等了。"

(3) "请问您找谁？"

(4) "请您稍等。"

(5) "对不起！他在开会。"或"对不起，他出去了。"

(6) "对不起，我正在接听一个很重要的电话，过一会儿打给您。"

(7) "对不起，我马上有重要的事情要办，过一会儿打给您。"

(8) "这里是中国人寿财险公司，您打错电话了。"

(9) "再见。"

2. 职场电话礼仪注意事项

使用规范应答语的同时，电话机旁应准备好纸笔进行记录；确认记录下的时间、地点、对象和事件等重要事项；若接听到错打来的电话，应礼貌地说明情况，并请对方重新确认电话号码。

接听到不清楚找谁的来电，应礼貌地说明情况，并热情地为对方转接给相关人员；接转领导的电话时，应问清对方的单位、姓名和事由，征求领导意见是否接听，避免领导受无意义的电话干扰；重要岗位人员应确保手机 24 小时畅通；因己方原因造成通话中断，应及时恢复通话，并向对方致歉；与人会谈时尽量避免接听电话，如需接听电话，应先向对方致歉；如不方便接电话应向对方致歉，请对方稍等；电话交谈中应注意礼节，使用礼貌语言。

办公职场内，包括走廊上、电梯间等，电话交谈时音量适中，以对方听清楚为宜，不要大声喧哗；电话交谈中应注意表情和体态，调整好自己的情绪，确保语音清晰，语调平和；办公环境中，应将座机和手机音量调至最小声；打接电话，轻拿轻放；工作时间应避免私人电话。

三、保险公司电话销售礼仪

电话销售要求销售员具有良好的讲话技巧、清晰的表达能力和一定的产品知识。语言文字的组合即词汇选用与说话方式，是思想和产品的载体。一个优秀的电话销售人员，会善于运用声音、词汇及说话方式的力量影响并带动客户的思维反应，将客户的注意力转移到有利于自己的方向上面来。

电话作为一种方便、快捷、经济的现代化通信工具，日益普及，当前中国城市电话普及率已达 98%以上。最新调查表明，居民家庭电话除了用于和亲朋好友及同事间的一般联系外，正越来越多地运用在咨询和购物方面，有 65%的居民使用过电话查询和咨询业务，有 20%的居民使用过电话预订和电话购物。现代生活追求快节奏、高效率，电话销售作为一种新时尚正走进千家万户。

(一) 电话销售及形式

1. 电话销售的概念

电话销售是以电话为主要沟通手段，借助网络、短信、电子信件递送等辅助方式，通过专用电话营销号码，以公司名义与客户直接联系，并运用公司自动化信息管理技术和专业化运行平台，完成公司产品的推介、咨询、报价以及产品成交条件确认等主要营销过程的业务。

电话销售，意味着需要拨打电话给陌生人，如果没有充分的把握和一定的技巧，电话销售很难成功。电话销售人员需要具有"七种武器"，包括准确的客户定位、全面的企业资料、敏锐的判断能力、灵活的提问形式、礼貌的摆脱方式、精确的人物判断、合理的访问理由。

2. 电话销售的功能

电话销售有很多功能，有些是可以直接通过电话销售完成订单的，比如单纯的电话销售、会议邀请、电话调查等；有些时候电话销售只是参与其中的一部分，还需要配合其他销售手段，比如说产品推广及报价就需要配合相应的 DM、E-DM、大众营销等，电话销售只是充当了临门一脚的角色。还有的电话销售只是起到信息采集或者过滤的角色，比如说销售机会挖掘、订单处理等。

作为保险公司的电话销售人员，通过拨打电话，可以直接搜集新客户的资料并进行沟通，开发新客户；通过电话与客户进行有效沟通了解客户需求，寻找销售机会并完成销售业绩；维护老客户的业务，挖掘客户的最大潜力；定期与合作客户进行沟通，建立良好的长期合作关系。

3. 电话销售的形式

从形式上来看，电话销售可分为两种：

直接销售，即完全意义上的电话销售，100%的订单都是通过电话来完成的；

辅助销售，即辅助式的电话销售，电话销售只起到挖掘销售线索、处理订单、跟进客户、服务等的作用，需要有外部销售人员来配合，共同完成订单。

这两种销售形式基本上都要经过这样一个过程：明确客户对象与销售目标，必要的培训和心理准备，充分准备资料数据，创造有吸引力的开场白，激发客户的购买欲望，合适地结束电话。

(二) 充分的心理准备

1. 电话销售中良好的推销心态

电话销售的过程也是自我营销的过程。要做好营销，就要调整和塑造自己的良好心态。以下三个方面的心态是比较重要的。

(1) 融入的心态。

人都具有社会属性，大家彼此需要，只有共同努力，互相帮助，才会共同发展。如果在打电话的时候总是想"你爱买不买，你不买我的产品，自然有人买，我们又不是一个产品都卖不出去"的话，就是没有一颗融入的心。应当有这样的心态：要让客户买保险，这对彼此都有帮助，因为保险是一件双赢的事情，是为客户分担风险的。客户是不了解才不买的，其实不买才是损失呢。有了这样的心态才能感染他人，这就是融入的心态。

(2) 舍得的心态。

电话营销是基层比较辛苦的工作，正因为如此，肯于吃苦能够付出的人，才能积累丰富的工作经验，有舍才会有得。公司为业务员做训练和辅导的领导人都是精通业务的高手，都是有经验的经理人，很多人都是从基层开始做起的。最关键的是他们都是社会中营销业务成果显著的人士，他们是最会说话、最会电话沟通的人。通过电话营销可以锻炼更有效的说话沟通方式。

通过电话销售业务，我们会学到书本中学不到的东西：可以学到与人相处的能力，可以学到人际关系技能，可以学到怎样做一个受欢迎的人，可以学到说话的艺术和技巧；可以学到克服障碍、赢得谈判的技巧，可以学到怎么在电话中打扮自己、营销自己……做电话销售学到的东西，不仅会在公司里有用，到社会上依然是我们的立身之本，因此要有舍得心。

(3) 实践的心态。

电话销售业务不是一种学问，而是一种经验和实战。如果我们不拿起话筒、不遭逢几次很受伤的拒绝，我们就不容易放下架子来学习和实践这些看似小学常识一样的东西。职业精神就是职业者要潜心实践培养技能，直至技艺超群。

每个电话营销人员需要处理海量的客户线索，要根据自己的分类习惯对线索进行分类管理，养成耐心细致的工作习惯。电话营销员往往会碰到态度极其恶劣的客户，或者成功率很低，经常遭受拒绝，这就需要很好的心理承受力，需要在实践中锻炼。

2. 拨打营销电话时的心理准备

(1) 建立好的第一印象。

别再以"我可以打扰你几分钟吗？"作为开头，因为它已使用过滥。一开始先要报上你的姓名，然后再问："现在是不是方便？"任何时候接到推销电话都是不方便的时间，他们会问你为什么打电话来，这就暗示你可以继续说话了。

(2) 直接、诚实。

如果你真的在进行电话销售，就千万不要说"我不是要推销产品"或者"我在进行一项调查"。人都是相信诚实的，因此要采取比较诚实而幽默的方式，例如："这是一个推销电话，我想你不会挂电话吧？"

(3) 说明你的优势。

你应该说明你的产品如何能帮助顾客解决问题，这样他才会购买产品。你的说明必须涵盖该产品所能解决的 2～3 个问题。举例来说，你可以说："针对像您这样在一汽购车的客户，我们特别推出了一项车险的优惠活动"，等等这些对你的新顾客而言，可能是很重要的。

(4) 找出顾客的关键问题。

一旦顾客指出他们的首要问题，你就要立刻去了解这个问题。只有当你彻底了解对方的特殊问题时，你才有可能为他提供解决方案。

(5) 确保面对面接触的机会。

你可以争取与对方见面的机会。当对方决定与你见面时，电话销售就算完成。

总之，作为一名保险公司的电话营销人员，应当具备的职业能力包括：口齿清晰，普通话流利，语音富有感染力；对销售工作有较高的热情；具备较强的学习能力和优秀的沟通能力；性格坚韧，思维敏捷，具备良好的应变能力和承压能力；有敏锐的市场洞察力，有强烈的事业心、责任心和积极的工作态度；对自己的产品有信心，对自己有信心。

(三) 电话营销的技巧和话术

1. 电话营销的技巧

(1) 必须清楚你的电话是打给谁的。

每一个保险销售员，不要认为打电话是很简单的一件事，在电话营销之前，一定要把客户的资料搞清楚，更要搞清楚你的客户是有采购决定权的。

(2) 语气要平稳，吐字要清晰，语言要简洁。

在电话销售时，一定要使自己的语气平稳，让对方听清楚你在说什么，尽量讲标准的普通话。进行电话销售时语言要尽量简洁，说到产品时一定要加重语气，引起客户的注意。

(3) 电话目的明确。

很多销售人员，在打电话之前根本不认真思考，也不组织语言，结果打完电话才发现该说的话没有说，该达到的销售目的没有达到。电话营销一定要目的明确。

(4) 在 1 分钟之内把自己和用意介绍清楚。

在电话结束时，一定别忘了强调你自己的名字。比如：某某经理，和你认识我很愉快，希望我们合作成功，我叫某某某，我会经常和你联系的。

(5) 做好电话记录工作，及时跟进。

电话销售人员打过电话后，一定要做记录，并总结，把客户分类。

2. 电话销售流程

如果仅凭借经验、热情、努力和勤奋，电话销售无法获得实在业绩。成功需要方法，电话销售需要明确的技能，可操作的技巧，可以应用的流程，这才是达成电话销售的核心。成功的电话销售有三个阶段，每个阶段需要对应的技能包括：

(1) 引发兴趣。引发电话线另一端潜在客户的足够兴趣，在没有兴趣的情况下是没有任何机会、也没有任何意义介绍要销售的产品的。这个阶段需要的技能是对话题的掌握和运用。

(2) 获得信任。在最短时间内获得一个陌生人的信任需要高超的技能，以及比较成熟的个性。只有在信任的基础上开始销售，才有可能达到销售的最后目的——签约。这个阶段需要的技能就是获得信任的具体方法和有效起到顾问作用争取权威位置来赢得潜在客户的信任。

(3) 有利润的合约。真正地激发客户的需求，在有效地获得潜在客户对自己问题的清醒认识前提下的销售，才是有利润的销售，也才是企业真正要追求的目标。这个阶段需要的技能则是异议防范和预测、有效谈判技巧、预见潜在问题的能力等。

3. 结束电话的技巧

好的结束语是一次高质量的通话的关键要素之一。结束语应该考虑到以下几个方面：

(1) 进一步也是最后的主动提供帮助，这样就给了客户一个询问其他问题或者提出其他服务请求的机会。同时，也让客户觉得客户服务代表很有耐心，并没有着急要挂断电话的意思。此外，这样做也可以有效减少客户因对答案或解决方案没有把握或者有其他的问题没有来得及询问而引起的重复来电。

(2) 感谢与客户通电话，这样让客户感到企业非常注重并且很愿意跟客户沟通。在跟客户说再见之前，再一次报出企业的名称，不断加深客户对企业品牌形象的认知与印象，尤其是当客户刚刚经历了一次愉悦的服务体验的话，更会加深企业品牌的服务内涵。

4. 电话营销技巧

在打电话之前做好充分的准备。在给潜在客户打电话时，应调整好自己的思路，对产品知识有充分了解，有一套模式，对不同问题有不同的应对方式。当你拨打的电话铃响起之时，应该尽快集中自己的精神，暂时放下手头正在做的事情，以便你的大脑能够清晰地处理电话带来的信息或商务。打电话时必须做到以下几点：

(1) 随时记录。打电话时，左手拿话筒，在右手边用纸和铅笔随时记下所听到的信息。如果你没做好准备，而不得不请求对方重复时，会使对方感到你心不在焉、没有认真听他说话；并且，一天要打那么多电话，凭记忆是没有办法记住每个客户说过的话的，而且做好记录也方便你以后再次电话跟进情况。

(2) 自报家门。找到你所要找的人之后，对方一拿起电话，你就应礼貌问好，之后清晰地说出自己的全名，然后是自己所在企业名称，之后告诉对方，你是做什么的，你能为他提供怎样的服务；同样，一旦对方说出其姓名，你可以在谈话中不时地称呼对方的姓名。

(3) 转入正题。在讲电话过程中，语言要简洁明了，不要啰嗦或拖延时间，做完自我介绍之后，立即进入正题，加速商务谈话的进展。因为时间很宝贵，别人没时间听你闲聊。要根据自己所在服务公司的产品，了解对方企业或个人的情况，发现对方的潜在需求；要站在对方的角度去思考和看待问题，找出问题的解决方案。

(4) 适时促成交易。当你为对方介绍产品后，对方可能会说考虑一下或跟上级商量一下，你应该说过两天再给他电话。打电话跟进时，问他考虑得怎么样，主要考虑哪些方面的问题。最后促成交易。

5. 电话营销话术

电话营销很容易受到拒绝，要想把谈话进行下去，又不去否定客户，需要一定的经验和使用有效的话术。举例如下：

(1) "你说的产品我知道了，就算想买现在也没钱。"

电话销售技巧："是的，陈先生，我相信只有您最了解公司的财务状况，是吧？而我们这套系统能帮助您更好地节约成本、提高绩效。你一定不会反对吧。"

(2) "我真的没有时间。"

电话销售技巧："事实证明，您能把这个企业发展成这样的规模，就证明您是一位讲效率的人。我在想：您一定不会反对一个可以帮助贵公司更好地节约成本、节省时间、提高工作效率的系统被您所认知，是吧？"

(3) "你这是在浪费我的时间。"

电话销售技巧："如果您看到这个产品会给您的工作带来一些帮助，您肯定就不会这么想了。很多顾客在使用了我们的产品后，在寄回的"顾客意见回执"中，对我们的产品都给予了很高的评价，真正帮助他们有效地节省了费用，提高了效率。"

 实训指导 ✦✦✦✦✦✦✦✦✦✦✦✦✦✦✦✦✦✦✦

实训主题：保险客户接待场景模拟演练。

情景模拟 1：顾客来电接待。

情景模拟 2：顾客来访接待。

情景模拟 3：业务成交接待。

情景模拟 4：顾客异议处理接待。

实训要求：以小组为单位，进行情景演练。

实训方式：情景模拟，评价总结，找到差距，不断改进。

实训总结：

(1) 顾客来电接待。

注意使用普通话；提高专业知识；前后语言保持一致，注意语气语调；直接询问客户是否有正规工作是否合适？直接询问客户的年龄是否合适？注意"请"、"请您"、"非常高兴为您服务"等用语的使用；注意客户询问意图；直接询问收入是否合适？注意留下客户联系方式；注意角色定位，约定时间应由客户来定。

(2) 顾客来访接待。

需改善的方面：声音应该洪亮些；缺乏询问；应主动让客人就座；注意目光注视、交流，注意微笑；语速过快，服务过程中要讲普通话；递送文件文字正面应朝向客户方向，方便客户阅读；服务中应规范服务动作，避免小动作太多；介绍时忌用手指，最好用签字笔。

(3) 与客户成交的接待。

需改善的方面：注意微笑服务；注意问候的时效性；保持和客户的距离；对成交客户应表示感谢；问候切忌生硬，应先请客户入座。

(4) 顾客异议接待。

需改善的方面：注意倾听，先安抚客户的情绪；应对客户表示理解和关心；关心要适宜，注意语言表达；从能让客户理解的角度出发交流。

职业素养 ✦✦✦✦✦✦✦✦✦✦✦✦✦✦✦✦✦✦✦

1. 工作的四层境界

谋生——人首先要解决吃饭，有份工作来生存，这是工作的基础阶段。

事业——当吃饭不是问题，工作慢慢成为事业，变成精神上的追求和取得成就感。

快乐——工作着是快乐的，感到工作充满乐趣。

忘我——自己与工作完全融为一体，工作已是生活不可分割的组成部分。

2. 卡瑞尔解除忧虑的万灵公式

卡瑞尔万灵公式，其内容是指，唯有强迫自己面对最坏的情况，在精神上先接受了它以后，才会使我们处在一个可以集中精力解决问题的地位上。

威利·卡瑞尔年轻时曾是纽约水牛钢铁公司的一名工程师。卡瑞尔到密苏里州去安装一架瓦斯清洁机。经过一番努力，机器勉强可以使用了，然而，远远没有达到公司保证的质量。他对自己的失败感到十分懊恼，简直无法入睡。后来，他意识到烦恼不能解决问题。于是，想出了一个不用烦恼解决问题的方法，这就是卡瑞尔公式。

第一步，找出可能发生的最坏情况是什么——充其量不过是丢掉差事，也可能老板会把整个机器拆掉，使投下的 20000 块钱泡汤。

第二步，让自己能够接受这个最坏情况。他对自己说，我也许会因此丢掉差事，那我可以另找一份；至于我的老板，他们也知道这是一种新方法的试验，可以把 20000 块钱算在研究费用上。

第三步，有了能够接受最坏的情况的思想准备后，就平静地把时间和精力用来试着改善那种最坏的情况。他做了几次试验，终于发现，如果再多花 5000 块钱，加装一些设备，问题就可以解决了。结果公司不但没有损失 20000 块钱，反而很快就达到了目标。

如果你有了烦恼，你可以用卡瑞尔的万灵公式，按照以下三点去做：

一、问你自己，可能发生的最坏情况是什么？

二、接受这个最坏的情况，做好准备迎接它。

三、镇定地想办法改善最坏的情况。

 阅读指导 ✦✦✦✦✦✦✦✦✦✦✦✦✦✦✦✦✦✦

选择的力量——选择你的性格

许多许多年前，一位智慧的哲人说：

"如果我们一定要表达不同意的话，就让我们以一种不让人讨厌的方式不同意。"

如果人们选择"以一种不让人讨厌的方式表达不同意见"的话，他们就会发现，他们的生活会快乐得多，当他们投入工作的时候，他们的感觉要舒服得多，当他们与人交往的时候，他们也会表现得轻松自在得多。他们会觉得肩上卸下了一副重担，因为他们不再需要同周围的人、事作斗争。相反的，他们会更愿意去理解别人、倾听他们的意见。

如果我们愿意运用选择的力量，使我们的生活变得愉快而有意义，家庭变得快乐和谐，甚至世界各国也可以把由他们组成的家庭世界变成快乐的大家庭。这是不是听起来过于美妙显得不真实了？我们有这种能力——如果我们选择这样做的话，我们就能做到。

为什么这么自信？如果你去听交响乐，你能看到什么？一百多个人同时在演奏一支大型的曲子。如果你观察的再仔细些，你就会发现许多、许多不同种的乐器。在演奏过程中，每种乐器都发出一种它特有的声音，为整支曲子的演奏贡献一份力量。不同的乐器——是的，但是不和谐——一点儿都没有。每个演奏者都是在为整体的良好效果而演奏——没有冲突——所有的一切都显得很和谐。每个演奏者都希望这支曲子成为他演奏过的最完美的曲子，并在演奏过程中感受到一种快乐，当曲子演奏快要结束的时候，每个人心底都升起一股自豪感。

如果再仔细地去分析一下的话，你会发现，每个人都选择了在这个乐团演奏，每个人都选择了他所正在用的乐器演奏。每个人都选择了和其他人保持一致。每个人都选择了能做多好就做多好。每个人都选择了跟着指挥棒走，因为在演奏过程中，它自始至终起着引导的作用。

我们也能做到这一点。上天赋予了我们这个能力。上天赋予了我们一种最伟大的力量——选择的力量。上帝是爱我们的。他希望我们和睦相处。是的，我们有很多不同点。不同的风俗，不同的食物，不同的爱好，不同的语言——但是并没到无法相处的地步，只要我们不以令人讨厌的方式表达我们的不同意见。

选择的力量——选择平静

心灵的平静是智慧美丽的珍宝，它来自于长期、耐心的自我控制。具备心灵的安宁意味着一种成熟的经历以及对于思想规律与运转的一种不同寻常的了解。

一个人能够保持镇静的程度与他对自己的了解息息相关。人是一种思想不断发展变化的生物，了解自己首先必须通过思考了解他人。当他对自己有了正确的理解，并越来越清晰地看到事物内部存在的相互间的因果关系，他就会停止大惊小怪、勃然大怒、忐忑不安或是悲伤忧虑，他会永远保持处变不惊，泰然处事的态度。

镇静的人知道如何控制自己，在与他人相处时能够适应他人，而别人反过来会尊重他的精神力量，并且会以他为楷模，依靠他的力量。一个人越是处事不惊，他的成就、影响力和号召力就越是巨大。即使是一个普通的商人，如果能够提高自我控制和保持沉着的能力，那他就会发现自己的生意蒸蒸日上，因为人们一般都更愿意和一个沉着冷静的人做生意。

坚强、冷静的人总是受到人们的爱戴和尊敬。他像是烈日下一棵浓荫片片的树，或是暴风雨中抵挡风雨的岩石。"谁会不爱一个安静的心灵，一个温柔敦厚的生命？"

无论是狂风暴雨还是艳阳高照，无论是沧海巨变还是命运逆转，一切都没有关系，因为这样的人永远都是安静、沉着、待人友善。我们称之为"静稳"的可爱的性格是人生修养的最后一课，是生命盛开的鲜花，是灵魂成熟的果实。

 复习思考 ★★★★★★★★★★★★★★★★★

1. 职场电话礼仪注意事项有哪些？
2. 保险公司电话销售礼仪要求有哪些？
3. 谈谈你对有效沟通的理解，联系实际，谈谈你是如何运用的。

第五章 保险从业者工作礼仪

 案例引导

微 笑 值 万 金

阿切尔是德国营销寿险的顶尖高手，年收入高达百万美元。他成功的秘诀是：拥有一张令顾客无法拒绝的笑脸，而他那迷人的笑脸是长期苦练出来的。

阿切尔原来是德国一名家喻户晓的职业棒球球员，年纪大了以后想改行做保险推销员。凭他的知名度，本以为应聘会不在话下，却遭到了拒绝。人事经理说："保险公司营销员必须有一张迷人的笑脸，而你却没有！"听了经理的话，他并不气馁，而是立志苦练笑脸。他每天在家放声大笑百次，邻居都以为他因为失业而发神经呢。为免误解，他干脆躲到卫生间练习。过了一段时间又去应聘，对方还是觉得不行。

阿切尔还是没有泄气，仍旧继续苦练，他搜集了许多公众人物迷人的笑脸照片，贴满屋子，以便随时观摩。又一次去应聘，对方还是冷淡地说："比以前有进步，不过还是不够吸引人。"毕竟是有名的职业体育人，有着锲而不舍的坚持力，阿切尔还是不放弃，回家后又加紧练习。邻居都说他变了，散步时见到大家很自然的微笑，热情打招呼。充满信心的他又跑去见经理，可经理说："不错，但还不是发自内心的笑。"

倔强的阿切尔仍不放弃，又回去苦练，终于悟出"发自内心如婴儿般天真无邪的笑容"，最终成为德国营销寿险的顶尖高手。

第一节 职场工作举止礼仪

职场工作举止礼仪要求举止文明、优雅体现出敬人之心。所谓举止文明，是要求举止自然、大方，简单、明了，并且高雅脱俗，体现出自己良好的文化教养。所谓举止优雅，是要求举止规范美观，得体适度，不卑不亢，符合规范。所谓敬人，则是要求举止礼敬他人，可以体现出对对方的尊重、友好与善意。职业工作中应注意的举止礼仪主要涉及表情、目光、微笑、手势、引领、出入等。

一、工作手势及引领礼仪

服务工作中的手势，在服务过程中有着重要的作用，它可以加重语气，增强感染力。大方、恰当的手势可以给人以肯定、明确的印象和优美文雅的美感。

(一) 工作规范的手势

1. 工作中使用手势的基本原则

(1) 使用规范化的手势。

规范的手势应当是手掌自然伸直，掌心向内向上，手指并拢，拇指自然稍稍分开，手心向上，肘微弯曲，手腕伸直，使手与小臂成一直线，肘关节自然弯曲，大小臂的弯曲以140度为宜。在出手势时，要讲究柔美、流畅，做到欲上先下、欲左先右，避免僵硬死板、缺乏韵味，同时配合眼神、表情和其他姿态，使手势更显协调大方。(图 5-1-1)

(2) 注意区域性差异。

(3) 手势宜少忌多。

图 5-1-1

2. 工作中常用手势

(1) 横摆式。

用于请和介绍他人时使用。做法是：手抬到中腰处，向体侧打手势，用外侧手，目光看着对方。在表示"请进"、"请"时常用横摆式。五指并拢，手掌自然伸直，手心向上，肘微弯曲。头部和上身微向伸出手的一侧倾斜，另一手下垂或背在身后，目视宾客，面带微笑，表现出对宾客的尊重、欢迎。

(2) 双臂横摆式。

当来宾较多时，表示"请"可以动作大一些，采用双臂横摆式。两臂从身体两侧向前上方抬起，两肘微曲，向两侧摆出。指向前进方向一侧的臂应抬高一些，伸直一些，另一手稍低一些。

(3) 斜摆式。

访客人落座时，手势应摆向座位的地方。手要先从身体的一侧抬起，到高于腰部后，再向下摆去，使大小臂成一斜线，当来宾较多时，采用双臂动作。

(4) 直臂式。

用于给宾客指方向时，手指并拢，手臂高抬，抬到肩的高度时停止，肘关节基本伸直，指出方位。要求手到、眼到、语言到。

(二) 引领礼仪

引领礼仪也叫引路或带路。在自己的工作岗位上服务于他人时，经常需要引导服务对象。陪同引领服务对象时，通常应注意以下几点：

(1) 礼貌性打招呼。

(2) 本人所处的方位。

居于对方左前方一米左右的位置，礼貌性语言加手势。若双方并排行进时，工作人员应居于左侧。(国际惯例右为上)若双方单行行进时，则服务人员应居于左前方一米左右的位置。当服务对象不熟悉行进方向时，一般不应请其先行，也不应让其走在外侧。

(3) 协调的行进速度。

在陪同引领客人时，本人行进的速度须与对方相协调，切勿我行我素，走得太快或太慢。

(4) 及时的关照提醒。

陪同引导服务对象时，一定要处处以对方为中心。每当经过拐角、楼梯或道路坎坷、照明欠佳之处时，须关照提醒对方留意。避免因沉默让对方茫然无知或不知所措。 陪同引导客人时，有必要采取一些特殊的体位。请对方开始行进时，应面向对方，稍许欠身。在行进中与对方交谈或答复其提问时，应以头部、上身转向对方。

(5) 上下楼梯的引领。

应走在楼梯的外侧，将楼梯扶手一侧让于顾客、客人、领导。并先行在前，若楼梯宽度仅能容纳一人，则男性先行。

二、乘坐电梯与出入房门的礼仪

(一) 乘坐电梯

等候电梯时站在电梯的里侧，空出电梯的外侧便于客人行走。乘坐电梯要牢记"先出后进"。一般的规矩是里面的人出来之后，外面的人方可进去。否则出入电梯时人一旦过多了，会出现混乱的场面。电梯门打开后，上、下电梯的顺序依次为：客人(顾客)、公司领导、员工。进入电梯后，应主动往里走，以便乘载更多的人。在关闭电梯门时，如有人匆忙赶来或请求等候时，应礼貌地按住"开门"键，待所有人上梯后再关闭电梯门。电梯到达目的地时，应让出通道，让客户、领导及外来人员先行下梯。电梯内禁止大声交谈。要照顾来客，工作人员在乘电梯时碰上了并不相识的客人时，也要以礼相待，请对方先进先出。

若是负责陪同引导对方时，则乘电梯时还有特殊的要求：乘坐无专人驾驶电梯，工作人员须先进后出，以便控制电梯。乘坐的若是有人驾驶的电梯，则工作人员应后进后出。(图5-1-2)

图 5-1-2

(二) 出入房门礼仪

进入或离开房间时，进出房门的这一细节千万不要小视。需要认真注意的地方有：

(1) 要先通报。在出入房门时，尤其是在进入房门前，一定要采取叩门、按铃的方式，向房内之人进行通报。贸然出入而不置一词，往往会惊扰于人。

(2) 要以手开关。出入房门时，务必要用手来开门或关门。在开关房门时，用肘部顶、用膝部拱、用臀部撞、用脚尖踢、用脚跟蹬等做法，都不宜所用。

(3) 要面向他人。出入房门，特别是在出入一个较小的房间，而房内又有自己的熟悉之人时，最好是反手关门、反手开门，并且始终注意面向对方，而不是以背部相对于对方。

(4) 要后入后出。与他人一起先后出入房门时，为了表示自己的礼貌，工作人员一般应当自己后进门、后出门，而请对方先进门、先出门。

(5) 要为人拉门。有时，尤其是在陪同引导他人时，保险服务工作人员还有义务在出入房门时替对方拉门。在拉门时，要注意分析具体情况，该拉就拉，该推则推。但在拉门或推门后须使自己处于门后或门边，而不宜无意之中挡道拦人。

(6) 开门次序

① 向外开门时，先敲门，打开门后把住门把手，站在门旁，对客人说"请进"并施礼。进入房间后，用右手将门轻轻关上。请客人入座，安静退出。此时可用"请稍候"等语言。

② 向内开门时，敲门后，自己先进入房间。侧身，拉住门把手，对客人说"请进"并施礼。轻轻关上门后，请客人入座后，安静退出。客人来访或遇到陌生人时，我们应使用文明礼貌语言。

三、鞠躬礼仪

鞠躬礼仪是内在修养的外在体现，鞠躬也是表达敬意、尊重、感谢的常用礼节。鞠躬时应从心底发出对对方表示感谢、尊重的意念，从而体现于行动，给对方留下诚实的印象。

(一) 行礼的距离

行鞠躬礼一般在距对方2～3米的地方。

在与对方目光交流的时候行礼，且行鞠躬礼时必须真诚地微笑。

(二) 欠身礼及应用

欠身礼：头颈背成一条直线，目视对方，身体稍向前倾。贵宾经过你的工作岗位时，问候并行欠身礼；给客人奉茶时行欠身礼。

(三) 15度鞠躬礼及应用

头颈背成一条直线，双手自然放在裤缝两边(女士双手交叉放在体前)，前倾15度，目光约落于体前1.5米处，再慢慢抬起，注视对方。在公司内遇到贵宾时，行15度鞠躬礼；领导陪同贵宾到工作岗位检查工作时，起立，问候，行15度鞠躬礼；行走时遇到客人问讯时，停下，行15度鞠躬礼，礼貌回答；在公司内遇到高层领导，问候，行15度鞠躬礼。

(四) 30度鞠躬礼及应用

头颈背成一条直线，双手自然放在裤缝两边(女士双手交叉放在体前)，前倾30度，目光约落于体前 1 米处，再慢慢抬起，注视对方。迎接客人(公司大门口、电梯门口、机场)

时，问候并行 30 度鞠躬礼；在会客室迎接客人时，起立问候，行 30 度鞠躬礼，待客人入座后再就座；欢送客人时，说"再见"或"欢迎下次再来"，同时行 30 度鞠躬礼。目送客人离开后再返回；在接受对方帮助表示感谢时，行 30 度鞠躬礼，并说"谢谢！"；给对方造成不便或让对方久等时，行 30 度鞠躬礼，并说"对不起！"；向他人表示慰问或请求他人帮助时，行 30 度鞠躬礼；前台服务人员接待客人：当客人到达前台 2～3 米处，应起立并行 30 度鞠躬礼、微笑问候；楼层服务人员接待客人：当客人出电梯口时，应起立问候并行 30 度鞠躬礼，必要时为客人引路或开门。

第二节　保险公司内部礼仪

 **案例引导**

使对方一开始就说"是"

这是戴尔·卡耐基毕业后的第一份推销员工作。经过艰辛的劳作，戴尔·卡耐基终于取得了初步成功，卖出了一套教学课程。

一天，戴尔吃过早餐后，在回到住处的路上，刚好有一位架线工人在电线杆上作业，忽然他的钢丝钳掉到了地上。戴尔把它捡起来，抛给这位工人。"先生，干这个可真不容易。"戴尔找机会与架线工人搭讪。"那还用说，既艰苦又危险！"架线工人漫不经心地应道。"我有个朋友也干这行，但他却觉得很轻松！""他觉得轻松？！""是的，不过他以前也同你的看法一样，轻松地转变只是近期的事！"卡耐基继续说："有一门课程，他学了以后，工作起来就容易多了。"戴尔·卡耐基终于说服那名架线工答应购买一套电机工课程。

我们与对方矛盾的激化往往是第一次就形成了，结果大家都不肯彼此让步，于是关系越来越糟糕。假如我们能让对方一开始就说"是"，一开始就认可我们，对我们有个好印象，那么以后的相处就容易多了。

一、办公室礼仪

(一) 公司内部关系处理

同事之间如非常熟悉或得到对方许可，则可直称其名，但不应在工作场合中叫对方的小名、绰号，如"帅哥"、"美女"或"好好先生"等。因为这些称呼含有玩笑意味，会令人觉得不庄重，在工作场合也不应用肉麻的话来称呼别人，如"亲爱的"，"老大"等。

别人招呼你时，应立刻有所回应，即使正在接听电话也应放下话筒，告诉他你在接听电话，待会儿就来。不要留待事后解释，以免增加困扰及误会。公司内部关系处理基本要求体现在以下这些方面：

1. 在工作环境的维护方面

要注意人文环境、空间环境和声音环境等，保持空气清新、环境优雅与安静等。与同事相处是要注意保持分寸，遵守关于私密空间的规定，如亲密距离、个体距离和社会距离等的运用。

2. 与同事和领导相处方面

与同事相处，要注意团结合作，学会积极配合，遇到同事矛盾，力争化解矛盾为宜。与领导相处，要注意维护领导权威；正确应对批评；工作中的信息及时反馈。在日常工作中，应讲求信用，养成良好的为人处世习惯，摒弃"以我为主"、"自以为是"的不良作风。

3. 沟通礼节

每个人都很重视自己的名字，初入职场的新人，应尽快地记住同事以及自己沟通交往过的人的名字和职务，切忌叫错或叫混。

(二) 办公室个人礼仪

1. 办公桌及办公用品

办公桌面要保持整洁，桌面上摆放的个人物品不得超过三件，下班前须整理桌面物品；切忌擅自取用他人办公桌上的书籍或办公用品，甚至满不在乎地把借来的东西又转借他人。因工作需要，借用了他人的书籍、办公用品或其他物品，必须尽快而且完好地归还；归还如剪刀等锋利物品时，切勿把锋利的一端或尖端对着他人；借用他人或公司的物品，使用后及时送还或归放原处，如有损坏按价赔偿，并致歉意；领导接听电话或有客人来访时，应主动回避；办公用品、公共设施、共享的大型办公桌等应保持干净、整齐、美观、舒适、大方；文件、文档摆放有序；打印机、复印机使用符合规范；随手关水龙头、关灯、电源；不乱放杂物、不随意吃零食、喝饮料。

2. 与同事及时打招呼

在办公室内你应向经过你办公桌的人主动打招呼，无论他们的身份是同事或者是老板，都要一视同仁。领导或贵宾经过你的工作岗位或到你所在职场检查工作时，应起立，面带微笑点头行礼表示致意。看见有人经过你的身旁而不打招呼，是十分无礼的。对于周围的同事和较熟悉的同事，更应保持有礼、和善的态度，不论早上进公司、中午休息吃饭或晚上离开公司都要打招呼，千万不要"来无影、去无踪"。离开办公室时，应记住向主管报告，询问是否还有吩咐然后再离开。对于上司，态度要礼貌周到，若接近其身边，要站好后再打招呼；而一般熟悉的同事之间则不必拘束，可以用互相了解及喜欢的方式打招呼。

3. 保持安静讲卫生

在办公区内，安静的办公环境是保证职员工作效率的前提之一。因此，说话的音量应保持适度，切忌旁若无人地大声喧哗，或交头接耳地窃窃私语；如无必要的工作联系，不随意进入其他职场区域；须保持职场卫生，不允许将食物带入职场；职场内不可吸烟，吸烟应到指定吸烟区域；就餐及上电梯时，须按顺序排队，保持间距，彼此谦让，主动帮助他人，禁止插队，如中途有事离开重新回到队伍中需重新排队；在公共场所行走时注意与他人保持适度距离与空间，避免挤压到他人，给他人造成不适；在职场园区通行，要保护绿化环境，不践踏花草，不占用车道；节约资源，养成绿色环保的办公习惯。

4. 洗手间礼仪

遇到同事不要刻意回避，尽量先打招呼；千万不要装作没看到把头低下，给人不爱搭理人的印象；尽量不要与上司在同一时间上洗手间，注意避让；注意不要在洗手间议论同事。

5. 工作礼仪

不要将工作和个人生活混在一起。如果必须在工作中处理私人事情，尽量到中午就餐时处理，不要在工作时安排朋友到您的办公室中来拜访。不要滥用有权利使用的东西，不要把各种情绪带到办公室。不要在办公室里大声喧哗，不要不打招呼进入别人办公室。不要打断别人谈话，不要抱怨、发牢骚或讲些不该讲的故事。

在电梯里遇见老板时，要主动大方地向他打招呼，不宜闪躲或假装没看见。若只有你和老板两人在电梯内，也可聊一些普通的事或简单地问候一下。万一他的反应十分冷淡或根本不理，那么以后见面只需礼貌地打声招呼即可。最好不要与老板在电梯内谈论公事，以免使人讨厌。在拥挤的电梯内，如果没有人说话，最好也不要开口。若遇到同事向你打招呼或是目光相遇，应适时地点头、微笑，甚至回应，视而不见是最要不得的。老板招呼你时，你要客气地回答"是的，老板(潘总)"，"是的，先生"。

二、会议及接待礼仪

(一) 会议礼仪

申请会议室等公共资源须按流程办理，如申请时间发生冲突，要服从管理人员的安排，并尊重服务人员；会议迟到者必须向主持人行 15 度鞠躬礼表示歉意，会议中途离开者必须向主持人行 15 度鞠躬礼示意离开；与会者必须提前 5 分钟到达会场；进入会场后，应将一切通讯工具调至无声状态；参加大会，应尽量靠前就座；会议进程中，应集中注意力听会，不要交头接耳或出现其他与会议无关的行为；会议进程中如确有必要接听电话时，接听人应轻身起立离开会场，到场外接听，不得妨碍他人；会议期间不要频繁出入会场；主持人或发言者上台讲话前，必须向与会者行 30 度鞠躬礼。

会议进程中，应集中注意力，不干扰他人发言，若要发言，则应等待时机，不可随意发表评论；应详细记录会议讨论的重点和其他与会者的意见；若有不明白的地方，可于适当时机要求发言者给予解答；主持人或发言者讲完话，应向与会者行 30 度鞠躬礼，与会者应鼓掌回礼；散会后，应将座椅推放整齐，并将喝茶用的纸杯或饮料瓶等收拾好；公共会议室使用完毕后，须整理好物品，确保设备无损坏。

(二) 接待礼仪

1. 接待客人

提前做好接待准备，提前十分钟在约定地点等候，客人来到时应主动迎上，初次见面的还应主动作自我介绍，并引领客人至接待处，安置好客人后，奉上茶水或饮料。

2. 引领

在为客人引导时，应走在客人左前方二、三步前，让客人走在路中央，并适当地做些介绍；在楼梯间引领时，让客人走在右侧，引路人走在左侧，拐弯或有楼梯台阶的地方应使用手势，提醒客人"这边请"或"注意楼梯"。

3. 开门

向外开门时，先敲门，打开门后拉住门把手，站在门旁，对客人说"请进"并施礼，进入房间后，用右手将门轻轻关上，请客人入座；向内开门时，敲门后，自己先进入房内，侧身，把住门把手，对客人说"请进"并施礼，轻轻关上门后，请客人入座。

4. 奉茶

客人就座后应迅速上茶，上茶时应注意不要使用有缺口或裂缝的茶杯(碗)。茶水的温度应在七十度左右，不能太烫或太凉，应浓淡适中，沏入茶杯(碗)七分满。来客较多时，应从身份高的客人开始沏茶，如不明身份，则应从上席者开始。在客人未上完茶时，不要先给自己人上茶。

5. 送客

送客时应主动为客人开门，待客人走出后，再紧随其后；可在适当的地点与客人握别，如电梯(楼梯)口，大门口，停车场或公共交通停车点等；如果需要拜访他人，拜访前应事先与对方沟通，并约好会面时间，应尽量避免突然造访；若因急事来不及事先通知对方，见到对方时，应首先致歉，说明原因；约好拜访时间后，应准时赴约，不要早到或迟到。若因紧急事由不能如期赴约的，要尽快通知对方，并致歉；访谈应提高效率，达到沟通交流目的即可，避免过多打扰对方。

三、保险服务礼仪基本理论

服务礼仪主要是指服务人员在各自工作岗位上应当遵守的行为规范。内容包括：仪容规范、仪表规范、仪态规范、语言规范。

服务礼仪基本理论是服务人员在学习礼仪过程中必须了解的。服务礼仪基本理论是对服务礼仪及其运用过程的高度概括，能让服务人员更好、更准确地领悟服务礼仪，在实践应用中更加得心应手。

主要包括以下准则：角色定位准则、双向沟通准则、敬人三要素准则、首因效应、亲和效应、末轮效应、零干扰理论。

(一) 角色定位

角色定位要求服务人员在提供服务以前，应准确定位双方各自扮演的角色。从而为服务对象提供相对到位的服务。要点包括：确定角色、设计形象、特色服务、不断调整。

例如自我形象设计，服务人员在进行自我形象设计前必须清楚知道自己应当被定位于服务人员的角色，所以应以朴实、大方、端庄、美观为第一要旨，其一切所为——仪容、仪表、仪态等都不能与之相违背。

(二) 双向沟通

双向沟通是有效沟通的基础，其核心思想是，以互相理解作为服务人员与服务对象彼此之间进行相互合作的基本前提。

(三) "3A" 法则

"3A"法则也是敬人三要素，具体包括：

◎ Accept：接受服务对象；

◎ Appreciate：重视服务对象；

◎ Admire：赞美服务对象。

"3A"法则就是在服务过程中，能够接受对方、重视对方和赞美对方。

(四) 首因效应

首因效应的核心点是一个人在日常生活中初次接触某人、某事、某物时产生的即刻的客观印象。要点包括：

1. 第一印象

人的第一印象至关重要，甚至往往会决定一切。虽然第一印象仅仅是一种初步的了解和判断，但实际上它却往往起着使人际交往继续或者停止的重要作用。

2. 心理定势

人们一旦对某人、某事、某物产生第一印象后，就会形成心理定势，一时难以逆转。所以我们必须意识到，与其让不良的第一印象形成后再去补救和挽回，倒不如努力做到留给外界美好的第一印象。

3. 制约因素

人们对于某人、某事、某物形成的第一印象主要来自彼此双方交往、接触之初所获取的某些重要信息，以此为根据对对方作出即刻的判断。这些重要信息即为形成第一印象的主要制约因素。应采取一切可能的、有效的措施，促使这些制约因素发挥积极作用。

(五) 亲和效应

亲和效应是人们在交往中，因为彼此之间存在某些共同之处或近似之处而感到更容易亲近对方，这种亲近让交往的双方亲密感加强，从而双方之间更加容易沟通和体谅。

(六) 末轮效应

末轮效应要求人们在塑造单位或个人整体形象时，必须有始有终。应用末轮效应理论，抓好服务的最后环节应从两方面着手：

(1) 在最后环节为服务对象提供使用设备、用具和物品时要力臻完善。

(2) 服务人员要始终保持微笑，尽心尽力为客户服务，特别在收尾时能够笑脸相送。

(七) 零干扰理论

服务行业与服务人员在为服务对象提供服务的过程之中，必须主动采取一切行之有效的措施，积极地将对方所受到的一切有形或无形的干扰减少到最低程度，力争达到零干扰的程度。

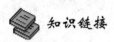 知识链接

平安保险公司的礼仪文化

平安礼仪是企业文化的重要组成部分，1998年12月平安董事长马明哲提出以"微笑"和"鞠躬"为核心内容的平安礼仪。经过几年的推广实践，平安礼仪已经成为独具特色的平安企业文化的重要组成部分，成为平安品牌的鲜明标识之一，并逐渐成为平安系统四十多万员工自觉的行为规范。平安礼仪是平安"一致性和差异性"品牌战略的重要组成部分，推广平安礼仪要做到标准化、系统化、一致化，经过持久推行落实，最终形成平安品牌的

差异化。遵守、自律、敬人、真诚、平等为平安礼仪的五项原则，是每一位员工都要自觉遵守的。

平安礼仪之星，是由平安礼仪推广小组组织举办，面向平安全系统员工开展，以微笑为主题，以加深员工对平安礼仪文化的认识，进一步改善员工服务意识和态度，增强品牌美誉度，增进团队凝聚力，关爱员工心灵健康，减缓压力为目标的平安礼仪之星评选活动——"微笑·魅力平安"中国平安礼仪之星大赛，于每年1季度开赛4季度结束，评选礼仪先进个人并由集团予以表彰。

平安礼仪的具体要求、规范包括：晨迎礼仪、晨会礼仪、仪表礼仪、仪态礼仪、鞠躬礼仪、邮件礼仪、电话礼仪、会议礼仪、接待及拜访礼仪、职场礼仪以及社交礼仪等，并有专职的培训师为新入职的员工进行培训指导。

第三节　保险公司柜面服务礼仪

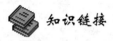 **知识链接**

保险公司前台服务规范示例

为加强窗口服务标准化、规范化建设，让广大客户体验专业、便捷、人性化的保险服务，提高客户满意度，特制订本制度。

一、服务环境

1.1　保持工作区域办公环境整齐规范，业务资料存放整齐，柜面整洁没有杂物，桌面上不放置与工作无关的物品，水杯需放置在离电脑、打印机等设备0.5米以外的距离。

1.2　保持工作区域内办公环境的卫生，每天下班之前将柜面、桌面收拾整齐，烟灰缸清洗干净，地面打扫干净。

二、仪表仪容

2.1　窗口工作人员不许穿无袖、超短、透露的服装，不许穿拖鞋，(待工作服发放到位后，统一穿工作服，深色皮鞋)。

2.2　工作人员应保持仪表整齐，发型庄重自然。不得留长指甲，不得涂深色指甲油，不得做花指甲，严禁浓妆艳抹、奇异发型和任何另类装束。

三、行为举止

3.1　与客户对话心平气和，语音适中，面带笑容；接待客户时可使用普通话或者方言，做到亲切自然。

3.2　有问必答，解答耐心，应答及时，态度热情诚恳；任何情况下都不允许斥责、顶撞、责备客户，更不许谩骂客户。

3.3　工作出现差错时，应及时纠正并向客户致歉，对客户的批评应诚恳接受。

3.4　坐姿端正，两腿自然并拢，不盘腿，不倚靠椅背，不得坐在工作台或趴在工作台上。

3.5 不得大声谈笑喧哗、聚堆聊天；不在工作区域内吃早点或者吃零食、看报纸杂志及做其他与工作无关的事情。

四、服务规范

4.1 客户来到柜台前，工作人员应面带微笑，主动起身，注视对方，问候客户。

4.2 办理业务的中途不得已要让客户等待时，应向客户道歉并请其稍候，切忌自行走开。

4.3 准确指导客户填写投保单、批改申请书、协助客户经理办理投保、保险变更、退保等各项手续，对不符合手续的，需要与客户耐心解释说明。

4.4 当客户离开时，应主动起身向客户道别。

五、语言规范

5.1 迎送客户主动起身服务，"您好！欢迎您到太平财险！您请坐！""请问您办理什么业务？""再见，请走好！欢迎下次光临！"

5.2 中途需要客户等待时，应向客户道歉并请其稍候，标准用语："抱歉，我去×××，请您稍等"，回来后，应向客户致歉，标准用语："抱歉，让您久等了。"

5.3 柜面服务多用 10 字礼貌用语：您好、请、对不起、谢谢、再见。

一、保险公司客户服务基本原则

来到保险公司服务大厅的客户是通过以下各个环节接受保险服务的：进门、等候、临柜、办理、结束、后续等六个环节，因此，柜面服务人员应按照下列原则做好接待服务：

(一) 尊重客户

柜面服务人员在与客户交往的过程中，要将对客户的重视、尊敬、友好放在第一位。业务处理熟练、快速、从容，回答咨询简洁明了，能当场处理的业务不拖延；不能当场处理的业务，须告知准确所需时间，表示歉意并按照相关部门承诺回答。

(二) 宽容忍耐

柜面服务人员在日常工作中，要严于律己，更要宽以待人，要多容忍、体谅、理解他人，不求全责备，斤斤计较。任何情况下，都不得与客户发生争执和争吵；如有特殊情况，及时与柜面主管联系，协调解决。

(三) 公平公正

公司每一个客户，都是我们的服务对象，应给予相同的礼遇，做到一视同仁，老幼无欺，不得采取不同的态度和处理方法。

(四) 真诚待人

在与客户的交往中，要设身处地为客户着想，做到待人以诚，表里如一。任何情况下，不得中止正在办理的业务。

(五) 适度得体

应用各种礼仪时，要注意把握分寸，认真得体。工作期间不临柜拨打、接听手机，客户服务代表的电话应由柜面主管负责接听和处理；工作期间如必须接听紧急电话需经客户的同意。工作时间在工作区域内严禁聊天、串岗、打瞌睡、剪指甲、大声喧哗、听收音机、吸烟、进食等。

(六) 柜面服务礼仪"5S"原则

柜面服务礼仪"5S"原则具体包括：

◎ Smile 微笑，接触的第一时间为客户创造愉悦的感受，与客户良好的沟通；

◎ Skill 专业，为客户提供专业化的服务，使客户对公司的服务产生信任；

◎ Simple 简洁，用最简便的服务手续方便客户，使客户获得简捷的服务；

◎ Speed 快速，提高服务时效，节省客户的时间；

◎ Satisfaction 满意，使客户的满意度达到85%以上。

柜面服务要做到：来有迎言，点头致礼；去有送语，点头示意；利用手势，指明方向；微笑服务，宾至有礼。

二、保险公司柜面服务礼仪要求

(一) 业务受理礼仪

1. 招呼客户，确认身份

当客户临近柜台时，柜员应根据不同对象进行适当称呼，并主动打招呼。如"您好，先生/小姐，请问您需要办理什么业务？"

受理业务需客户出示证件时应语气诚恳，吐词清晰："您好，请问您带了某某证件了吗？"客户递上资料、证件时应双手接过，且表情自然地向客户道谢。在辨别证件真伪时应态度认真、表情自然，但注意时间不宜过长，更不能用审视的目光盯着客户。需返还证件或给客户单据时应双手将证件或单据正向递到客户手中，并与客户确认："这是您的保单证件和资料，请收好。"

2. 核实资料，确认签名

当知道客户的姓氏后在称呼客户时应添加客户的姓氏，如："XX 小姐/先生"，以示对客户的尊重并增加亲切感。当客户需要用笔时，应尽快用左手将笔递到客户的手中，切忌将笔尖对着客户。需要客户签名或填写漏项时应将资料平整、正向摆放在客户面前，用笔尾或食指示意应填写的位置，同时说，"麻烦您在这里签名(或补填 XX 内容)。"

3. 资料不全，耐心解释

办理常规性业务时，首先要看客户的资料是否齐全，如果不齐，应耐心提示："对不起，您还缺 XX 资料，麻烦补一下。"

受理件因手续不全、资料不齐或填写错误需退还客户时，应耐心使用标准语言，"对不起，您的申请资料不全，根据有关规定现在不能办理，需要补齐资料之后办理"。同时，积极帮助客户提供其他处理方法的建议，如："可不可以这样，您先把申请资料留下来，回去之后把缺少的资料邮寄或传真给我们，免得您再跑一次。"

对不符合公司规定或不合理的申请要耐心细致解释清楚，要使用恰当委婉的语言，讲究方式及技巧，严禁指责客户。

4. 办理退保，客气挽留

当了解客户办理退保业务时，应先根据客户的表情或语气对客户退保的原因做出大致的判断，并真诚地询问退保原因及进行劝解挽留。

当窗口出现老弱病残等特殊客户，应予以照顾并向其他客户说明情况，如："请允许我先给这位先生/女士办理，谢谢"。

5. 接受付款，唱付唱收

接受客户付款时要唱收唱付，客户递来的现金要双手接取并说："收您 XX 元。"付给客户现金或找回现金给客户时应双手将钱递到客户手中，同时轻快地说出："这是你的红利/生存金/退保金/赔款，XX 元，请收好"，或"收您 XX 元，找您 XX 元，请收好。"

业务受理完毕时应主动征询客户："您的业务已经办理完毕，请问还需要办理别的业务吗？"

6. 结束业务，委婉送客

当客户没有其他业务需要办理时应选用委婉的送客语送客："您的业务已受理完毕，很高兴为您服务！"或者询问"您还有其他业务需要帮忙的吗？"

认真审核完客户资料，应尽快将相关资料录入电脑中，录入之前应先对客户说："对不起，请您稍等。"

(二) 客户咨询服务礼仪

1. 微笑待客，细心应答

当客户进入咨询台 1.5 米范围内，用目光迎接客户，并送出微笑，同时说，"您好，请问有什么可以帮到您的吗？"

在倾听客户咨询时应双眼注视客户，面带微笑，在倾听过程中对客户的叙述要不时点头并适当加入一些"嗯"、"对"的应答语，与客户保持交流的状态。

在没有听清客户的问题时，应立即与客户进行确认，可以说："非常抱歉，我没有听清您的问题，麻烦您再说一遍，可以吗？"

2. 耐心倾听，详细说明

无论客户的诉求是否合理，在倾听过程中都不得使用摇头的姿态，更不得打断客户的叙述。当客户表述完毕后应重复客户的问题予以确认。解答完毕后应与客户确认解答内容是否清晰，是否已被理解。深入浅出，善于说明，将专业的词汇用通俗的话讲解，如保平安、存钱、省钱、用百分比说保费、早存早受益、早存功效大等。

3. 及时互动，有效沟通

在解答客户咨询的过程中，眼光要随时移向客户以示尊重，并即时观察客户的反应，根据客户的神情变化和肢体语言随时调整谈话的内容。如发现客户显现出没有听懂的表情，应停止表述而换一种易懂的方法为客户作出解答，如："对不起，我没说清楚，您看我这样解释可以吗？"

在回答客户问题时，要热情，声音要轻柔，答复要具体。不可低头不理，或者含糊其辞，或者心不在焉，边回答边干其他事情。

4. 尊重客户，引导客户

任何情况下，都不能冲撞客户。无论客户所提出的问题在我们看来如何幼稚，甚至是"多余"的，都应礼貌答复，不能露出不屑一顾的表情，甚至讽刺挖苦客户，这些行为会伤害客户的自尊心。应当积极引导客户，不断地加强客户对未来的信心，使他感到自己未来需要保险保障并且有能力购买保险。强调保障利益，适时激励，将激励贯穿于整个保险销售中。

5. 不强行推销，不轻易许诺

当遇到无法解决的问题时应先向客户致歉，以得到客户的谅解。要说："对不起，我暂时无法给您一个明确的答复，请您稍等，我过会儿给您答复。"或"对不起，我现在无法给一个确切的答复，我们会立即将您的申请(咨询)转送上级部门，可不可以请您留下联系方式，我们会在最短时间内给您答复，非常感谢您的配合。" 要尊重客户的自主权，不得强行推销，不急于求成，不轻易许诺。无论咨询的结果如何，在客户离开时，都要送上告别语。

(三) 柜面服务注意事项

1. 入席

每日上班前 10 分钟换好制服，并接受柜面主管对着装及礼仪检查，不符合标准的立即更正；入席前调整好心态和情绪，保证尽快进入工作状态；每天正式服务前做好准备工作；整理桌面、备齐相关单证、调试好电脑及打印机。

2. 临柜

临柜服务时需要注意心态、情绪、礼仪三个方面的内容；注意对工作期间突发问题的解决；下班时仍有客户到柜面时，应注意耐心解释，善始善终。

3. 离柜

打印业务清单，汇总一天业务并及时交接；检查必备的单证及用品；每日下班前应做的职场及内务整理；千万不要认为难以解决的问题只要转给你的上司就大功告成了，待客户离开后请教你的上司问题的解决办法，并加以总结和记录才会让你学到得更多。

三、保险公司售后服务礼仪要求

售后服务的主要目的是加强客户关系，创造新的销售机会。主要工作内容包括客户关系日常维护和事件营销两个方面，特别强调递交保单、理赔以及形式多样的客户关怀服务。

(一) 售后服务的环节

1. 有关保单的服务

有关保单的服务包括递送保单和保单保全服务。

(1) 递送保单。

递送保单是售后服务的第一步；及时高效的服务可以增强客户对产品的认同；建立客户对公司的信任度并且有可能获得转介绍的机会。

(2) 保单保全服务。

保单保全服务包括合同撤销权的行使；保险合同变更以及保险合同效力恢复等。

2. 附加服务

客户关怀服务、定期刊物、缴费服务、人性化的语音服务系统、教育服务、海外营救、路途营救以及各种延伸服务等。

3. 理赔服务

熟悉理赔的一般程序，保险理赔服务包括受理报案、受理材料、立案、调查或现场勘查、审核、签批、通知、领款等。理赔服务贵在及时、主动提供关怀型的服务，充分体现保险的社会价值。

(二) 递送保单的服务的内容要求

1. 要对保单进一步检查

具体检查保单的内容包括：

(1) 检查保单的内容是否清楚：投保人、被保险人、受益人的姓名，保险产品，生存给付或养老金领取方式，保单生效日以及保单是否有骑缝章等。

(2) 保单是否与原设计相同，若需特别说明的项目如保险利益、保额、交费期限等用荧光笔做上记号。

2. 做好资料准备

要将客户档案录入计算机系统。复印保单，以备理赔服务时用。

3. 递送保单

递送保单并且祝贺客户。送达保单时同客户一起检查保单，进行利益确认，由客户签收。表达服务承诺，取得客户认同，还可适时请求转介绍并礼貌道别。当然在送达环节也可能遇到客户拒绝，那么此时拒绝也要冷静处理，按章办事，耐心解答。

(三) 售后服务的意义和作用

1. 客户关系的日常维护

客户关系的日常维护包括定期服务、不定期服务和保单保全服务。其中，定期维护包括：

(1) 客户的生日寄一份生日贺卡，或专门送上生日小礼物。

(2) 客户的结婚纪念日可以发送贺卡、电子贺卡、祝贺信或送去小小纪念品。

(3) 逢年过节的问候。

(4) 保单周年日的服务。

(5) 公司的大型活动日。

2. 售后服务的意义和作用

良好的售后服务可以确保保险合同有效；提高客户满意度；培养忠诚客户。

售后服务最能展示保险营销员的特色。客户一旦投保，他们更期待着售后服务，保险的复杂性决定了营销员的服务水平是左右客户决定的最重要因素。良好的服务可以使营销员拥有更好的人际关系，建立好的口碑，开拓更广泛的客户源。良好的服务可以加强公司的声望，这反过来又会积极推动营销员的成功。

良好的服务是低成本、高效率的最佳营销方式，在售后服务中可以及时了解市场及客户信息，了解客户需求变化，传递公司产品信息，更好地满足客户个性化需要。与宣传广告相比，良好的售后服务能使一般大众更容易了解、接受保险。

售后服务的拜访活动可以让营销员提升受到欢迎的自信，塑造营销员的专业形象，突破意志消沉的困境，使营销员深切感到保险给客户带来的帮助，从而对自己的工作产生责任感和自豪感。

良好的售后服务还可以及时消除与客户之间的误解或因疏忽所造成的问题，提高客户的忠诚度，培养营销员有计划处理事务的工作习惯，让竞争者的力量消弭于无形。

总之，加强服务意识，提高服务技能是营销员生存的根本。销售始于服务，服务是保险营销的全部内容。服务的全面化、专业化是提高服务质量的法宝。

 实训指导 ✦✦✦✦✦✦✦✦✦✦✦✦✦✦✦✦✦✦✦

实训主题：模拟职场办公礼仪

情景模拟1：与客户初次见面，问候、握手、交换名片。

情景模拟2：办公座机响了，接听电话。

情景模拟3：开会迟到，应该怎么办？

情景模拟4：部门会议结束后，离开前需注意哪些。

实训要求：

以小组为单位，参加情景演练(10分钟/组)，集体评议，找出差距。

 职业素养 ✦✦✦✦✦✦✦✦✦✦✦✦✦✦✦✦✦✦✦

1. 爱心——拆开 LOVE

爱情使者丘比特问爱神阿佛洛狄忒"LOVE 的意义在哪里？"爱神阿佛洛狄忒说：

"L"代表着 listen(倾听)，爱就是要无条件无偏见地倾听对方的需求，并且予以协助；

"O"代表着 Obligate(感恩)，爱需要不断的感恩与慰问，付出更多的爱灌溉爱苗；

"V"代表 Valued(尊重)，爱就是展现你的尊重，表达体贴、真诚的鼓励、悦耳的赞美；

"E"代表 Excuse(宽容)，爱就是仁慈地对待，宽恕对方的缺点与错误，维持优点与长处。

2. 养成良好的工作习惯

全美最成功的保险推销员之一弗兰克·内特格，每天早晨还不到5点钟，便把当天要做的事安排好了——是在前一个晚上预备的——他定下每天要做的保险数额，如果没有完成，便加到第二天的数额，依此类推。

很多时候，恐怕我们并没有弄清楚"忙"的真正意义。"忙"应该是在特定的时间段中朝着特定的目标进行不断努力的生活状态，忙碌可以使我们的生活充实，但是如果只是为了向别人表明"自己很重要"而去忙，那就失去了真正的含义。人很容易掉进自己给自己设置的陷阱里面去，通常这个陷阱都是由虚荣所造成的。

"一寸光阴一寸金"，很多人明白这个道理，只有高效利用时间，不让时间白白流逝才是最重要的。但是，人往往具有某些恶习和不良习惯，但是这并不是生来就有，而是后天慢慢养成的。因此，需要我们努力改正，并坚决摒弃，否则，这些恶习会影响我们终生。要想养成良好的工作习惯，需要做到以下几点：改变不良的工作习惯，要做到今日事今日毕，切忌今天拖明天，明天拖后天，导致最后一事无成；收拾干净办公桌，这样既可以使你心情舒畅，还可以知道自己到底有多少工作要处理，已经处理了多少，还有多少，做到心中有数；做事要分轻重缓急，重要的事情先处理，小的事情后处理，这样使有限的时间得到最合理地利用。

良好的职业修养是每一个优秀员工必备的素质，良好的职业道德是每一个员工都必须具备的基本品质，这两点是企业对员工最基本的规范和要求，同时也是每个员工担负起自己的工作责任必备的素质。那么，怎样才是具备了良好的职业修养和职业道德呢？

每个人平时都有习惯，但不一定是职业习惯，更不一定是符合要求的职业习惯。那么，哪些才是符合要求的职业习惯呢？

第一，早到公司。每天提前到公司可以在上班之前准备好完成工作必需的工作条件，调整好需要的工作状态，保证准时开始一天的工作，才叫不迟到。

第二，搞好清洁卫生。做好清洁卫生，可以保证一天整洁有序的工作环境，同时也利于保持良好的工作心情。

第三，工作计划。提前做好工作计划利于有条不紊地开展每天、每周等每一个周期的工作，自然也有利于保证工作的质和量。

第四，开会记录。及时记录必要的工作信息，有助于准确地记载各种有用的信息，帮助日常工作顺利开展。

第五，遵守工作纪律。工作纪律是为了保证正常工作秩序、维持必需的工作环境而制定的，不仅有利于工作效率的提升，也有利于工作能力的提高。

第六，工作总结。及时总结每天、每周等阶段性工作中的得与失，可以及时调整自己的工作习惯，总结工作经验，不断完善工作技能。

第七，向上级汇报工作。及时的向上级请示汇报工作，不仅有利于工作任务的完成，也可以在上级的指示中学习到更多工作经验和技能，让自己得到提升。

职业习惯是一个职场人士根据工作需要，为了很好地完成工作任务，主动或被动的在工作过程中养成的工作习惯，也是保证工作任务和工作质量必须具备的品质。良好的职业习惯，是出色地完成工作任务的必要前提，如果不具备良好的职业习惯就不能按照要求完成自己的工作。每一个人都需要良好的职业习惯。

 阅读指导 ✦✦✦✦✦✦✦✦✦✦✦✦✦✦✦

《士兵突击》——一步一步走出来的兵（兰晓龙）

阅读辅导：这真的不是一部小说，它是哲学、是人生，是成长的经历。士兵是一步一步走出来的兵。每一位读者都能在主人公许三多身上找到自己的一些影子。许三多像是两个人，可骨子里的他还是让人佩服、令人回味。许三多身上的很多精神值得我们学习，如一步一个脚印踏踏实实吃苦耐劳的精神等。一本好书，能教你怎样做人。

许三多说，要好好活，就是多做有意义的事。"他把每一件事都当成是一根救命稻草，现在我一看啊，他长成了参天大树。"连长高诚说。

步兵没有飞机，没有军舰，战场上只有两条腿，一杆枪。步兵每项军事技能都要一步一个脚印地夯实，脚踏实地，没有一步登天。

"军中像他这样平平常常的兵才是基石，多得像铺路的基石。浮浮沉沉，总在底线左右——最让人操心也最值得操心。"袁朗说，"真正可贵的，是那些热爱生命并勇往直前的人。"

建议参看电视连续剧《士兵突击》，以及郎咸平教授的讲座《如何看〈士兵突击〉》。

30集电视剧《士兵突击》，改编自兰晓龙小说《士兵突击》，由著名导演康红雷执导、兰晓龙编剧，王宝强、陈思成、段奕宏、张译、邢佳栋、张国强、李晨等主演，八一电影制片厂、北京华谊兄弟影视投资有限公司联合出品。该剧以军事动作、青春励志为题材，讲述了一个农村出身的普通士兵许三多的成长历程，不抛弃、不放弃，最终成为一名出色的侦察兵。该剧上映后引起热烈反响，获得第27届飞天奖、第24届金鹰奖优秀电视剧奖等多个奖项。2013年，中央宣传部、教育部、共青团中央决定向全国青少年推荐100种优秀图书、100部优秀影视片，《士兵突击》等23部电视剧榜上有名。

 复习思考 ✦✦✦✦✦✦✦✦✦✦✦✦✦✦✦✦✦

1. 谈谈你对保险服务礼仪基本理论的认识。
2. 谈谈你对保险公司柜面服务礼仪的理解和认识。

第六章 保险专业大学生求职面试礼仪

 **案例引导**

我用公关去求职

终于毕业了！我南下来到了深圳，终于站在了人才交流会大厅门口。望着如潮水般涌动的人群，我第一次感到了自己的渺小与不足——全国数万精英云集于此，其中不乏博士、硕士、名牌大学毕业生，而我是一个名不见经传的财经学院的学生，算得了什么？

拿着一叠求职书，我在人群中慢慢移动，几乎每家公司办事处门口都有一大群大学生等候，每个岗位都有上百名竞聘者。"碰碰运气吧！"怀着自卑我站在了一列队伍的最后，这里需要管理方面的人才。终于轮到我时，老总却把我的求职书递了回来："对不起，我们需要的是研究生。"

"研究生？"我愕然。沮丧仓促之中居然没有看清要求，但这么长时间怎么能白等呢？我迅速从尴尬中反应过来，"是的，研究生可能更专于某个方面，但现代管理需要通才，要博而不只是精！"老总颇感兴趣地看着我，这使我信心大增："其实，现代管理的一个重要方面就是协调好各方面的社会关系。钢铁大王卡耐基以百万年薪聘请并不懂钢铁的斯瓦伯为总经理，看中的正是他的公关能力，后者上任后确实给公司带来了巨大的利润。由此可见，管理能力与专业学历是两码事……"面对诸多挑剔的眼光，我硬着头皮侃侃而谈，尽量不露出丝毫胆怯。这应该归功于平时公关礼仪课上的训练和积累。

当我意气风发地走出面试间时，已茅塞顿开：在这种场合，身份、学历及过去的一切都是次要的，最重要的是你面对招聘者时所表现出来的气质、谈吐、智慧及能力。求职从某种意义上说就是如何在面试时展示最佳的自我。虽然那位老总最终还是婉言拒绝了我，但我还是对他充满了感激，因为从他那里我已经找到了推销自己的自信和方法。

案例启示：求职参考就是仅供参考的，在具体的求职应聘过程中，每个人的情况、特点都不会是千篇一律的，还可能会遇到许许多多意想不到的问题，而且不同的用人单位又会有不同的标准和要求，没有统一的范例和模式。希望我们在多收集相关信息和资料的前提下，充分准备，根据自身情况及人才市场的需求，灵活而又不失规范地制作求职信、自荐信、简历等求职应聘资料，展现出个人的风采，以打动用人单位。

第一节 求职面试礼仪概述

"先做人，后做事"是业界的共识，大学生综合素质的培养很重要。礼仪是大学生内在素养的一种外在体现形式，尤其是求职面试的礼仪，在此我们要着重介绍一下。

礼仪的重要原则是以尊重为本。在与人相处时，无论是商务礼仪、服务礼仪、家庭礼仪，都强调尊重他人、关心对方以及换位思考等。礼仪是体现我们的人格修养的大事。

国际化的大企业，对于礼仪都有高标准的要求。完美的企业具有完美的企业形象。这些企业都把礼仪作为企业文化的重要内容，在对员工进行面试时，会把对方的礼仪程度作为录取与否的重要标志之一，在决定升迁时，则会把内在素养作为考核的重要标准。目前每个学校都会安排应届毕业生做相应的面试培训，以进一步提升大学生自身礼仪方面素质。

教育与教养同等重要，教养体现于细节，细节展示素质。美国著名的成功学家戴尔·卡耐基认为，一个人事业的成功，只有15%是他的专业技术，而85%则要靠人际关系和他的为人处世能力与素养。

美国国际礼仪大学国际礼仪顾问茱莉娅，送给社会职场新人的第一课是"注重形象，才能创造有利机会。"茱莉娅认为，礼仪的重要性，不仅关系到人际关系，更重要的是建立良好的自我形象。而自我形象是无形资产，是靠从小培养的习惯。

一、保险专业大学生应聘素质要求

人的素质包括政治思想道德素质、科学文化素质、心理素质、身体素质四个方面。我们在不断地全面提升自身的素质的基础上，再注重仪容仪表、交际礼仪等等细节，就是良好内在的完美外现了。反之，离开了人的内在品质涵养而一味讲究外表的包装，则是舍本逐末，不仅会事倍功半，甚至可能弄巧成拙。

应聘面试本身就是自我营销活动的一种形式，即把自己成功推销给用人单位。因此，除了前文所提到的知识、技能、个人素养之外，还要充分运用所学到的知识，以出色的营销手段推销自己。应该不断完善自身，在日常生活中注重每个细节的改变，努力打造自己的形象，适应社会的发展和企业的需要。

(一) 保险专业知识

保险专业学生应努力学好保险专业知识，了解保险行业在国内国外的发展情况，明确保险行业的发展状况，了解我国保险公司以及公估公司的发展情况，对所应聘的单位如平安保险公司、泛华公估公司、民太安公估公司等，应当不断地了解公司情况及所应聘的岗位需求的情况，制定自己今后的努力方向，做好职业生涯规划，这样在和面试官交流时，就会更加主动更加自信。值得强调的是，现在的用人单位越来越希望使用有一定工作经验的人，因此在学校学习期间，保险专业的学生更应注重社会实践，自己寻找合适的打工机会，抓住在校期间的实习机会锻炼自己，积累实际工作经验，准备好自己，等待机会的来临。

(二) 保险法律知识

在保险与理赔的过程中，要注意以事实为依据，以法律为准绳，培养法律意识，形成法律思维。在工作中处理各种问题时，按照保险相关的法律法规办事，有理有据，依法办事。工作的过程是个人综合能力及素质的体现，在服务性行业，因此有必要注重非专业知识的学习，培养非专业能力。

(三) 礼仪与职业道德等非专业知识

《国家中长期教育发展规划纲要》提出，职业教育要坚持能力为重，优化知识结构，丰富社会实践，强化能力培养。作为大学生，要着力提升学习能力、实践能力、创新能力。在学会知识技能的同时，要学会动手动脑，学会生存生活，学会做人做事，主动适应社会，适应企业的岗位需要。这一点，在职业教育方面，集中体现为职业核心能力。

(四) 职业核心能力

职业核心能力是人们职业生涯中除岗位专业能力之外的基本能力，它适用于各种职业，不随工作岗位的变化而变化，是伴随人终身的可持续发展能力。它涉及表达交流、数字应用、信息处理、与人合作、解决问题、自我学习、创新革新、外语应用等。通用管理能力涉及自我发展管理能力、团队建设管理能力、资源使用管理能力、运营绩效管理能力等。

职业核心能力是职场能力的一个重要组成部分。职场能力主要是指职场上熟练完成工作任务，创造性解决生产中可能发生的意想不到问题的能力。职场能力是检验职业教育质量的重要标准，也是每一个在校大学生最终要形成的能力。大学生的学习和努力，最终的检验不是考场，而是职场。市场需要的，不是考场的成功者，而是职场的成功者。而求职面试，则是打开职场大门的敲门砖。

综上所述，保险专业的学生要了解未来的行业需求，懂得自身的礼仪形象定位，平时注重良好习惯的养成；同时，在衣着打扮上追求整洁和谐之美，还要有得体的谈吐及礼貌热情的态度，使自己的举止投足更加端庄更加职业化；不仅如此，还要不断完善自己，学习非专业知识，提高职业核心能力，最终形成职业能力，成为企业需要的真正的职场人。

二、面试流程及面试礼仪技巧

在保险人员的应聘过程中，掌握面试礼仪技巧是成功的关键。

(一) 面试的三个阶段

面试按照先后顺序分为准备阶段、进行阶段和后续阶段三部分。面试准备阶段的技巧包括制作简历、准备相关资料及了解用人单位情况等；面试进行阶段是真正实战的环节，考官能从这个环节看出面试者的真正水平以及他是否适合该职位，它是面试的主体部分，是对个人的整体素质及仪容仪态仪表的综合考察；后续阶段主要是回顾和总结经验以及调整心态阶段。

(二) 明确面试要求，储备能力，掌握面试技巧

保险专业学生要认识到面试是通过当面交谈、问答来实现对应聘者进行考核的一种方式。与笔试相比，面试具有更大的灵活性和综合性，它不仅能考察一个人的业务水平，也可以面对面观察面试者的口才和应变能力等。

对大学生来说，上学期间各种笔试不断，对书本知识课堂考试能应付自如，而对面试这样的实战则储备经验不足，常常不知所措，心里打怵。其实在自我表达自我推销这部分，应从大学生入学之初就开始着手准备，如上课积极发言锻炼自己在大庭广众面前自如的表情达意；经常参加学校组织的各种活动，通过班干部或学生会的工作以锻炼自己；或者周末去社会上寻找打工机会，通过社会实践了解社会、锤炼自己，若能去保险公司、保险公估公司学习体验，则更理想。

学习面试礼仪技巧能帮助应聘者少走弯路，更好地展现自己的优势以便更顺利地找到适合自己的工作。因此学会面试礼仪，掌握面试的技巧是大学生从入学开始就应重视的新课题。

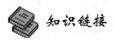 **知识链接**

保持自我本色

爱默生在《论自信》的散文曾写过这样一句话："在每一个人的教育过程之中，他一定会在某个时期发现，美慕就是无知，模仿就是自杀。"在这个世界上，每个人都有自己存在的价值，大树有大树的作用，小草有小草的价值，如果要想成功的话，就必须收起假面具，保持自己的本色，做一个真实的自我。

卡耐基有句忠告：寻找自我，保持本色，大凡成功的人都如此。

我们每个人在这世上都是充满个性的个体。我们是这个世界上崭新的、独一无二的自己。不管好坏，我们只有好好经营自己的小花园，只有在生命的管弦乐中演奏好自己的一份乐器，才会活出自己的本色。一个人的成就大小，不是看他的能力和智商的高低，而是看他有没有将自己的个性充分展示出来，因为自有的风格才能使你与众不同。也就是说：只有充分展示个性才能使你鹤立鸡群。

很多人在求职应聘时，所犯的最大错误就是不能保持本色。他们不以真面目示人，不能完全地坦诚。相反，这样的做法却使面试官生厌。因为没有人要伪君子，也从来没有人愿意收假钞票。有些人虽然表面上谦逊恭谨，笑容可掬，可是一旦登上宝座后，就露出了伪善的狐狸尾巴。但是事实证明假的真不了，真的假不了。

三、保险专业学生的应聘礼仪素养

(1) 精神面貌良好，面带微笑，保持诚恳、尊重、自信、热情的态度。举止要从容优雅，谈吐亲切自如。忠诚敦厚是职场之根基。

(2) 第一印象至关重要，第一次接触顾客，给对方以舒适感最为重要；衣着得体大方，符合自己的性格以及保险推销员的身份。

(3) 注意了解客户的情况以及客户的性别、年龄等，再结合顾客的意愿，推荐适合其需求的保险种类。

戴尔·卡耐基说："记住别人的名字，是你走近他们的钥匙。你记得越快，你们之间的那扇门开的越早。"

(4) 学会赞美别人。从心理学角度讲，赞美也是一种有效的交往技巧，能有效地缩短人与人之间的心理距离。渴望被人赏识是人最基本的天性。恰当的赞美，不仅可以带给人快乐，还会带来意想不到的收获。

(5) 保险的专业基本知识，消费者往往知道的并不多。耐心细致的介绍险种，诚实、客观告知产品的特点免责条款，换位思考，为对方着想，赢得对方的信任，让对方有充分选择的余地，为对方提供满意的服务，这样才能够赢得长期的客户。

（6）自始至终尊重顾客，令对方有宾至如归的感觉，对顾客的提问和异议，要耐心得当地回答，如应聘保险公估人员就需要有吃苦的精神，需要有良好的心理素质。

（7）要学会聆听，在人际交往中，表达对他人的关爱的前提是学会倾听。

要注意询问并了解顾客的需求，不要只顾自说自话，要有的放矢地提供服务。

礼仪专家赵玉莲有六个字组语是关于聆听的(LISTEN)的：

◎ Look：注视对方，试用"肯尼迪总统眼神法"；

◎ Interest：表示兴趣，点头、微笑、身体前倾，都是有用的身体语言；

◎ Sincere：诚实关心，留心对方的话，做真心善良的回应；

◎ Target：明确目标，对方离题，马上主动带回主题；

◎ Emotion：控制情绪，有耐心，对于不当言语，也不要发火；

◎ NLeutral：避免偏见，小心聆听对方的立场，不要急于捍卫己见。

保险从业人员应当专业、敬业，灵敏机智、善解人意，有极大的耐心观察细节和行为的细微差异，能够更多的体察和传递无声的语言，有良好的心理素质能够化解客户的紧张和焦虑，能很好地处理纠纷和矛盾，方能走向更高境界。在求职面试时面试官也会于无形中考察你的情商和处理压力的能力。

（8）幽默的力量。英国哲学家培根说过"善谈者必善幽默"。很多心理学资料表明，人们大都喜欢具有幽默感的人。具有幽默感的人往往智商高，人际关系良好，工作业绩突出，面对困难能够乐观豁达，能更好地摆脱困境。据统计，那些在工作中取得成绩的人，并非都是最勤奋工作的人，而是善于理解他人和颇有幽默感的人。

幽默就是力量。如果在人际交往中逐步掌握了幽默的技巧，就会巧妙地应付各种尴尬的局面，很好地调节工作、生活，甚至改变人生，使生活充满欢乐。要想培养幽默感，首先要学会微笑；领会幽默的内在含义，机智敏捷的表达对优点、缺点的肯定或否定，而又能够维护大家的体面，是风趣、超脱、大度的体现；还要不断扩大知识面，有广博的知识，丰富的谈资，不断充实自我，培养阳光积极的心态，争取获得事业和生活的双丰收。

第二节　面试前的准备阶段

 案例引导

自信是走向面试成功的第一秘诀

小鹰在鹰妈妈外出觅食时不慎掉出了巢，被路过的鸡妈妈捡回去喂养。小鹰一天天长大了，小鹰习惯了鸡的生活，也像鸡一样刨食，从没想过飞向天空。一天，鹰妈妈路过，见到小鹰，惊喜极了"你怎么会在这，我带你飞向高空吧！"小鹰说："我可不会飞，我是鸡，不是鹰，怎么可能飞的上去呀？"鹰妈妈有些生气，但还是鼓励他说："小鹰，你不是鸡，我才是你的妈妈，你也是一只搏击蓝天的雄鹰呀！不信，咱们到悬崖边，我教你高飞。"小鹰将信将疑地随妈妈来到悬崖边，紧张得浑身发抖。鹰妈妈耐心的鼓励说："孩子，不要怕，你看我怎么飞，学我的样，用力。"小鹰在鹰妈妈的带动下，终于飞上了蓝天。

这个例子告诉我们，每个人都拥有无穷的潜力，甚至超出你的想象，但是并没有能够充分挖掘出来。只有当他拥有自信的时候，当他意识到要实现自己心中所想的时候，他才可能发挥无穷的潜力。遗憾的是，许多人认为自己不是鹰，从来没期望过自己能做出什么了不起的事来，他已经把自己限定在自我期望的范围之内了。开启成功之门的钥匙，必须由自己亲自来锻造。锻造的过程，就是释放自信、唤醒自信的过程！

在你成功地把自己推销给别人时，你必须首先100%地把自己推销给你自己。你必须相信你自己，对自己充满信心。也就是说，你必须完全认清自己的价值。

当今社会，人才选择和职业流动越来越频繁，自主择业，双向选择，已成为时代的必然。求职应聘是我们大学生走向工作岗位必须过的第一关。求职准备阶段要注意的事项很多。求职前的准备工作，既是为成功求职奠定坚实的基础，也充分体现了对职业的重视，对招聘人员、招聘单位的尊重。

保险专业的学生在应聘面试之前要了解人才市场行情，掌握求职时机，准确估量自己的实力，掌握用人单位的基本情况，在此基础之上，写好求职信，准备好简历及相关资料，充分了解用人单位相关信息，同时，还要做好面试前仪容和服装准备，更重要的是做好求职心态的调节和准备。

一、求职心理素质要求

要保证求职顺利，树立正确的求职观念，克服容易出现的错误，以良好的心态踏上求职路，是很重要的。在求职心态方面，从根本上说，要求培养良好的心理素质，这样在求职过程中，才能将自己的水平正常发挥出来

保险专业的学生要具备良好的心理素质，即沉着、镇定、自信。因为，未来的营销工作，每天都要面对陌生的顾客，作为保险公估人，要第一时间赶到事故现场，勘查定损，更需要具备良好的心理素质。

(一) 良好的心理素质

1. 良好心理素质的培养

注重培养健康的心理，掌握调节心理的方法，不断提升自己的社会适应能力、灵活应变能力、抗挫折能力等等。充分的知识技能储备、社会实践经验等，准备越充分，心态调整得越好，自信心越强，临场发挥也就越好。

2. 消除紧张心理

要从根本上消除紧张心理，平时就要注意掌握适合自己并且行之有效的心理调节的方式方法。例如，当你感到压力时，可以从如下几方面调节：分析压力来自何方；如何解压；认识自我。

3. 卡瑞尔解决忧虑的万灵公式

卡耐基介绍的"卡瑞尔解决忧虑的万灵公式"是这样的，卡瑞尔到密苏里州去安装一架瓦斯清洁机。经过一番努力，机器勉强可以使用了，然而，远远没有达到公司保证的质量。他对自己的失败感到十分懊恼，简直无法入睡。后来，他意识到烦恼不能解决问题。于是，想出了一个不用烦恼解决问题的方法。这个解决问题的方法就是：面对问题、接受问题、

尽力解决问题、忘掉问题。这就是卡瑞尔解决忧虑的万灵公式。在生活中，如果我们能够很好地解决忧虑，真正的面对问题、解决问题，就能够以更好地心态面对生活中的困难和挑战。

保险专业的学生在求职过程中要自信地应对面试，就必须对自己有一个清醒的认识，分析压力，明确压力来自何方，做好心理调整，确信自己有能力，建立信心。确定与自己的个性、兴趣相符的工作环境，熟悉与应聘岗位相关的专业知识和技能。

(二) 自我认知

要清醒的认识自己的性格特点以及自己的优缺点，对于工作需要判断是否适合自己，不要盲目应聘；能够了解自己的性格特点并不断完善自己、超越自己，走出自己的个性之路，闯出属于自己的一片天空。请记住，能够看到并面对自身的不足，这不是后退了而是进步了；能够不断地调整自己，能够不断战胜自己，最终实现自己。

细节决定成败，细节造就完美。要实现自己，文明修身，塑造美好形象，就要现在做起，从点滴小事做起。"一屋不扫，何以扫天下"？细节工作看似简单、繁琐，但细节的力量不容忽视。再远大的理想也需要一步一个脚印地付出。点滴积累，滴水穿石，习惯成自然，就会造就完美。努力做一个合格的职场人，要注意的细节也很多，包括个人形象、仪容仪表、言谈举止、在工作场合的活动、相关的职业素养等等。

(三) 良好的职业生涯规划

在正确的自我认知的基础上，还要认清就业现实，作出良好的职业生涯规划。要树立"先就业，再择业"的观念，不要错失良机。如果将来要自己打拼创业，就更要一步一个脚印，蓝领、金领、白领，国内外许多大企业家，都是白手起家，从最基层做起的，不断积累丰富的工作经验，工作方面不会一步登天或一步到位的。要耐得住寂寞，吃得了苦，肯于付出，打基础阶段，多磨炼自己，锻炼专业能力，学会与人和谐相处，天道酬勤，相信是金子总会发光的。要摆正理想与现实的关系，从基础或基层做起，还意味着不怨天尤人，不急功近利，不急于求成。同时又有远大的理想，不甘于长久留在基层，要有不断地向上走的决心和勇气。

正确的求职心态是多方寻找机会，不断地尝试，不害怕失败，不断地总结经验教训，保持自信心，相信"天生我材必有用"，保持较强的精神状态，"眼睛向下，从基层做起"，或者"先就业，再择业"，"骑驴找马"，先锻炼自己，积累经验，保证基本生活，不断调整，缩小理想和现实之间的差距。当然，要避免好高骛远、自不量力、降格以求，自己明显不喜欢的也不要太勉强。综上所述，树立适当的就业观念和正确的就业心态，是顺利就业的良好开端。

二、简历及相关资料

(一) 求职信

求职信是自我描绘的立体画像，是简历的前奏，是要引起招聘者的注意，争取面试机会，但不同的是，简历是针对特定的工作岗位写的，求职信是针对特定的人写的，要引起人事经理的注意，留下良好的第一印象。

1. 求职信的格式

求职信的格式和一般信件的格式一致，一般由三个部分组成：开头、主体和结尾。

(1) 开头：称呼和引言，称呼要恰当，引人注目，突出自己最有说服力的地方，尽量引起对方兴趣看完你的材料，并说明应聘缘由和目的。

(2) 主体部分：简明扼要并有针对性地阐述自己的简历内容，突出自己的特点，并努力使自己的描述与所求职位要求一致，切勿夸大其词或不着边际。

(3) 结尾：做到令人回味，把你想得到工作的迫切心情表达出来，语气要热情、诚恳。

求职信一般是想吸引雇主翻阅你的简历等自荐材料。一般不要写的过长，突出自己的特点，有的放矢地说明对岗位产生兴趣或想面谈的原因即可，一般一两段或一页纸足矣。

2. 内容

在写求职信和简历之前，在内容上需考虑：

◎ 未来的雇主需要的是什么？

◎ 你的职业目标是什么？

◎ 你能为单位做些什么？

◎ 你的优势，如何把你的经历与岗位挂钩？

◎ 你为什么想为此单位服务？

◎ 你适合什么样的工作岗位？为什么？

3. 表达

在写求职信时语言表达上要注意：

◎ 态度诚恳，措辞得当，用语委婉而不隐晦，恭敬而不拍马，自信而不自大；

◎ 实事求是，言之有物，自己的优点要突出，但不可夸大其辞，弄虚作假；

◎ 言简意赅，重点突出，条理清楚，切忌长篇大套；

◎ 富有个性，不落俗套。如谈谈行业前景展望、市场分析或建设性意见。

(二) 简历

简历的内容是在说明你的具体情况，也是企业最关心的部分，不同于求职信，简历更注重的是内容。简历的形式各种各样，因人而异，既要符合基本规范，又要有个性特点。简历一般包括：抬头、简介、学业学习教育背景、社会实习实践经历、其他杂项。写简历是一门艺术，简历既要简洁明了，突出重点，强调自己的技能和特点，传递有效信息；又要与众不同、适当使用专业术语、对自己充满勇气和信心。作为职场新人撰写简历时，需要在展示你的情商、潜力、动力、能力和精力等方面付出特别努力。

求职者可根据自己应聘单位的条件和要求及自己的特点等不同状况注意有的放矢，一定要站在对方的角度考虑问题，重点突出与所应聘单位及职位相关的经验与技能。例如：强调可量化因素和你在学校担任的领导角色，或参加的讲演会、辩论会或其他大型社交活动，向招聘人员表明，你是个机智聪明、开朗活泼、乐于交往或善于言谈的人，将来会胜任服务行业工作的要求。也许你有广泛的兴趣爱好，甚至获得了不少的证书，但它们并不一定都是你在这次应聘中所要强调的重点，你的重点一定要与用人单位的需求相符。让应聘者可以在简短的时间内就能看到有效的资料，获取有用的信息。

(三) 相关资料

1. 准备应聘资料遵循的原则

保险专业的学生准备应聘资料遵循的原则是事实求是、客观公正的反映自身的情况，在资料的撰写中要求条理清晰、内容完整，然后，打印装订成册，准备应聘中使用。

2. 应聘资料的内容

应聘资料的内容包括自荐书；有时还包括自我总结，视具体情况而定；应届毕业生个人基本情况；推荐表和成绩单；证书；自我评价在校期间任职情况；社会实践和实习情况；在校期间获奖、成果情况(获得证书情况)；个人专长；求职意向。

3. 收集用人单位的信息

(1) 了解用人单位的需求。

毕业生要了解用人单位的需求，例如汽车保险专业的学生在应聘公估岗位时，还要尽可能深入了解厂家或4S店的汽车品牌、性能、构造及其零部件维修和更换的工时和价格等。这样才能在勘查定损时做到心中有数，游刃有余；应聘保险公司的同学应充分了解应聘单位的性质、地址、业务范围、经营业绩、发展前景等；了解应聘的具体岗位、职责及所需的专业知识和技能等；如果是正规的大公司，了解公司宗旨、企业文化、企业精神。尽量了解面试的有关情况及其方式、时间和地点安排，并作好相应的准备。

(2) 索取相关资料。

保险专业的学生在应聘前要尽量索取企业可能提供给你的相关资料，可根据这些资料联想一些考官会问到的问题，这样有利于自己在进入面试考场时能够有方向的回答问题，也可以有针对性的展示自己的能力。

(3) 了解企业文化及其营销理念。

关于企业方面的资料，以及企业营销方面的资讯，需要平时不断地积累。平时多读书，多了解企业文化及营销理念，如傅雷编著的《世界五百强的顶尖营销理念》，成功的企业必有成功的独到之处，其中可能包括成功的企业文化、成功的管理理念、成功的产品等，但无论如何，当今时代的成功企业，都必须有成功的策略或营销模式。如：

◎ 沃尔玛(Wal-Mart Store)——天天平价，盛情服务；

◎ 大众汽车(Volkswagen)——用户的愿望高于一切；

◎ 菲亚特(Fiat)——安全为王；

◎ 希尔顿集团(Hilton)——一流设施，一流微笑；

◎ 福特汽车(Ford Motor)——消费者是我们的中心所在；

◎ 标致(Peugeot)——销售在后，服务在前；

◎ 皇家壳牌石油(Royal Shell Group)——环保为主。

这些精辟的语言，形象的展示和告诉我们企业的文化及营销理念，值得深入体会。

三、面试仪容服装

莎士比亚说："一个人的穿着打扮，就是他的教养、品位和地位的真实写照。适合你的着装才是品味和时尚。"

良好的仪表犹如一只美丽的乐曲，它不仅能够给自身提供自信，也能给别人带来审美愉悦；既符合自己的心意，又能感染别人，使你办事信心十足。面试时礼貌的妆容要遵循3W原则，即When(什么场合)、Where(什么场合)、What(做什么)，或者说TPO原则，及正确的礼仪着装之道，体现为四个原则：体现身份、扬长避短、注意场合、严守规范。

保险专业的学生在面试前要做好仪表、仪容的礼仪准备。得体的仪容、仪表是一个人内在素养的外在表现，得体的打扮不仅体现求职者朝气蓬勃的精神面貌，也可以表现求职者的诚意以及一个人的修养。在面试前应注意自己的着装打扮，给人以整洁、大方、朝气蓬勃的感觉。切忌衣着不整、蓬头垢面，或者穿着过于超前的服装，否则都会给对方不良的印象，影响面试效果。

(一) 面试前仪容的修饰

一个人可以不美丽，但不可以不干净。整洁是一个人素质的体现，也是自重并尊重他人的体现。

1. 男同学仪容规范要求

保险专业的学生面试前要将头发洗干净，无头皮屑，且梳理整齐。不染发，不留长发，头发长短以不盖耳、不触衣领为宜。还要注意在面试前修面剃须，使面部保持清洁，眼角不可留有分泌物，如果戴眼镜，应保持镜片的清洁；保持口腔清洁，不吃有异味的食品，不饮酒或含有酒精的饮料；保持鼻孔清洁；面试前还要注意手部清洁，要养成勤洗手勤剪指甲的良好习惯。

2. 女同学仪容规范要求

汽车保险专业的学生面试前也要将头发洗干净，无头皮屑，长发要挽起并用发夹固定在脑后；短发要合拢在耳后。女同学面部除保持清洁，眼角不可留有分泌物之外，还要求化淡妆，以淡雅、清新、自然为宜的容妆面对考官；体味给人以清新的感觉，不使用香味过浓的香水；保持手部的清洁，指甲不得长于2厘米，可适当涂无色指甲油，保持口腔清洁，不吃有异味的食品。

(二) 面试前着装规范

着装的TPO原则不要忘记，T代表时间、季节、时令、时代；P代表地点、场合、职位；O代表目的、对象。这一着装的TPO原则是世界通行基本原则。它要求人们的服饰应力求和谐，以和谐为美。即要求着装应与自身条件相适应；与职业、场合、目的、对象相协调。

1. 男学生着装规范

西装是首选，质地和品质是身份的象征，款式和颜色要低调；西服、领带。(不得佩带装饰性很强的装饰物、标记和吉祥物)手腕部除手表外不得带有其他装饰物，手指不能佩戴造型奇异的戒指，佩戴数量不超过一枚；服装及领带要熨烫整齐，不得有污损；领带长度以刚好盖住皮带扣为宜；衬衫袖口的长度应超出西装袖口1 cm为宜，袖口须扣上，衬衫下摆须束在裤内；西裤裤脚的长度以穿鞋后距地面1 cm为宜；系黑色皮带、穿深黑、深蓝、深灰色袜；着黑色皮鞋，皮鞋要保持光亮。

2. 男学生着装应当注意

西装以深色为主，避免花格或艳丽的西服；避免西裤过短(宜盖过皮鞋)；西服的袖子长于衬衣袖；西服的衣、裤口袋内忌鼓起，不扣衬衣领、袖扣；衣冠不洁不整是男性着装大忌。

3. 女学生着装规范

女士着装要注意款式风格与颜色色调，佩戴饰物要小心；穿套裙或套装(穿套裙时，必须穿连裤丝袜，不要穿着跳丝、有洞或补过的袜子，颜色以肉色为宜，忌光脚穿鞋)；项链应放在衣服内，不可外露；不得佩带装饰性很强的装饰物；佩戴耳环数量不得超过一对，式样以素色耳针为主；手腕部除手表外不得带有其他装饰物，手指不能佩戴造型奇异的戒指，佩带数量不超过一枚；衬衫下摆须束在裙内或裤内。服装要熨烫整齐，不得有污损；着黑色中跟皮鞋，不得穿露指鞋和休闲鞋。

4. 女学生着装应当注意

着装忌过分杂乱、过分暴露、过分鲜艳、过分紧身及过透；面试场合忌穿无袖、无领或领口开得太低的服装；丝袜长度高于裙子的下摆；忌拖鞋、凉鞋及鞋跟过高、过细。

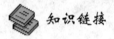 **知识链接**

认识自己，提升自己

在古希腊，人们来到圣谕之处，渴望能找到自己终极的命运或对某件事情的求解，"认识自己"这几个字就刻在德尔菲阿波罗神庙入口的上方。有多少人真正认识这几个字所指向的真理呢？如果无法体会"认识自己"这个训谕蕴含的真理的话，就无法从更深层次的不快乐和自己创造的痛苦中解脱！

自从苏格拉底提出"认识你自己"以来，西方一代又一代哲人或人本主义者都从多个维度对其进行研究和挖掘。柏拉图的"理念世界"，处处闪耀着苏格拉底的"心灵之眼"的光辉，黑格尔创立的史称最完善的"客观精神"体系，竟然是苏格拉底倡导的"主观自由"的杰作。"认识你自己"不仅是一个给人以慰藉的"象牙塔"的命题，其中还蕴含着丰富的人生智慧，体现了人类以审视生命和透视灵魂的方式对自身价值和尊严的深刻关怀和自我反思。因此，面对当今社会人们对物欲满足的疯狂追求而迷失了自我，淡忘了价值理性，分不清幸福与快乐的现状，重温这一命题有助于唤起人们的理性觉醒，渐渐走出为欲望和感觉所误导的生命困境，激发人们去追求美德，追求幸福，过上一种苏格拉底式的"经得起审视的生活"。

人的一生都在学习，这个学习的过程，从根本上说，就是一个不断认识自己和不断提升自我的过程。正如老子所说："知人者智，自知者明；胜人者有力，自胜者强。"

第三节　求职面试礼仪要求

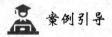 **案例引导**

和 谐 的 个 性 美

琳达是一位女推销员，她以前一直在美国北部工作，喜欢穿一身深色的西服套装，拎一个很中性的皮包。后来由于工作调动，来到了阳光明媚的南加州，仍做推销工作。她还和以往一样地穿着工作，但业绩平平，总是不够理想。后来经人提醒，她才知道自己的穿着让人感到沉重和压抑，于是她改穿浅色的洋装，换了个女性化的皮包，让人看上去更有活力和亲切感。没想到，这一简单的着装改变，竟然使她的业绩提高了20%。

穿衣的和谐原则是很重要的，一则是自身和谐，再就是与环境和谐。因人而异，因地制宜，不同场合不同的着装，体现不同的精神面貌和气质风度。

案例思考：你准备给自己选择怎样的既适合面试又不失个性的着装？

面试是成功求职的临门一脚。保险行业求职者能否实现求职目标，关键是与用人单位见面，与人事主管当面交流。面试是其他求职形式永远无法代替的，因为在人与人的信息交流形式中，面谈是最有效的。在面谈中，面试官对求职者的了解，语言交流只占了30%的比例，眼神交流和面试者的气质、形象、身体语言占了绝大部分，所以求职者在面试时不仅要注意自己的言谈举止、仪容仪表，而且要注意，内在修养往往由细节体现，不可不拘小节。如今，每个公司都把员工是否懂得和运用基本礼仪，看作是该员工自身的素质体现，同时，还折射出该员工所在公司的企业文化水平和经营管理境界。因此，无论是对于外界还是对于企业本身，礼仪都是衡量职业化行为的一个最基本的标准。

一、求职面试礼仪基本要求

(一) 面试前的准备

1. 守时、守信

面试准时到达非常重要，这是一个人的诚信素质的体现，这也是对一个人时间观念的侧面考察。最好提前15分钟到达面试地点，以表示求职者的诚意，给对方以信任感，同时也可调整自己的心态，做一些简单的仪表准备，以免仓促上阵，手忙脚乱。为了做到这一点，一定要牢记面试的时间地点，有条件的最好能提前去考察一下，这样可以观察熟悉环境，也便于掌握路途往返时间，以免因一时找不到地方或途中延误而迟到。假如不能实地考察，就一定要很早提前出发，留出足够充裕的时间，保证万无一失。如果迟到了，肯定会给招聘者留下不好的印象，甚至会丧失面试的机会。

诚实守信，是当今社交中必备的起码的个人品质。"大丈夫一诺千金"是最令人尊重的品质。言而有信，得到的不仅仅是尊重，更是一项重要的情感储蓄，而在商业社会中，信用具有无上的价值。诚信不仅是做人的基本准则，也是商业社会的基本准则。因此，这也是面试应聘者首先要做到的。

2. 等待面试时的表现

要记住，面试时的任何一个环节，都有可能是用人单位考察你的时机，越是懂得用人识人之道的，越是善于从细节出发考察人，所以，不仅要对接待人员以礼相待，等待面试时的表现更是不容忽视。进入公司前台，要把访问的主题、有无约定、访问者的名字和自己名字报上。到达面试地点后应在等候室耐心等候，并保持安静及正确的坐姿。若准备了公司的介绍材料，应仔细阅读以熟知其情况，也可温习一下自己准备的资料。等待面试时应当避免下列情况发生：在接待室恰巧遇到朋友或熟人，就旁若无人地大声说话或笑闹；

吃口香糖，抽香烟、接手机。

3. 调节紧张情绪

保险专业的学生在面试时应放松心态，克服紧张心理，对自己有信心。面试前要注意肌肉松弛，保持自信的笑容，看着对方的眼睛，自信的回答问题。这需要平时就练好基本功，做到胸有成竹，面试前鼓励或暗示自己"我能行"。在面试应聘时注意"控制谈话节奏"，也是消除紧张的一种方法：

假如参加面试的学生进入考场后感到紧张，就先不要急于讲话，而应集中精力听完提问，再从容应答。人们精神紧张时讲话速度会不自觉地加快，会给人一种慌张的感觉，甚至容易出错，导致思维混乱。当然，讲话速度过慢，缺乏激情，气氛沉闷，也是不妥。保持一颗"平常心"，面对问题，从容应答，把自己的水平正常发挥出来就可以了。

4. 注意使用手机礼节

当今是信息时代，手机已经成为社交通讯的重要工具。但很多人忽视手机的使用礼仪。文明手机礼节，最重要的是：在给自己带来方便的同时，请不要妨碍他人。作为商务人员，手机的个性彩铃也要注意符合身份、场合，应以严肃示人，避免搞笑铃声。在求职面试过程中，最好将手机调为震动。在面试和与人洽谈中，最好关掉手机。表示你对面试的重视以及对面试官的尊重。

(二) 把握进入面试场合时机

如果没有人通知，即使前面一个人已经面试结束，也应该在门外耐心等待，不要擅自走进面试房间。自己的名字被喊到，就有力地答一声"是"，然后再敲门进入，敲两三下是较为标准的。敲门时千万不可敲得太用劲，以里面听得见的力度为宜。听到里面说："请进"后，要回答："打扰了"再进入房间。开门关门尽量要轻，进门后不要用后手随手将门关上，应转过身去正对着门，用手轻轻将门合上。回过身来将上半身前倾30度左右，向面试官鞠躬行礼，面带微笑主动向面试官问候一声"你好"或"考官好！"彬彬有礼而大方得体，不要过分殷勤、拘谨或过分谦让。在主考官没有请面试者坐下时，切勿急于落座。同意落座后，要说"谢谢"。坐下后保持良好的体态，切忌大大咧咧，左顾右盼，满不在乎，会引起考官反感。

(三) 脸上要始终面带微笑

脸上带着愉快轻松和真诚的微笑首先是一种信息的传递，会使你处处受欢迎，因为微笑会使你显得和蔼可亲，而每个人都乐于与和气、快乐的人一起共事。应该表现出自己的热情，但不要表现得太过分。微笑的表情有亲和力。自然的微笑，也是自信的体现，会增进与面试官的沟通，留下良好的第一印象。不要板着面孔，苦着一张脸。听对方说话时，要不时点头，表示自己听明白了，或正在注意听。同时也要不时面带微笑，不宜笑得太僵硬，一切都要顺其自然。表情呆板、大大咧咧、扭扭捏捏、矫揉造作，都是一种美的缺陷，破坏了自然的美。

(四) 不要贸然和对方握手

面试时，握手是最重要的一种身体语言。专业化的握手能创造出平等、彼此信任的和谐氛围。你的自信也会使人感到你能够胜任而且愿意做任何工作。

握手的原则是"尊者为先",所以,在面试官的手朝你伸过来之后再伸手,要保证你的整个手臂呈 L 型(90 度),有力地摇两下,然后把手自然地放下。握手应该坚实有力,有"感染力"。双眼要直视对方,自信地说出你的名字,即使你是位女士,也要表示出坚定的态度,但不要太使劲,更不要使劲摇晃;不要用两只手,用这种方式握手在西方公司看来不够专业。手应当是干燥、温暖的。当然,如果面试官不主动表示示意握手,就不能贸然上去握手,那是不礼貌的表现。

(五) 得体的自我介绍

自我介绍时首先递上本人的简历资料再作介绍,介绍的时间要简短,内容要完整(学校、年级、专业和姓名)。保险专业的学生面试自我介绍时要尽量做到:自我介绍要充满自信,这样才有魅力;举止大方,适当运用幽默;在语言表述时要求简练,介绍主题要鲜明,努力做到自尊、自谦、有礼、有节;介绍的内容要有针对性,重点突出、条理清楚,既不过于自夸,同时还要注意对缺点点到为止。自我介绍是很好的推销自我的机会,应把握以下几个要点:

1. **突出特长**

要突出个人的优点和特长,并要有相当的可信度。特别是具有实际工作经验的要突出自己在保险行业方面的优势,语言要概括、简洁、有力,不要拖泥带水,轻重不分。要突出你与众不同的个性和特长,给考官留下几许难忘的记忆;

2. **展示个性**

要展示个性,使个人形象鲜明,可以适当引用别人的言论,如老师、朋友等的评论来支持自己的描述;

3. **层次分明**

坚持以事实说话,要注意语言逻辑,介绍时应层次分明、重点突出,使自己的优势很自然地逐步显露;

4. **语言正规**

尽量不要用简称、方言、土语和口头语,以免对方难以听懂。当不能回答某一问题时,应如实告诉对方,含糊其辞和胡吹乱侃会导致失败。

(六) 仪态要端庄大方

在整个面试过程中,参加面试者要保持举止文雅大方,谈吐谦虚谨慎,态度积极热情。如果主考官有两位以上时,回答谁的问题,目光就应注视谁,并应适时地环顾其他主考官以表示自己对他们的尊重。递资料时要大方得体,双手递上,以表示尊敬;谈话时,眼睛要适时地注意对方,不要东张西望,显得漫不经心,也不要眼皮下垂,显得缺乏自信。激动地与主考官争辩某个问题也是不明智的举动。有的主考官专门提一些无理的问题试探耐性,如果"一触即发",乱了方寸,面试的效果显然不会理想。

二、求职面试应答语言礼仪

得体的谈吐是面试学生向用人单位展示自己最好的手段。

面试语言艺术是一门综合艺术,包含着丰富的内涵。如果说外部形象是面试的第一张名片，那么语言就是第二张名片，它客观反映了一个人的文化素质和内涵修养。谦虚、诚恳、自然、亲和、自信的谈话态度会让你在任何场合都受到欢迎，动人的公关语言、艺术性的口才将帮助你获得成功。如前文谈到的自我介绍，其中语言的运用表达就很重要。

(一) 面试时应答要求

面试应答时应做到：听清题目及要求，说好第一句话；保持轻松自如，冷静、沉着应对；自然地表情、平和的心态；善于思考、争取主动、诚实坦率；恰当提问，言语适度；不轻易补充对方、不随意更正对方；忌贬低他人、狂妄自大、滔滔不绝，喧宾夺主；认真聆听，不要任意插话、不打断对方。

(二) 求职面试中的语言表达要求

1. 发音和吐字

口齿清晰，语言流利，文雅大方。交谈时要注意发音准确，吐字清晰。忌用口头禅，更不能有不文明的语言。

2. 语气

语气平和，语调恰当，音量适中。面试时要注意语言、语调、语气的正确运用。音量的大小要根据面试现场情况而定，以每个主考官都能听清你的讲话为原则。

3. 语言

语言要含蓄、机智、幽默。适时插进幽默的语言，可增加轻松愉快的气氛。尤其当遇到难题时，机智幽默的语言，有助于化险为夷，并给人以良好的印象。

(三) 求职面试中应答技巧

1. 把握重点

简洁明了、条理清楚、有理有据。

2. 明确具体

主考官提问总是想了解一些应试者的具体情况，切不可简单地仅以"是"、"否"作答。针对所提问题，尽量作出明确而具体的解答。

3. 个性鲜明

主考官要接待许多应试者，会有乏味、枯燥之感。只有具有独到的个人见解和个人特色及创新思想的回答，才会引起对方的兴趣和注意。

4. 诚实坦率

面试遇到自己不会的问题时，不要冷场或是不懂装懂，可将问题复述一遍，并先谈自己对这一问题的理解，请教对方以确认内容；或者诚恳坦率地承认自己这方面的认识不够今后需要多关注等，这样真诚的态度也许反倒会赢得主试者的信任和好感。

5. 随机应变

为了检验考生的实际工作能力，面试中往往设置"情景"试题，或故意出难题，以测试考生的为人、个性特征，办事效率和应变能力。有的时候主考官的问题看似简单，其实并非表面含义，而是另有用意，所以要参透对方意图，随机应变。

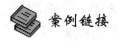 **案例链接**

注意肢体语言，成功赢得面试

　　王丽到一个向往已久的公司应聘营销员，参加面试的人非常多。她准备充分，对自己很有自信，应聘时以丰富的专业知识及良好的心态，与主考官谈得很投机。谈兴正浓时，她看见主考官看了看表，并开始变换姿势。她突然意识到，自己占用了过多的时间，于是立即结束了话题，还为自己的疏忽而耽误了主考官时间而一再道歉，并随手摆好了凳子，拿走了自己用过的纸杯。

　　面试结束后的第二天，公司告知王丽通过了面试。

　　掌握肢体语言，将会在你与人相处时起到非常重要的作用。本案关键在于王丽能及时理解的主考官的小动作，考官因时间过长而不耐烦了，虽有疏忽，但善解人意的她还是得到了加分。作为营销人员，懂得肢体语言的含义，懂得顾客心理，是非常重要的。

三、求职面试仪态举止礼仪

　　面试时，招聘单位对你的第一印象最重要。你要仪态大方得体，举止温文尔雅。

(一) 面试仪态举止

　　面试仪态举止是一个人的仪容和外表的总和。它是人的精神面貌的外现(第一印象)。保险人员的求职面试言谈要讲究谨慎多思、朴实文雅；举止优雅大方。高雅的气质与职业化的形象更能令人"一见钟情"。

　　仪态，具体指的是人的姿势、举止和动作。姿态礼仪的含义就是指我们心里所想和所表现的一切行为，要尽量考虑别人方便，是文明教养、文化素质的象征。优美的仪态，表达感情、展示形象；姿态美是一种极富魅力和感染力的美，它能使人在动静之中展现出人的气质、修养、品格和内在的美。仪态端庄的礼仪之道包括如下几点：

　　1. 仪态文明

　　有修养，讲文明，懂礼貌。

　　2. 仪态自然

　　规范端庄，大方实在，不装腔作势。

　　3. 仪态美观

　　这是高层次要求：优雅脱俗，美观耐看，能给人留下美好印象。

　　4. 仪态敬人

　　通过良好的仪态，体现敬人之意。

(二) 面试仪态形象礼仪

　　1. 气质高雅、风度潇洒

　　在人际交往中，人们常常用"气质很好"来评价对他人的感受，然而，什么是"气质"？很难回答。其实言谈举止就反映内在气质，从心理学的角度来看，一个人的言谈举止反映的是他(她)的内在修养，比如，一个人的个性、价值取向、气质、所学专业……不同类型的人，会表现出不一样的行为习惯，而不同公司、不同部门，也就在面试中通过对大学生言谈举止的观察，来了解他们的内在修养、内在气质，并以此来确定其是否是自己需要的人选。

面试能否成功，除了必须掌握的专业知识以外，往往是在应聘者不经意间决定的，而且和应聘者的言谈举止、气质风度很有关系。而这些内在素质，都会在平常的言谈举止中流露出来。

2. 无声胜有声的形体语言

除了讲话以外，无声语言是重要的公关手段，主要有：手势语、目光语、身势语、面部语、服饰语等，通过仪表、姿态、神情、动作来表情达意的沟通手段，它们在交往中起着有声语言无法比拟的效果，是职业形象的更高境界。

形体语言对面试成败非常关键，有时一个眼神或者手势都会影响到整体评分。比如面部表情的适当微笑，就显现出一个人的乐观、豁达、自信；服饰的大方得体、不俗不妖，能反映出应聘者风华正茂，有知识、有修养、青春活泼，独有魅力，它可以在考官眼中形成一道绚丽的风景，增强你的求职竞争能力。

(三) 适度恰当的手势

1. 表示关注的手势

在与他人交谈时，一定要对对方的谈话表示关注，要表示出你在聚精会神地听。对方在感到自己的谈话被人关注和理解后，才能愉快专心地听取你的谈话，并对你产生好感。一般表示关注的手势是：把双手交叉，身体前倾。

2. 表示开放的手势

这种手势表示你愿意与听者接近并建立联系。它使人感到你的热情与自信，并让人觉得你对所谈问题已是胸有成竹。这种手势的做法是手心向上，两手向前伸出，手要与腹部等高。

3. 表示有把握的手势

如果你想表现出对所述主题的把握，可先将一只手伸向前，掌心向下，然后从左向右做一个大的环绕动作，就好像用手覆盖着所要表达的主题。

4. 表示强调的手势

如果要吸引听者的注意或强调很重要的一点，可把食指和大拇指捏在一起，以示强调。

(四) 眼睛是心灵的窗户

真诚、支持、友爱的目光可以跨越任何障碍，把人与人的关系拉得很近。在人类的活动中，用眼睛来表达的方式和内容如此丰富、含蓄、微妙、广泛，眼神的力量远远超出我们用语言可以表达的内容。可以说，一个不能用眼神、目光交流的人不会是一个高效的交流者。一个良好的交际形象，目光是坦然、亲切、和蔼、有神的。

1. 适当的肢体语言

面试一开始就要留心自己的身体语言，特别是自己的眼神，对面试官应全神贯注，目光始终聚焦在面试人员身上，在不言之中，展现出自信及对对方的尊重。

眼睛是心灵的窗户，它是人体传递信息最有效的工具。眼睛能表达出人们最细微、最精妙的内心情思，从一个人的眼神中，往往能看到他的内心世界。恰当的眼神能体现出智慧、自信以及对公司的向往和热情。

注意眼神的交流，这不仅是相互尊重的表示，也可以更好地获取一些信息，与面试官的动作达成默契。

2. 正确的眼神表达

礼貌地正视对方，注视的部位最好是考官的鼻眼三角区(社交区)；目光平和而有神，专注而不呆板；如果有几个面试官在场，说话的时候要适当用目光扫视一下其他人，以示尊重；有的人在回答问题时眼睛不知道往哪儿看。魂不守舍、目光不定的人，使人感到不诚实；眼睛下垂的人，给人一种缺乏自信的印象；两眼直盯着提问者，会被误解为向他挑战，给人以桀骜不驯的感觉。如果面试时把目光集中在对方的额头上，既可以给对方以诚恳、自信的印象，也可以鼓起自己的勇气、消除自己的紧张情绪。

(五) 微笑

就表情来说，在生活中，最可以表示好感和对他人尊重的一种表情就是微笑。笑容是一种令人感到愉快的面部表情，它可以缩短人与人之间的心理距离，为深入沟通交往创造温馨和谐的气氛。因此有人把笑容比作人际交往的润滑剂。在笑容中，微笑最自然大方，最真诚友善。世界各民族普遍认同微笑是基本笑容或常规表情。在服务岗位，微笑更是可以创造一种和谐融洽的气氛，让服务对象倍感愉快和温暖。微笑可以表现出一个人心境良好，充满自信，真诚友善，乐业敬业。

微笑的力量是巨大的，但要笑得恰到好处也是不容易的，微笑是一门学问，也是一门艺术。真正的微笑应发自内心，渗透着自己的情感，自然大方，表里如一，这样的微笑才有感染力才能被视做"参与社交的通行证"。

四、面试结束阶段要求

面试不是闲聊，也不是谈判，而是陌生人之间的一种沟通。面试者应灵敏机警而善解人意。谈话时间长短要因面试内容而定。招聘者认为该结束面试时，往往会说一些暗示的话语或者是直接明示，暗示语如："很感谢你对我们公司这项工作的关注"或"感谢你对我们招聘工作的关心"，"我们做出决定一定会通知你"等。求职者在听到诸如此类的暗示之后，就应该主动告辞，告辞时应该感谢对方肯花费时间在自己身上。

因为不论是否如你所料，被顺利录取，得到梦寐以求的工作机会，或者只是得到一个模棱两可的答复："这样吧，××先生/小姐，我们还要进一步考虑你和其他候选人的情况，如果有进一步的消息，我们会及时通知你的。"我们都不能不注意礼貌相待，用平常心对待用人单位，况且许多跨国公司经常是经过两三轮面试之后才知道最后几个候选人是谁，还要再做最后的综合评估。

(一) 面试结束的告别礼仪

与人事经理最好以握手的方式道别；离开办公室时，应该把刚才坐的椅子扶正到刚进门时的位置；再次致谢后出门；经过前台时，要主动与前台工作人员点头致意或说"谢谢你，再见"之类的话。

1. 当时被录用时

不要过分惊喜，首先表达诚挚的谢意，并希望在今后的工作中合作愉快，共创辉煌的业绩。

2. 当时没被录用时

不要气馁，表示获益匪浅，并希望今后如有机会再合作；不要哀求或强行推销自己，应面带笑容，真心感谢，不失体面。

3. 暂时不知道结果时

应再次强调对这份工作的热情和兴趣，同时感谢对方给自己这次机会，也要感谢对方能在百忙之中抽出时间与自己交谈。

(二) 面试失败后总结经验

面试很难一次成功，所以面试之后，要保持平常心，既不过分苛求结果，又不对自己丧失信心。对本次经历认真做一下回顾和总结，为以后的求职面试做好准备。在人生的旅途中，即使面对风浪与挫折，也能够不断总结经验，不断自我反思改进提升，这样的人，一定会一步步走向成功的。

1. 面试后的回顾

自测一下，看自己能打多少分。分析评价自己，如在外在形象、仪容仪表、知识水平、内在素质等方面重新评价一次，找到不足，今后改进，或者下一次尽量扬长避短，确保成功。

2. 耐心等候结果

不要过早去打听面试结果，一定要耐心等候。在约定的时间还没等到通知，就说明落选了。等候时千万不要打电话去询问，那样会打扰对方，令对方反感。

3. 全力备战下一次

面试回来，须整理好自己紧张兴奋地心情，要明白这只是一次经历、一个阶段，如果自己同时向几家公司求职，就必须全身心地投入到下一家面试中去。因为，在没有任何一家公司录用自己之前，就不应该放弃任何机会，反而是应该尽可能多的去争取机会。

在不断的面试中，不断地总结经验，能够自我反思，不断地改进，这样做本身就是一种收获与进步，那么就一定会越来越好。

❀ 实训指导 ✦✦✦✦✦✦✦✦✦✦✦✦✦✦✦✦✦✦

实训主题：求职面试礼仪
情景模拟 1：求职面试准备阶段礼仪。
情景模拟 2：准备简历及自我介绍礼仪。
情景模拟 3：回答面试官提问的礼仪。
情景模拟 4：面试结束离开时的礼仪。
实训要求：
以小组为单位，参加情景模拟演练(10 分钟/组)。

职业素养 ✦✦✦✦✦✦✦✦✦✦✦✦✦✦✦✦

正思维正能量

◎ 成功都是逼出来的。

◎ 好走的路都是下坡路。

◎ 被人利用说明你有用。

◎ 少走弯路就是走捷径。

◎ 不怕万人阻挡，只怕自己投降。

◎ 你不努力，永远没有人对你公平。

◎ 没有走不通的路，只有想不通的人。

◎ 如果你简单，这个世界就对你简单。

◎ 人生没有彩排，每一刻都是现场直播。

◎ 逆境，是上帝帮你淘汰竞争者的地方。

◎ 没有绝望的处境，只有对处境绝望的人。

◎ 成功路上并不拥挤，因为坚持的人不多。

◎ 顺境和逆境是硬币的两个面，遇到顺境，是幸福，遇到逆境，则是幸运。

◎ 很多时候，看起来最近的路，其实是最远的路，看起来最远的路，其实是最近的路。

阅读指导 ✦✦✦✦✦✦✦✦✦✦✦✦✦✦✦✦

《最伟大的力量》——马丁·科尔

选择自我改造

选择的权利在你的手中。力量，你是有的。但是你可能选择不去开发、利用它。有些力量是很明显的，太明显了以至于你都意识不到它的存在。这样你就可能不会有意识地去开发利用。

是的，不管你信仰什么，你都具备这种力量。你选择汽车、节目、电影、度假的方式、伴侣。你有这种能力，没有任何来自你本人之外的东西迫使你做出这样的决定。你做了决定因为你做了选择。你做出了的选择，是因为你希望它是这样。如果是个糟糕的选择呢？当然我们希望有个人或什么东西可以让我们去责怪。

于是，有人就说："这是上帝的旨意。"但是，这是吗？你可能很熟悉那句老话："自助者，天恒助之。"不管有关上帝的那些传说，我们信还是不信，或者到底能够信多少，上帝确实赋予了每一个人自助的权利——或者，换句话说，选择的权利。

我们必须意识到，没有任何我们自身之外的东西会真正伤害我们。那么，什么会伤害我们——只有我们自己错误的选择。

如果我们选择吃得太多并因此生病的话，该怪谁呢？如果我们选择将车开得太快以至于它最终失去了控制的话，该怪谁呢？如果我们选择了自己的性格令人讨厌，该怪谁呢？如果我们要把钱带进棺材，成为"坟墓中最富有的人"，却使自己成了病人的话，该怪谁呢？如果我们没有真正学会怎样热爱生活，我们该怪谁呢？怪上帝吗？啊，不！不能怪任何人。

我们没有正确的运用上天赋予我们的最大的力量：选择的能力，这样我们便伤害了我们自己。

自从地球上出现人类开始，人类已经走过了一段漫长的历程。现在的这个世界是现代发展的产物。它不断地向前发展，逐渐掌握改造自然的力量，通过人工的改造，将生活变得更舒适、完美。而人类的这种力量是无穷尽的。有了对自然的掌握，我们是否意识到，我们正在面临的更艰巨的事业——掌握我们自己。

我们已经走过了石器时代、木器时代、铁器时代、正走过机器时代，现在我们要进入一个新时代——知性时代。人们一直在运用选择的能力，只不过他们并没有意识到这一点。现在我们意识到，我们有了重大的发展，那就是我们的许多麻烦、困难和痛苦都是人为的。

人类在不断地为自己创造一种安逸享受的机械性的生活；与此同时，人类也在把自己的精神生活搞得越来越复杂。本来是不需要这样的，再也不需要这样。既然他已经发现了这种最伟大的力量——选择的力量——他就可以选择——像个真正的人一样生活。

人不能再责备他自身之外的任何东西。人必须把责任归咎于自己。人做了他所做的一切是因为——他选择了这样做。也许我们并不愿意承认这一点，但这确是真的。

人类成年累月地从早到晚地工作，有时甚至一天工作十二到十四个小时，没有或很少有闲暇的时候。现代发展所带来的后果之一，就是使人类有了更多的可供自己支配的时间。

于是，人类现在真正洞悉了生活的艺术。他必须学会生活的艺术，因为他的手上有那么多空闲的时间需要打发。只要他手上有那么多空闲的时间，他就必须要理智地利用这些时间。如果他不这样的话，就会给自己招致灾难。

人们发现，在学习生活的艺术的时候，最重要的是学会如何接受自己。

这种最伟大的力量——选择的力量——会把生活变成他一直向往的样子；不用去依靠他自身之外的任何东西，而是去依靠他自身内部的那种伟大的力量，这种上天赋予他的、使他成为一个真正的人的力量。

我们关注着生活中的种种困难，那些困难看起来似乎很难克服。我们四下观望，想知道自己生活的是否值得。有的人甚至会走极端，以至说世界越变越糟而不是越变越好之类的话。

一旦我们选择了使世界变得更美好，世界就会开始变得美好起来。不要总等着别人去改造世界。别等着你的邻居进行自我改造——从你开始。

如果我们每个人都开始选择改造自己的话，我们就可以改变我们的小世界。我们每个人都生活在一个属于自己的小世界中。这是对每个人来说最重要的世界。这也是我们可以对其进行改造的世界。如果我们是热爱生活的、乐于助人的、令人愉快的，给人留下积极向上的阳光的印象，我们就可以自然地影响周围的人了，使周围的人朝着好的方向积极乐观的发展。人们将意识到，生活并不依赖于金钱、机器、汽车、皮货、家庭或所谓的"财富"而存在，生活是建筑在他的精神力量之上的，并能通过这种精神的力量得到他想要得到的一切。

人必须意识到生活中最重要的东西是生命。因此，他首先要对他所拥有的生命负责。如果他对于生命给予仔细的照顾，生活就会变成他所向往的样子。如果他忽视自己的生命——生活就会以一种他所不希望的样子出现。在有万能的权力给了人生命以后，怎样按照自己认为合适的方式去面对生活就是人类自己的事了。

事实就是这样，既然我们来到这个世界上只有一次，我们应该选择生活得自信一些而不要过于羞怯；我们应该选择生活得平静一些，而不要总是躁动不安；我们应该选择拥有静谧而不是混乱；我们应该选择尽量合理利用生活，开发精神、减少物欲，为我们自己，也为我们周围的人，而不把自己和他人的生命糟蹋掉。

我们有选择的力量——让我们尽我们所能去利用它。当我们运用自己的大脑去选择最佳的方式的时候，我们会发现，幸运之神会来帮助我们，我们就会走向成功。

让我们选择相信，美好的事情就会发生。为什么我们总要遵循那古老的模式——认定糟糕的事情总会发生？

 复习思考 ✦✦✦✦✦✦✦✦✦✦✦✦✦✦✦✦✦

1. 谈谈你会做哪些面试前的准备，自己今后有什么相应的打算？
2. 你将书写一份怎样的面试简历，今后打算做哪些准备工作？
3. 求职面试基本礼仪要求有哪些？

第七章　保险职业道德规范及其实施与监督

 案例引导

心境比环境重要——日本汽车销售之神奥成良治

日本有位待业青年，一直没有找到工作，在朋友的介绍下，终于进入一家汽车销售行做营销员。这位生性腼腆、语言木讷的小伙子，在被拒绝过多次后，似乎变得更加木讷和胆怯了，最后忍无可忍，决定躲到乡下住几天，然后回来辞职。

在乡下，他偶尔看到几个顽童玩耍。孩子们将宽口瓶中的温水朝着一只青蛙慢慢倒去，奇怪的是，那只青蛙不仅没跑，反而仰起头，表现出一幅很受用的样子。

这小伙子大受触动，原来青蛙是冷血动物，当有温水淋遍全身时，无异于人类的温泉之浴。联想到自己眼前的处境，那些人的拒绝与冷眼，不正像小顽童们淋下的温水吗！把它当做欺侮是一种心境，当做温泉之浴将会是另一种心境，就看自己如何取舍。

从乡下回来以后，这位年轻人开始重新给自己订立一个计划：一天拜访 100 位客户。

就在这个计划执行途中，他发现连平时抽烟的习惯都是浪费时间，于是毅然戒了烟。

这个小伙子就是人称"汽车销售之神"的奥成良治——后来成功成为日本第一位独立销售一万辆汽车记录的保持者！

营销员每天面对无数的顾客，而每个客户都有不同的性格，他们拒绝的方式也不一样，有时甚至是带有侮辱性的。这时，保持良好的心境，变压力为动力，把挫折变为磨砺，相信宝剑锋从磨砺出，梅花香自苦寒来。不经历风雨，怎能见到彩虹！

案例启示：作为服务性行业，保险从业人员要面对很多人，会遇到很多困难，保持良好的心境，变压力为动力，坚守诚信的原则，抵住诱惑，辛苦付出，一定会有收获的。

第一节　保险职业道德规范

一、保险职业道德概论

(一) 保险职业道德的内涵

1. 保险职业道德的概念

保险职业道德，是指在长期的保险职业活动中逐渐形成的并适应保险职业活动的需要，从事保险行业的工作者在其职业活动中应当遵循的行为规范和行为准则。职业道德是道德的特殊形式，是一定的社会的道德原则和道德规范在各种职业活动中的体现和延伸，是人们所从事的职业活动中应该遵循的行为规范的总和。

保险职业道德是在长期的保险职业活动过程中逐渐形成的，是保险职业活动的内在需要，是以超越一方当事人具体利益的方式调整保险各方当事人的权利义务关系的，保证当事人各方根本利益的实现。

作为保险从业者，应当充分认知保险行业的职业特性，理解行业义务及其所担负的社会责任，需要自觉将自身利益融入到行业整体利益当中去，通过自身的职责的正当履行进而达到服务群众，真正的实现保险的社会主义保障职能，为广大人民分散危险、补偿经济损失，为社会做贡献。

2. 保险职业道德的内涵

保险职业道德是社会对保险从业人员的基本价值定位，是保险从业人员在职业活动中，作为一名专业人士应具有的职业操守和专业素质，是法律规范外的非强制性行为规范，是靠行业自律和从业人员自觉去维护和遵守的。保险职业道德的内涵包括三个层次：

(1) 保险从业人员在职业活动中应遵循的基本理念和规范体系。

保险职业道德的基本理念体现了保险职业活动中最基本的伦理关系，具有普遍的指导性和约束性，是整个道德体系的核心。

保险职业道德的基本理念包括：以人为本的理念；以诚取信的理念和以和为贵的理念。保险职业道德的基本理念是保险行业发展的客观要求，也是保险职业道德规范制定的基础。

职业道德规范是比较具体的职业活动中的普遍道德要求，它具体包括：遵纪守法、诚实守信、专业胜任、客户至上、公平竞争、勤勉尽责、保守秘密、团结互助、文明礼貌、爱岗敬业、开拓创新，共十一条行为规范。

(2) 保险业内部不同领域的特殊道德要求。

保险是个"影响公众利益"的行业，关系到社会民众的生活和生产活动。保险职业道德以集体主义原则为核心，以全心全意为人民服务为宗旨，是履行保险法律关系的契约精神的自觉行为。由于社会分工的不同，不同的行业及行业内部的不同部门，不同的角色和利益主体，还需要遵守不同的特殊职业道德要求。

如保险公司从业人员、保险中介人、保险监管部门工作人员，都需要遵守各自特殊的职业道德规范。保险职业道德强调角色特征，旨在促使保险从业人员认同自身承担的特殊身份和角色，培养其自豪感，积极履行其不同类型责任和义务。保险从业者需要充分认识保险的职业特征与角色特征。

(3) 保险职业道德的实践活动。

良好的职业道德规范，只有通过保险从业人员的具体执业行为落实到工作中去，才能够真正转化为职业道德行为，发挥其调整社会关系的作用。为了保障保险职业道德的践行，有效的实施、评价和监督机制是必不可少的。保险职业道德的实施机制就是为保证保险职业道德能有效实现而制定的实施、评价、监督等机制。

保险从业人员既要遵守职业道德及法律法规的规定，又要严格自律。由于保险的专业性较强，信息的不对称，保险人员在展业活动中需要自觉做到诚实守信，主动说明保险条款以及免责规定等，不得欺骗被保险人。例如：非本人签字；不如实告知；不完全讲解条款；不填写完整客户资料；不及时通知客户存款待转帐等行为，就是不遵守保险职业道德的行为，当然也同时是违反保险法的行为。

(二) 保险职业道德的客观依据

保险职业道德的制定，是有着充分的历史依据、现实依据和法律依据的。

1. 保险职业道德制定的历史依据

按照中国古代朴素的宇宙观，古代的礼仪规范和道德规范都是效法天地自然规律而制定的。同理世界范围内经济贸易习惯和法律规范的产生，也是要遵循客观经济规律的，是长期以来经济健康发展的要求。3000 年前出现在西方的保险业，就是以避灾减灾为目的，1468 年的威尼斯《防欺诈保险法令》更是明令禁止保险行业的欺诈行为。中国封建社会的镖局，就是具有保险性质的货物运输的一种方式，信誉更是镖局的存在的根本。

2. 保险职业道德制定的现实依据

保险职业道德的制定，也是保险业内在价值规律的要求。

(1) 保险业的内在价值。

保险是社会的减压阀和稳定器，是一种风险转移的方法，这种商业行为客观上具有良善目的，而另一方面，保险公司的经营是一种商业行为，是需要盈利的，二者之间的矛盾冲突的调整就是保险职业道德存在的客观依据。

(2) 保险业社会功能与从业人员素质。

保险业是从事风险管理的行业，现代保险业具有经济补偿、资金融通和社会管理的功能。保险业所具有的这三个功能使保险业对社会生产、人民生活乃至国民经济有着很大的影响。而保险业的发展和保险功能的实现，与保险从业人员的职业道德素质密切相关。为此应加强保险从业人员进行的岗前职业道德培训以及继续教育，通过规范指导，严格培训，树立信念，养成习惯。

(3) 当代保险业发展的客观要求。

全球保险业务很大一部分是人身保险，使得"以人为本"成为必然。随着保险业的发展，保险险种的增多，民众保险意识日益加强，保险人与客户利益冲突必将增多，世界各国保险业从业守则指向"以和为贵"成为必然。"诚实信用原则"几乎为世界各国民商法所吸收，我国合同法、保险法也规定"信守合同"、"最大诚信原则"为法的基本原则，可见保险职业道德的"以诚取信"理念的重要性，诚信是受到法律和道德规范双重约束的，是保险从业人员需要高度重视的。

3. 保险职业道德的政策法律依据

保险职业道德规范的一些内容同时也为相关法律所吸收，如诚实信用原则就是我国民法的一项基本原则，这一规定在我国的保险法、合同法、民法通则以及物权法中都有相关的规定。再如 1996《保险管理暂行规定》、1995《关于惩治破坏金融秩序犯罪的决定》等国家相关政策法规也在规范和约束保险执业行为，违犯规定者受到的可能不仅仅是道德的谴责，还要受到法律的制裁。如果违反诚信原则而签订的合同是可以被判定为无效的。

(三) 保险职业道德的地位和作用

1. 保险职业道德的地位

(1) 保险职业道德的地位。

保险职业道德建设与社会主义职业道德建设密切相关；保险职业道德与保险业发展密

切相关。社会主义物质文明与精神文明的建设相辅相成，保险行业的职业道德建设和实施情况，也是社会主义道德建设中重要的一环。中国保险业起步晚，专业经营水平还不高，粗放式经营，销售方式单一，产品结构简单，供给不足，尤其是缺乏专业人才。

(2) 保险从业人员的职业道德水平关系到保险业的健康发展。

据统计，中国保险从业人员中真正受过系统保险专业教育又有保险专业水平的保险专业人才不到 30%，其中既了解国际保险市场又懂得精算和计算机技术的高级人才更是凤毛麟角。甚至有不少保险从业人员在业务拓展时不遵守职业道德规范，存在骗保的现象，这给保险业的健康发展造成了很大的负面的影响。

保险是牺牲眼前利益换取对未来的长远利益，保险公司对客户未来可能发生的风险进行的承诺是否能够兑现，同时关系到社会福利和公众利益。因此，对于保险行业以及从业者而言，应将职业道德视为生命，保险行业的诚信至关重要。

2. 保险职业道德的作用

(1) 保险职业道德的作用。

保险职业道德从社会整体的高度，从人们的整体利益的角度，用超越局部和个人现实利益的方式规范保险从业人员的业务行为，从而保障保险当事人各方的根本利益都得以实现。保险职业道德的遵守和实现，对于调整保险当事人之间的关系、促进保险业的健康发展、市场经济的可持续发展以及和谐社会的建设具有积极的促进作用。

市场经济就是法制经济，保险关系就是市场经济关系的一种，和谐、健康、科学的经济发展关系，既要靠法律规范来维护，又要靠职业道德规范来约束。保险职业道德所调整的社会关系包括：调整保险当事人之间的关系；调整从业人员与保户之间的关系；调整从业人员与保险机构、保险业之间的关系；调整内部保险从业人员之间的关系；调整险业内部各单位与各部门之间的关系；调整保险从业人员与自身职业理想、与社会整体的利益关系。保险职业道德以人为本的基本理念，就是科学发展观的客观要求。

(2) 保险从业人员的职业道德素质会影响到到保险业的行业形象。

保险从业者应提高自身职业道德素质，做到德才兼备，全面发展。要坚持学习、再学习；实践、再实践。尤其是保险营销人员，要摈弃干保险就是拉业务这种单纯狭隘的意识观念，树立"学者型、道德型"保险营销员观念。通过学习保险理论知识、保险营销知识、法律知识，不断提高认识世界和改造世界的能力，不仅把自己培养成有理想、有道德、有文化、有纪律的合格保险人，而且还要把自己培养成高智商、复合型、有创新精神和竞争能力的保险从业者，以适应保险市场竞争的需要。

二、保险职业道德的基本理念

职业道德理念的三个基本是以人为本、以诚取信、以和为贵。

(一) 以人为本的基本理念

在古代，以打鱼为生的人们，每次出海前都要祈祷，祈求神灵保佑自己能够平安归来，希望出海时能够风平浪静，平平安安满载而归。他们在长期的捕捞实践中，深深地体会到"风"给他们带来的无法预测、无法确定的危险，他们认识到，在出海捕捞打鱼的生活中，"风"即意味着"险"，因此有了"风险"一词的由来。当然人生可能遭受的风险是多种多样的，人生资源可能遭受的风险也是多方面的，而人是风险的最终载体。

中国古代的经典《易经》的"易"字，简单讲就是变易变化的意思。按照马克思主义哲学的观点，世界上万事万物都处在不断发生发展和变化之中，在新旧事物的交替中，事物的运动总是处于波浪式前进或螺旋式上升的过程。所谓风险，就是事物运动和变化造成的。

当今社会，全球经济一体化，地球似乎变成了国际村，危机、风险、机遇和挑战空前增多，不仅人的生命和健康需要保障，个人和企业的财产安全需要保障，而交易的安全、企业的信誉等越来越多的风险出现了，保险可以为此提供保障，在一定程度上免去人们的后顾之忧和精神焦虑。因此保险行业在业务服务中，要始终从客户利益出发；为客户着想；对客户认真负责。提供最优服务，取之于民，用之于民。

"以人为本"对应职业道德基本规范是客户至上、爱岗敬业、保守秘密、勤勉尽责等。

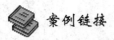 案例链接

以人为本，勤勉尽职

李雪莹是平安人寿塘沽支公司的一名主管，她以"客户至上"为座右铭，始终坚持"一切从保户利益出发"，被客户称为"唯一没有血缘关系的亲人"。一次某位客户电话焦急地说，村里一个小学生被狗咬了，其父母是智残人，怎么办理？她在电话中嘱咐不要孩子乱动，先用冷水洗伤口，接着到防疫站打狂犬疫苗针。叮嘱之后，她买了一些小食品和学习用具到孩子家中看望，帮助办理保险理赔。事情虽小，却实实在在地感动了当地村民，后来当地村民想到保险就去找她。她用真心换来了真情，用专业品质赢得了客户的信任。

一个寒冷的冬天，一个客户带着哭声给她打来了电话，告知其爱人出了车祸，当场死亡。刚到家门的她，转身就打的奔向出事现场，与交警几乎同时到达。事后她讲，平常看到谁家有丧事，都害怕得躲得远远的，当时也不知道怎么有那么大的力量。

"当客户把保费交给我们的一瞬间，我们对那个家庭已担负了一种责任。"随后的一切索赔手续都由她帮助办理。后来那位报案人拿着钱和身份证来到公司，专门找她为自己办理保险，曾一度在客户中传为佳话。

平时她牺牲大量的休息时间穿梭于新老客户之间，只要听到客户一有小意外或小毛病，她必定第一时间内登门拜访。一次她发现一客户摔伤急于用钱，毫不犹豫地掏出 200 元先行垫付，客户的心被温暖了，也成为她在保险市场中忠实的支持者。

(二) 以诚取信的基本理念

诚实守信为保险立业之本，信用是保险业的生命之根，也是古往今来做人的根本、经商的根本。中国古人有句俗话，"酒香不怕巷子深"就是说诚心诚意做出来的商品，一定会有顾客上门的，反之，坑蒙拐骗、巧取豪夺都是舍本逐末，最终毁坏了自己的商业信誉，砸自己的牌子，得不偿失。

尤其是保险行业，诚信是保险业的良心，如果能够向前面的案例中李雪莹那样以诚换信，诚心为顾客服务，在客户与保险人之间建立起牢固的信用关系，那么我国保险行业就

一定能够更加兴旺发达。当然，面对利益的诱惑，仅靠公民觉悟还是不行的，还需要对于诚信的监管，配合以法律的约束。保险机构对从业人员、保监会对机构和个人进行全过程诚信与监管。

我国《保险代理从业人员执业行为守则》第十四条规定："保险代理从业人员在向客户提供保险建议前，应深入了解和分析客户需求，不得强迫或诱骗客户购买保险产品。当客户拟购买的保险产品不适合客户需要时，应主动指出并给予合适的建议。"

"以诚取信"对应职业道德基本规范体现为诚实守信、遵纪守法、保守秘密、勤勉尽责。

(三) 以和为贵的基本理念

以和为贵的基本理念包括了以下几点内涵：心和事和；求和之道；以信义求和；以尽职求和。

保险业具有排忧解难的社会功能，还具有防灾防损的功能，是社会稳定器，在客观上具有为人们能造福的良善目的，当面对保险理赔纠纷时，要尽量积极配合客户解决问题，要以和为贵，贵在和谐。

例如，我国《保险代理从业人员执业行为守则》第九章对于争议与投诉处理规定：

第 42 条　保险代理从业人员应当将投诉渠道和投诉方式告知客户。

第 43 条　对于与客户之间的争议，保险代理从业人员应争取通过协商解决，尽量避免客户投诉。

第 44 条　保险代理从业人员应当始终对客户投诉保持耐心与克制，并将接到的投诉及时提交所属机构处理。

第 45 条　保险代理从业人员应当配合所属机构或有关单位对客户投诉进行调查和处理。

"以和为贵"对应职业道德基本规范体现为：团结互助、公平竞争、文明礼貌、勤勉尽责等。

三、保险职业道德的基本规范

保险职业道德体系由道德基本理念、基本规范和特殊领域的道德要求组成。保险职业道德基本规范共包括十一条：遵纪守法、诚实守信、专业胜任、客户至上、公平竞争、勤勉尽职、保守秘密、团结互助、文明礼貌、爱岗敬业和开拓创新。

保险职业道德基本理念与基本规范二者相辅相成，保险职业道德的基本理念处于核心地位，是对保险职业活动内在规律的认识及反映，是保险从业人员进行行为选择、道德评价和解决道德冲突的根本标准，并体现了保险职业道德的基本特征。而基本规范则是在基本理念的指导下，为保险从业人员提供的具体的行为要求，体现了职业道德身体力行的特点。

(一) 遵纪守法

中国保监会在《关于发布保险中介从业人员职业道德指引的通知》中规定以《保险法》为行为准绳，遵守有关法律和行政法规，遵守社会公德；遵守保险监管部门的相关规章与规范性文件，服从保险监管部门的监督与管理；遵守保险行业自律组织的规则；所属机构的管理规定。遵纪守法是保险职业道德的基本规范之一。

1. 遵纪守法的概念

遵纪守法是指遵守国家的法律、法规、部门规章、行业公约、行业纪律、企业纪律等。

2. 遵纪守法的意义

遵纪守法是对保险从业人员的基本要求，有利于提高保险从业人员个人素质，有利于保险从业人员权利义务统一。

3. 遵纪守法的要点

遵纪守法要求遵守国家制定的法律法规；遵守保险监管部门的规章；遵守行业自律组织的规范；遵守所属机构的管理制度。

遵纪守法的具体体现为，以《中华人民共和国保险法》为行为准绳，遵守有关法律法规，《消费者权益保护法》、《民法通则》、《反不正当竞争法》，遵守社会公德；遵守承保政策、风险管控等；遵守保险行业自律组织规定；遵守所属机构管理规定。

(二) 诚实守信

1. 诚实守信的概念

诚实守信是指保险从业人员在人事保险活动中，应当讲究信用，严守诺言，不把自己利益的获得建立在损害国家、社会和他人利益的基础之上。诚实信用是保险从业人员职业道德的灵魂。

2. 诚实守信的意义

有利于保险持续健康发展；有利于维护被保险人的根本利益；有利于保险机构的规范化经营。

3. 诚实守信的要求

诚实守信要求培育保险诚信文化，"真诚永远"、"一诺千金"等应成为保险人员的行为准则；履行如实告知义务，如实告知所属机构与投保有关的客户信息；要客观、全面介绍产品，避免对客户的误导；向客户推荐的保险产品应符合客户需求，不强迫或诱导客户购买保险产品。

(三) 专业胜任

1. 专业胜任的概念

专业胜任是指保险从业人员通过不断地加强学习、更新、充实保险专业知识，提高专业执业水平和保持优质执业水准。

2. 专业胜任的意义

有利于保证从业人员素质；有利于树立落实科学发展观；有利于中国保险业更好的发展。

3. 专业胜任的要求

专业胜任要求：在执业前取得法定资格和专业能力；在执业中加强学习并提高业务技能；参加各类专业考试并接受继续教育。

专业胜任具体体现为：取得法定资格并具备足够的专业知识与能力。在工作实践活动中加强学习，不断提高业务技能。争取受教育的机会，通过自我学习、学历教育、岗位培训等途径，接受再教育，掌握最新的文化基础知识和保险业动态，以使自己能够适应不断发展变化的保险业需要。

(四) 客户至上

1. 客户至上的概念

客户至上是指各保险机构的各项经营活动必须以客户为中心，以客户需求为导向，向客户提供热情、周到和优质的专业服务；同时在执行活动中应主动避免可能产生的利益冲突，不能避免时，应向客户或所属机构做出说明，并确保客户和所属机构的利益冲突不受损害。

2. 客户至上的意义

有利于保险业的生存发展；有利于充分体现以人为本；有利于构建和谐小康社会。

3. 客户至上的要求

客户至上要求：树立强烈的服务意识；努力提高服务质量；不损害客户利益。

其中，服务意识至关重要，具体包括：为客户提供热情、周到和优质的专业服务，不影响客户的正常工作和生活，言谈举止文明礼貌，时刻维护职业形象，主动避免利益冲突等。

(五) 公平竞争

1. 公平竞争的概念

公平竞争是指保险机构及其从业人员之间要采取合法、正当的手段展开竞争。具体指要尊重竞争对手，不恶意诋毁、贬低或负面评价其他保险机构及其从业人员，要依靠专业的技能和服务质量展开竞争，通过加强与同业之间的交流与合作，相互学习，实现共同进步。

2. 公平竞争的意义

有利于遵循自愿的市场原则；有利于遵循公平的市场原则；有利于遵循诚信的市场原则；有利于遵守公认的商业道德。

3. 公平竞争的要求

公平竞争要求：尊重竞争对手，遵守商业道德，不诋毁、贬低或负面评价其他保险公司及其从业人员。依靠专业技能和服务质量展开竞争。加强同业人员间的交流与合作，实现优势互补、共同进步。

(六) 勤勉尽责

1. 勤勉尽责的概念

勤勉尽责是指保险从业人员秉持勤勉的工作态度，努力避免执业活动中的失误；忠诚服务，不侵害所属机构利益；切实履行所属机构的责任和义务，接受所属机构的管理；杜绝挪用、侵占保费，不擅自超越合同的权限或所属机构授权；确保客户利益得到最好保障。

2. 勤勉尽责的意义

有利于从业人员完成本职工作；有利于树立责任感和职业荣誉感；有利于激发献身事业的精神。

3. 勤勉尽责的要求

勤勉尽责要求：秉持勤勉的工作态度；履行忠诚服务的职责；不超越公司及客户授权；正确处理执业中的利益冲突。

敬业爱岗，自觉坚定职业理念；精业进取，自觉提高专业技能；勤业尽职，自觉履行职业责任；从业自律，自觉遵守职业纪律。

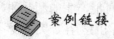 **案例链接**

勤勉尽责，用心勘查

某日，某寿险公司青岛分公司接到报案，称客户周某在家里因液化气泄漏中毒死亡。接报后，理赔人员立即调阅了周某的投保资料，发现周某是一个年近六十的老太太，刚于3月份投保，且投保险种为低保费、高保障的意外伤害险，保额达7万。由于案情重大，理赔人员迅速赶到周某家，对现场展开调查……

通过这个案例，我们可以认识到处理理赔案件时，高度的责任心是多么的重要。虽然工作经验使理赔人员对大多数赔案都有很好的直觉，能够发现案件存在的疑点，但真正取得有力的证据是非常困难的，这种情况下责任感和使命感就非常关键了。

(七) 保守秘密

1. 保守秘密的概念

保守秘密是指保险机构及其从业人员应当依法或依约对国家秘密或商业秘密进行保护的行为。

2. 保守秘密的意义

保守秘密是国家法律的基本要求；保守秘密有利于市场的公平竞争。

3. 保守秘密的要点

保守秘密包括如下要求：保守国家秘密；保守客户秘密；保守商业秘密。

(八) 团结互助

1. 团结互助的概念

团结互助是指在人与人之间的关系中，为了实现共同的利益和目标，互相帮助、互相支持、团结协作、共同发展。

2. 团结互助的意义

团结互助有利于营造和谐的人际氛围；有利于增强行业的内聚力

3. 团结互助的要求

团结互助的要求：平等尊重、顾全大局、互相学习。

(九) 文明礼貌

1. 文明礼貌的概念

文明礼貌是指保险从业人员的行为和精神面貌符合先进文化的要求。文明礼貌是社会进步的产物，是从业人员在职业实践中长期修养的结果，是从业人员的基本素质，也是企业形象的重要内容。

2. 文明礼貌的意义

体现从业人员的基本素质；有利于塑造企业良好形象。

3. 文明礼貌的要求

文明礼貌的要求是：树立文明礼貌意识；注重自身行为和规范；遵守公认社会秩序。

(十) 爱岗敬业

1. 爱岗敬业的概念

爱岗敬业就是热爱自己的工作岗位，热爱保险工作，这是对保险从业人员工作态度的一种普遍要求。敬业就是保险从业人员基于对保险工作的热爱而产生的神圣感、使命感、责任感和勤勉努力的行为倾向。

2. 爱岗敬业的意义

体现中华民族的传统美德；有利于构建现代企业精神；有利于维护保险行业形象。

3. 爱岗敬业的要求

爱岗敬业的要求是：树立崇高职业理想；强化保险职业责任；提高保险职业技能。

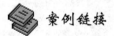 案例链接

爱岗敬业，感动客户

古交市，是一座距离山西省太原市区 50 公里的小城，山路崎岖，交通十分不便。每月平均 280 件应缴保单，三分之一是孤儿单。其中距离古交市 45 公里的娄烦县，每月有 20 多件保单，全部是孤儿单。县城内没有与分公司合作转账的工商银行和中国银行。全部续期保费需要小耿上门收取，然后将现金带回古交市，到工商银行交费，再到娄烦给客户送收据。

本案例中的小耿，一个平凡而执着的保险从业人员，凭着对岗位的热爱和执着，不辞辛苦，感动了客户，创造了不平凡的事迹。正是因为有这许许多多小耿这样的员工，才能让客户切切实实感受到保险公司真诚的服务。

(十一) 开拓创新

1. 开拓创新的概念

开拓创新是指人们为了发展的需要，不断突破常规，发现或产生某种新颖、独特的社会价值或个人价值的新事物、新思想的活动。

2. 开拓创新的意义

开拓创新有利于提供优质产品和服务；有利于促进个人事业发展。

3. 开拓创新的要求

开拓创新的要求是：要树立创新意识；要确立科学思维；要有坚定的信念。

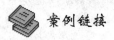 **案例链接**

开拓创新，但不急于求成

"大病"保险相对来说是个新险种，老客户给某营销员介绍了一个新客户，四十多岁的女性，她主要想了解的险种是"大病"保险。营销员将条款、计划书及投保单等带好，来到客户家，开始讲重大疾病的保险责任、范围、费率等。还没有讲完，客户打断他，说：您手续带来了吗？现在就签吧！根据多年经验，他脑海里第一个想法是客户是否患有什么疾病……

最大诚信原则是对保险人和保险客户双方面来讲的。为了确保客户的利益，营销员一定要遵循最大诚信原则，如实告知保单的详细情况，同时一定要引导客户如实说出自己的真实情况。这样既保护了客户的利益也维护了公司的利益，避免了以后可能出现的纠纷。

第二节　保险从业者的特殊职业道德规范

 **案例引导**

使自己的工作变得有意义

艾莉丝小姐是位打字员。这天晚上，艾莉丝回到家里时，已经筋疲力尽了。头痛、背痛，疲倦得连饭也不吃就想上床睡觉。她的母亲再三动员，她才勉强坐到桌前。正在这时，电话铃响了，是她的男朋友打来的，约她出去跳舞。她的眼睛突然亮了，精神顿时振奋起来。她冲上楼去，换上那套心爱的天蓝色衣裙，一阵风似地冲出了家门。她一直跳到半夜才回来，不但不再感到疲倦，甚至兴奋得不想睡觉了。

八小时前她是那么疲惫不堪；八小时后，又是这般精神焕发，她是真的那么疲劳吗？这不是由于工作的劳累，而是由于对工作的厌烦。心理因素的影响，往往比肉体劳动更容易产生疲劳。

卡耐基说："能做他们喜欢做的事情的人，是最幸运的人。这种人之所以幸运，就是因为他们的体力比别人更充沛，情绪也更快乐；而忧虑和疲劳却比别人少。"

卡耐基还说过："你对自己的工作感到厌烦吗？那你为什么不跟自己玩一个'假装'的游戏，试着让自己喜欢它？那么你会从中获得意想不到的成就。"

卡耐基在加拿大矶山路易西湖畔度假，钓了好几天的鲑鱼。要穿过比人还高的树丛，跨过横七竖八的树枝，爬过很多倒下来的老树，但他一点也不感到疲倦。为什么呢？因为钓鱼正是他的兴趣所在。如果觉得钓鱼是一件令人烦闷的事，那他恐怕早就会为了在那海拔七千英尺的高山上奔波而感到筋疲力尽了。

你兴趣所在的地方，也正是你能力所在的地方。如果你对自己的工作不感兴趣，你必须打起精神，想办法使自己的工作变得有意思。

还记得无线电新闻分析专家卡腾堡吧。几年之前，年轻时的卡腾堡真是穷困潦倒，一文不名。好不容易找到一份推销立体观测镜的差事。你知道这种立体观测镜吗？就是用两张相同的照片，透过观测镜的两个镜头，叠合成一张立体照片。卡腾堡开始在巴黎推销这个玩意的时候，觉得一点意思也没有。可是，他却成了一个十分出色的推销专家。他告诉卡耐基说："我依靠的只有一点，就是决心使它变成有意思的工作。"他每天出门前，总是对着镜子给自己打气说："既然你非做不可，干嘛不做得高兴一些呢？当你按人家的门铃时，干嘛不假想自己是一名出色的演员，很多观众都饶有兴趣地看着你呢？"

做的东西只有引起自己的激情才能够使工作充满了乐趣，有意思起来，从而才能够"可持续"。这不应该教条化理解，我们的生活应该有无数心情澎湃的时刻。

一、保险公司从业人员职业道德的特殊规范

对保险产品开发人员职业道德的总体要求是职业诚信、遵守专业标准、提供专业服务、同业友好合作。对保险产品开发人员职业道德的具体要求是满足客户的需求、条款设计通俗化、组织鉴定与审核、接受持续再教育。

对保险业务管理人员职业道德的总体要求是，在保险业务拓展方面，业务承保管理并为客户着想；在保险承保方面，为公司服务并为客户服务。对保险业务管理人员职业道德的具体要求是展业业务和承保业务要规范有序，有理有据。

对保险理赔人员职业道德的总体要求是重合同、守信用；遵循实事求是的原则；积极主动、合理理赔。对保险理赔人员职业道德的具体要求是迅速受理客户赔案、准确确认事故原因、准确确定赔偿金额、及时进行保险赔付。

对保险资金管理人员职业道德的总体要求是履行信息披露职责、确保资金运用的安全、确保资金运用的收益性。对保险资金管理人员职业道德的具体要求是进行独立公正的可行性研究、确保正确的投资决策、接受各项检查监督。

对保险财务管理人员职业道德的总体要求是专业勤勉、按章办事、稳健经营。对保险财务管理人员职业道德的具体要求是认真做好财务预算管理工作、认真做好财务资金管理工作、认真做好财务资产管理工作、认真做好财务收入费用管理工作、严格执行各项财务报告制度、加强财务监督及检查。

 案例链接

不要伤害他人的自尊

著名教育家戴尔·卡耐基经历过这样一件事。在一次宴会上，某客人引用了"谋事在人，成事在天"的格言，并说此话出自《圣经》。卡耐基为了表现自己的渊博学识，便指出那客人错了，说此话出自莎士比亚的戏剧。那客人听了恼羞成怒，与卡耐基争辩起来。当时卡耐基的老朋友葛孟也在座，而且葛孟是研究莎士比亚的专家。卡耐基便向葛孟求证，葛孟却在桌子底下踢了他一脚，说："你错了，这位客人是对的，这句话是出自《圣经》。"

后来，在回家的路上，卡耐基很不服气地说："那句格言明明出自莎士比亚的戏剧嘛。"葛孟回答："当然，是出自莎士比亚《哈姆雷特》第五幕第二场，可是为什么非要去证明他错了呢？我们大家都是宴会上的客人，为什么不给他留点面子呢？"

卡耐基由此事得到了深刻的启发：假如我们是对的，别人绝对是错的，我们也会因为指出别人的错误而使他失去颜面，毁了他的自尊。我们没有权力贬低一个人的自尊。

我们在生活中都是顾及自己的脸面的。因此，一句或两句体谅的话，对他人的态度表示一种宽容，都可以减少对别人的伤害，保住他的面子。生活中需要智慧，也需要机智的幽默。只有这样，我们才可以避免毫无必要地"树敌"，才可以做到"化干戈为玉帛"，也只有这样，我们才可以减少许多麻烦，把更多的精力和时间投入到我们感兴趣的有意义的工作中。

卡耐基认为，假使我们是对的，别人绝对是错的，我们也会因让别人丢脸而毁了他的自尊。过分地挑剔别人的错误，非但不会让别人知道自己错了，反而会使他产生逆反心理；相反，让别人保住面子，对方会在心里感激你，对你有求必应。

二、保险中介从业人员职业道德的特殊要求

(一) 保险中介从业人员职业道德的特殊要求

1. 对保险营销员职业道德的特殊要求

(1) 保险营销员的从业资格：保险营销员从事保险营销活动人员应当通过中国保监会组织的保险代理人从业人员资格考试取得《保险代理从业人员资格证书》，取得资格证书的人员应在当地保险行业协会登记注册，并取得《保险营销员展业证》后方可从事保险营销活动。

(2) 对保险营销员职业道德的具体要求：树立诚实守信的服务形象；树立客户至上的服务理念；全面履行应尽销售职责；积极参加岗前培训和后续教育。

(3) 保险营销员在营销活动中不得有下列行为：

◎ 做虚假的误导性的说明宣传；

◎ 擅自印制发放传播保险产品宣传材料；

◎ 对不同保险产品内容做不公平或不完全比较；

◎ 隐瞒与保险合同有关的重要情况；

◎ 对保险产品的红利、盈余分配或者未来收益做出预测或承诺；

◎ 对保险公司的财务状况和偿付能力做出虚假的或者误导性的陈述；

◎ 利用行政处罚结果，或捏造、散布虚假事实，诋毁其他保险公司、保险中介机构或者个人的信誉；

◎ 利用行政权力、行业优势地位或者职业便利以及其他不正当手段强迫、引诱或者限制投保人订立保险合同；

◎ 给予或者承诺给投保人、被保险人或者受益人保险合同规定以外的其他利益；

◎ 阻碍投保人履行如实告知或者诱导其不履行如实告知义务；

◎ 未经保险公司同意或者授权擅自更改条款和保险费率；

◎ 未经保险合同当事人同意或者授权擅自填写、更改保险合同及其文件内容；

◎ 代替或者唆使、引诱他人代替投保人、被保险人签署保险单证及其相关重要文件；

◎ 诱导、唆使投保人终止放弃有效的保险合同，购买新的保险产品；

◎ 以不正当方式获得或泄露投保人、被保险人、受益人或者保险公司的商业秘密和个人隐私；

◎ 超出展业证载明的业务范围、销售区域从事保险销售活动；

◎ 挪用、截留、侵占保险费、保险赔款或保险金；

◎ 串通投保人、被保险人或者受益人骗取保险金或者保险赔款；

◎ 伪造、出卖或者转让《资格证书》、《展业证》；

◎ 其他损害投保人、被保险人、受益人和保险公司利益、保险行业形象及扰乱市场秩序的行为。

2. 对保险代理机构从业人员职业道德的特殊要求

保险代理机构从业人员要加强业务学习、提高专业素质；把握诚信宗旨、提高服务质量；维护保险人与被保险人利益提供周到细致的投保服务；提供优质全面的售后服务；注重维护投保人的利益；做好沟通联系工作；不断提高自身素质合理安排投保业务及时安排索赔业务。

3. 对保险经纪机构从业人员职业道德的特殊要求

保险经纪机构从业人员要注重维护投保人的利益；做好沟通联系工作；不断提高自身素质合理安排投保业务及时安排索赔业务。

4. 对保险公估机构从业人员职业道德的特殊要求

保险公估机构从业人员要保持公估工作的独立性；保持公估工作的客观性；事前做好充足的准备工作；认真做好事故的勘测工作；出具客观公正的公估报告。

(二) 保险代理人的执业要求

保险代理人分为专业代理人、兼业代理人和个人代理等三类。

1. 保险代理人的法律特征

(1) 代理人必须在以被代理人(授权代理权的保险人)的名义进行民事行为时才能取得权利、设定义务；

(2) 代理人必须在保险人的授权范围内进行活动；

(3) 保险代理人依照保险代理合同以保险人的名义进行业务活动的后果由保险人最终承担；

(4) 保险代理人可以是法人、非法人组织、自然人；

(5) 保险代理人必须接受保险监管机关的监督和管理；

(6) 保险代理人从事保险业务必须遵守国家有关法律和行政规章，遵循自愿和最大诚信原则。

2. 保险代理人的权利义务

保险代理人享有的相关权利需要知道，但更重要的是必须明确应担负的义务。保险代理人的义务包括：诚实告知义务，催交保险费的义务，维护保险人利益的义务，履行合同的义务，遵守国家相关法律法规的义务。

3. 保险代理人的职业规范

(1) 保险代理人必须严格执行保险代理合同的规定；

(2) 保险代理人必须遵守保险人的各项有关代理行为的规章制度；

(3) 保险代理人必须自觉地维护投保人和保险人的利益；

(4) 保险代理人必须保证代理身份的完整和有效；

(5) 保险代理人必须注意维护代理行为的合法性和严肃性。

4. 保险代理人的工作态度和知识结构

保险代理人应有的工作态度包括：对保险满腔热情；坚韧不拔的精神；真诚热情；实事求是；勤于思考；勇于创新；重视服务。保险代理人的知识结构包括：

首先要掌握丰富的保险知识，具体包括：保险理论知识、保险产品知识、公司知识、投资理财知识、保险实务方面的知识。其次，还要掌握相关的必要的法律知识以及拥有足够的心理学知识。更重要的是应当具备丰富的营销知识，具体包括：具有现代市场营销知识，保险代理人应当把现代市场营销知识和技能贯彻到整个营销过程中去，把投保人的需求视为营销的目标，把对其需求的满足程度视为检验营销活动的标准。还应具备一定的社会知识和消费者知识。

5. 保险代理人的自我管理能力

保险代理人应具备的基本能力包括：观察能力、记忆能力、思维能力、创造能力、社交能力、灵活应变能力、沟通能力、学习能力、决策能力、核算能力。还要学会自我激励，发挥自己的潜能，养成良好的工作习惯，确定发展目标，实施工作计划。

保险代理人应是一个具有个人魅力的人，具体包括：人格魅力和形象魅力两个方面。工作中要真诚、热情、平等待人。保险代理人要和投保者成为朋友，严守信用，注重情感交流，取得社交成功。

服装应得体、大方，衣着样式和颜色保持大方、稳重。在饰品的佩戴上，太多的饰品会起到喧宾夺主、分散客户注意力的作用，特别是不要佩戴那些代表个人身份或宗教信仰的标记。保险营销员应保持自身的整洁，讲究卫生。保险代理业务员不讲卫生、邋里邋遢，就可能失去许多签单的机会。还应注意语言魅力，语调要低沉明朗，咬文清楚，适当停顿。说话避免咬字不清，否则对方非但无法了解语意，而且还会给别人带来压迫感，纠正此项缺点的最佳方法就是经常大声朗诵。音量的大小要适中，注意谈话的"抑扬顿挫"，使声音充满热情。措辞要高雅，多用正面语言，不犯禁忌。

 案例链接

向专业人士学习开拓保险业务——尹志红

天有不测风云，一旦发生意外问题怎么办？有的朋友说，我们把钱存银行，我们储蓄，等有事时再取出来，不是一样能起到这个作用吗？实际上它们是不一样的。

比如说现在的心脏搭桥手术，搭一根桥要 5 万，两根就是 10 万，您如果把钱存银行，每年存 3000 元，要存到 10 万需要多长时间？——30 年。如果这 30 年之中需要手术会出

现什么情况？钱不够。手术做不了，后果不堪设想。

但是，如果存在保险公司呢？您今天在我们这儿存 3000 块钱，我们马上给您准备出 10 万块钱现金，一旦您出了问题，这 10 万块随时都是您的。而如果没有问题呢？到 30 年的时候，我们同样给您 10 万块钱。也就是说——您往银行每年存 3000 元，要存到 10 万需要 30 年；您往保险公司每年存 3000 元，要存到 10 万马上可以做到！

什么是保险？形象地讲，所谓保险就是即刻创造大量现金，这也是保险与储蓄最根本的区别。从这个角度讲，可以总结出一句话，叫做——用 100 元赚 1 元叫储蓄；用 100 元赚 10 元叫投资；用 100 元赚 1 万元叫保险。

那么保险不仅可以解决意外的问题，还可以解决疾病方面的问题，比如这是一个从卫生局的年鉴上下载的数据：心脑血管疾病已经占市民死亡总人数的 26.32%。为什么会这么高？就是因为我们很多不良的饮食习惯造成的，比如我们很多人都有孩子，那么就给孩子玩命吃，孩子多吃一口，我们都觉得特别高兴。而在国外，是不允许给小孩吃鸡蛋黄的，因为那个东西含有很高的胆固醇，容易造成血栓。

大家可能都知道，世界上医疗体制最完善的国家是哪儿？是瑞士。瑞士政府给人民提供的，是从摇篮到坟墓的保障。瑞士人不像我们，他们从来不存钱，瑞士人的工资分为四个部分——第一笔钱：应付日常开销；第二笔钱：购买各种保险；第三笔钱：以备不时之需，比如结婚随礼；第四笔钱：剩下多少钱，全部去旅游度假。

为什么我们活得就这么不潇洒？就是因为我们有很多的后顾之忧，我们的保障体系还在不断建立健全之中。

所以说保险解决的是什么问题呢？其实就是解决这三方面的问题。

◎ 第一个问题——活得太长怎么办？

美国两大基因组织宣布，他们已经破解了人类基因的密码，据说到 2025 年，人活到 120 岁没有问题。但是随即，我们也就面临着另外一个问题——从 60 岁退休，到 120 岁寿终正寝，我们拿什么来支持这 60 年的生活？

我可以告诉大家，目前社会给大家的一个保障，就是社会统筹养老保险，它用 6 个字就可以概括"广覆盖，低保障"。"低"到什么程度？就相当于一个人穿着裤衩背心在大街上走——遮羞，但不能御寒。您要想御寒怎么办？就需要一定的商业保险来补充。

什么是商业保险？就是使您在年老之后有笔能够自己支配的钱，就相当于在裤衩背心外面，又套上一层秋衣秋裤，您上街的时候不仅可以遮羞，还可以保暖。所以说当我们的社会统筹不能支持我们再活 60 年的时候，我们就需要一定的保险来做弥补。

◎ 保险解决的第二个问题就是——活得太短怎么办？

如果你看了那些特困家庭，您就会发现列夫·托尔斯泰有一句话是完完全全说反了。托尔斯泰在《安娜·卡列尼娜》中说过这样一句话：幸福的家庭总是相似的，不幸的家庭却各有各的不幸。但是，如果您看到这些特困家庭您就会发现，这句话其实应该这么说：不幸的家庭总是相似的，幸福的家庭却各有各的幸福。因为您观察这些特困孩子的家庭，无外乎就这么几类：父母双双下岗，且一方有重病；父母有一方去世；父母双亡。——就这么几类，没有别的。所以有时，我们家长觉得，哎呀，孩子多可怜呀，上保险一定要先给孩子上。其实这是错的，保险应该先给大人上，特别是应该先给家庭中的经济支柱上。因为您上了保险，等于给您的家人、您的孩子更多的保障。

您比如说我，我自己就为自己上了 100 万的保险，那么别就问我：尹志红，就是把你按熊掌的价拍卖了，也不可能值 100 万，你为什么要上那么多保险？——因为我要把未来 10 年的收入提前留给我的家人。

我请问大家一个问题——一个有能力的人当他离开人世的时候是不是什么也带不走。大家会回答对，是不是？但我告诉您，不但错，而且大错特错！因为他带走了，而且带走了他最宝贵的东西——他带走了他赚钱的能力！一个人最值得珍惜的，不在于他现在拥有什么，而在于他未来能够创造价值的能力。您一定要做到——当您不在的时候(比如身故、残疾)，您的生产力还在。而这一点只有保险能够做到。

其实，这 100 万的保险对我的家庭来说，一点都不多，为什么？因为首先我们有 20 万块的房屋贷款——我也是贷款买房。我不知道在座的各位有没有贷款买房的？如果有，我想请教这些朋友一个问题：您贷款买的房子，是您自己的吗？您有什么把握能在未来的十年二十年甚至三十年把贷款还上？也许您觉得您有把握，但您不要忘了——人在任何时候都面临生老病死。您为您的贷款做好准备了吗？当然，很多贷款的都是年轻人——我也是年轻人，但深深地知道：三十年后，我不是一个老人，就是一个死人！所以——我为我的贷款准备了 20 万的保险。我不能说我走了，让我太太一个人的收入来还贷款。100 万减 20 万，还剩 80 万。报纸上说一个孩子从小学到大学要花 25 万，尽管我现在还没有孩子，但早晚会有。我要给我的孩子留 30 万。我要让他上最好的学校，因为我不在了，所以我要有更好的老师来照顾他未来的学业。那么，80 万减 30 万，还剩 50 万。其中 30 万得留给我的父母。因为我父母都已经是 70 岁的人了，如果我有那么一天，可能我没有办法在床前床后伺候双亲，所以我一定要把 30 万块钱留给他们，让他们雇得起人代替我为他们养老送终。最后的 20 万就留给我的太太，因为自从我干保险，一直不能好好地照顾她，她跟我实在太委屈了——假如我有那么一天，我希望她能用这 20 万找一个更好的老公。这就是我 100 万保险的作用，您说多吗？！

◎ 保险它还可以解决一个问题，就是——活得太惨怎么办？

在 1996 年纪念唐山大地震 20 周年之际，有一个专题片叫《向世界介绍唐山》，说的是在短短的 20 年内，中国人民就在一片废墟上重建了一座新型的城市。在专题片结尾的时候，唐山的科学家向广大观众推荐了一种新型的智能化住宅。在这种住宅里，一个高位截瘫的病人，他能生活自理达到 80%。因为它很多都是声控的、光控的。但是最后，科学家又不无遗憾会宣布，因为这种住房造价偏高，所以在目前的整个唐山市，只有 7 个人享受得起这种现代化的住宅。那它的造价到底有多高呢？其实也不过只有 20 万。如果我有那么一天，这样的房子，我能买五座。所以说保险解决的是什么问题？实际上是这三个问题：活得太长了怎么办？活得太短了怎么办？活得太惨怎么办？

今天我不卖保险，我只是提供给您一种思考方式。

在 1985 年 8 月 18 日，一个拥有这么多 "8" 的吉祥日子，却发生了一件极其悲惨的事情，日本航空公司的一架波音 747 飞机从东京飞往大坂，机上载有 524 位乘客，以及他们家人的未来。45 分钟之后，这架飞机在群马县的一处偏远山区坠毁，机上只有 4 人生还，其余 520 人全部长眠地下。但是，这次空难有一个十分发人深省的地方，就是飞机先发生爆炸，然后在空中盘旋了整整 5 分钟后，才落地坠毁。在座的任何一个人都可以想像一下：在生命的最后 5 分钟里，飞机上这 500 多个活生生的人，他们在做些什么？在空难现场，在一张血迹斑斑的纸条上，我们找到了答案——这是一位丈夫写给她妻子智子最后叮咛：智子，请照顾好我们的孩子，我不能尽力了……看完这则消息，我感到深深的痛楚，同时也感慨人生的无常，还是那句话：今天我不卖保险，我只是建议您思考一下：

为什么我们不能趁着自己还能尽力的时候，多尽一点力呢？因为我们只能知道自己出生的日期，您永远也不可能知道自己将要走完的那个日子是哪一天。假如有一天，假如就明天，比如说我——假如明天我不能再站在讲台上分享，那我留给我家人的，将会是什么？我想，如果是我的话，我至少留下这三样东西：

第一样东西，是一份爱心。第二样东西，是一份责任心。当然光有这两样东西也不能过日子，所以——最后还要有一样东西，就是一份人寿保险。

三、保险公估从业人员职业道德的特殊要求

《保险公估从业人员职业道德指引》(以下简称《指引》)。《指引》既广泛借鉴了保险市场发达国家的先进经验，又充分体现了我国保险业实际情况，是我国保险公估从业人员最基本的行为规范，也是指导保险公估从业人员职业道德建设的纲领性文件。

(一) 保险公估从业人员的职业道德

保险公估从业人员的职业道德主体部分由 8 个道德原则和 18 个要点构成。这 8 个道德原则包括：守法遵规、独立执业、专业胜任、客观公正、勤勉尽责、友好合作、公平竞争、保守秘密。其中，守法遵规、独立执业、专业胜任是保险公估从业人员的职业道德的基础；客观公正是保险公估从业人员的职业道德的核心；勤勉尽责、友好合作、公平竞争、保守秘密是对保险公估从业人员在不同方面的发展的要求。

1. 守法遵规

守法遵规就是自觉遵守国家的法律，它是保险公估从业人员最基本的职业道德要求，是作为保险公估从业人员最基本的职业道德规范。

(1) 以《中华人民共和国保险法》为行为准绳，遵守有关法律和行政法规，遵守社会公德。首先，《中华人民共和国保险法》是我国保险业的基本法，《中华人民共和国海商法》、《中华人民共和国合同法》、《中华人民共和国民法通则》和《中华人民共和国道路交通安全法》等与保险公估相关的法律法规，保险公估从业人员也必须遵守。

(2) 遵守保险监管部门的相关规章和规范性文件，服从保险监管部门的监督与管理。

(3) 遵守保险行业自律组织的规则。

其基本职责是：自律、维权、协调、交流、宣传。

(4) 遵守所属保险公估机构的管理规定。

保险公估机构的职业纪律可以表现为员工守则、考勤制度、财经制度及其他有关规章制度形式。

2. 独立执业

独立执业是指保险公估从业人员在执业活动中保持独立性，不接受不当利益，不屈从于外界压力，不因外界干扰而影响专业判断，不因自身利益而使独立性受到损害。凭借其丰富的专业知识和技术，本着客观和公正的态度，处理保险合同当事人委托办理的有关保

险公估业务事项。

(1) 独立性是保险公估从业人员取得工作成效所必须具备的基本功。

(2) 真正的独立性是建立在深入调查、广泛获取资料的基础上的。

3. 专业胜任

专业胜任是保险公估人员基本职业道德，包括：

(1) 保险公估从业人员执业前取得保险监管部门规定的资格。

(2) 保险公估从业人员应具备足够的专业知识与能力。

(3) 在执业活动中加强业务学习，不断提高业务技能。

(4) 参加保险监管部门、保险行业自律组织和所属保险公估机构组织的考试和持续教育，使自身能够不断适应保险市场的发展。

4. 客观公正

客观公正是保险公估从业人员职业道德的外在表现。它要求保险公估从业人员"在执业活动中以客观事实为根据，采用科学、专业、合理的技术手段，得出公正合理的结论"。客观公正的职业道德的具体要求如下：

(1) 秉公办事，不徇私情。

(2) 对客户一视同仁，照章办事。

(3) 分析资料要真实可靠。

5. 勤勉尽责

勤勉尽责包括对委托人和对保险公估机构两方面。

(1) 对于委托人的各项委托尽职尽责，不因公估服务费用的高低而影响公估服务的质量。

(2) 忠诚服务于所属保险公估机构，接受所属保险公估机构的业务管理，切实履行对所属保险公估机构的责任和义务，不侵害所属保险公估机构的利益。

6. 友好合作

友好合作包括对内和对外两方面。

(1) 对外友好合作。要与委托人、汽车修理公司等友好互信，开展合作。

(2) 内部友好合作。要与保险行业、保险公估机构相关人员友好合作。

7. 公平竞争

公平竞争，是民法原则之一，也是商品经济的基本法则。职业道德的具体要求是：

(1) 尊重竞争对手，不诋毁、贬低或负面评价同业、其他保险中介机构和保险公司及其产品和服务。

(2) 依靠专业水平和服务质量展开竞争。

8. 保守秘密

保守秘密是保险公估从业人员必须具备的职业道德和素养。

(1) 保险公估从业人员要忠诚于所属公估机构的利益，严守秘密。

(2) 保险公估从业人员承担对公估业务涉及相关各方的保密义务。

(3) 保险公估从业人员不得提前透露公估结论。

四、保险公估从业人员的执业操守

保险公估从业人员应当遵守社会公德并按照《保险公估从业人员职业道德指引》的要求，在执业活动中遵循守法遵规、独立执业、专业胜任、客观公正、勤勉尽责、友好合作、公平竞争、保守秘密的原则，自觉维护保险公估行业的信誉。

保险公估从业人员在开展业务过程中应当首先向客户声明其所属保险公估机构的名称、性质和业务范围，并主动出示《保险公估从业人员执业证书》，签订业务受理合同或委托书。不得对公估结论作出承诺。

(一) 保险公估从业人员的执业准备

1. 保险公估从业人员必须持证上岗

(1) 取得中国保险监督管理委员会颁发的《保险公估从业人员资格证书》。注意基本资格的认定，并不具有执业证明的效力。

(2) 取得保险公估机构核发的《保险公估从业人员执业证书》。取得《保险公估从业人员资格证书》者，由所属保险公估机构核发《保险公估从业人员执业证书》。该执业证书是保险公估从业人员开展保险公估活动的证明文件。

(3) 开展保险公估活动，应主动出示《保险公估从业人员执业证书》。

2. 保险公估从业人员要接受培训

(1) 保险公估从业人员应当接受并完成有关法规规定的持续教育。

(2) 保险公估从业人员应积极参加保险行业自律组织和所属保险公估机构举办的培训，不断增强法律和诚信意识，提高职业道德水准和专业技能。

(二) 保险公估人的职业操守

职业操守是人们在职业活动中所遵守的行为规范的总和。它既是对从业人员在职业活动中的行为要求，又是对社会所承担的道德、责任和义务。一个人不管从事何种职业，都必须具备良好的职业操守，否则将一事无成。良好的职业操守包括：

1. 诚信的价值观

在业务活动中一贯秉持守法诚信，这种价值观是通过每个员工的言行来体现的。良好的职业操守构成事业的基石，不断增进公估行业的声誉。

2. 遵纪守法，遵守公司规章制度

遵守一切与公司业务有关的法律法规，并始终以诚信的方式对人处事，是我们的立身之本，也是每个员工的切身利益所在。

3. 确保公司资产安全

确保公司的资产安全，并保证公司资产仅用于公司的业务。这些资产包括电话、设备、办公用品、专有的知识产权、秘密信息、技术资料和其他资源等。

4. 诚实地制作工作报告

正确并诚实地制作工作报告是每个员工的基本责任。这里指的工作报告是您在业务活动中产生或取得的信息记录，如工作记录、述职报告或报销票据等。任何不诚实的报告，例如虚假的费用报销单、代打卡等都是绝对禁止的。禁止向公司内部或外部组织提供不实的报告，或者误导接收资料的人员。尤其要注意，向政府机关提供不实的报告将可能导致严重的法律后果。

5. 不泄密给竞争对手

与竞争对手接触时，应将谈话内容限制在适当的范围。不要讨论定价政策、合同条款、成本、存货、营销与产品计划、市场调查与研究、生产计划与生产能力等内容，也要避免讨论其他任何关于公司的信息或机密。身为一名员工，可能会知悉有关所在公司或其他公司尚未公开的消息。常见的内幕消息包括：未公开的财务数据；机密的商业计划；拟实施的收购、投资或转让；计划中的新产品。作为员工，都不要将这些泄露给竞争对手。

(三) 保险公估从业人员的执业行为

1. 业务洽谈

(1) 主动告知客户所属保险公估机构的有关信息。保险公估从业人员在开展业务过程中应当首先向客户声明其所属保险公估机构的名称、性质和业务范围，并主动出示《保险公估从业人员执业证书》。

(2) 签订业务受理合同或委托书。

(3) 不得对公估结论作出承诺。

2. 操作准备

(1) 根据案件的需要，选派保险公估师。

例如对于机动车发生交通事故的案件，要选派有汽车专业知识的公估师，对于房屋倒塌的案件，要选派有建筑专长的公估师。

(2) 着手准备有关资料。

包括保险合同、损失清单、有关部门出具的事故证明或技术鉴定书、费用发票、必要的报表、账簿、单据以及其他必要的单证、文件等。首先要将一切相关单证收集齐全。其次，要对索赔人的资格进行审查。最后还要准备相关资料。以海上货物运输保险为例，所涉及的基本单证有保险单正本、贸易合同等。

货物销售发票、保险单、提单、保函、装箱单、磅码单、理货签单、货差货损检验报告等货物单证；当损失与运输工具相关时，还需要有航海日志、适航证书、船员证书、轮机日志、水尺计量报告、通风日志、船舶结构证书、货舱清洁证书等单证。

(3) 审核当事人提供的资料。

(4) 做好项目操作的准备工作。

3. 事故勘验

(1) 调查保险标的出险后的状况并进行现场取证。保险公估从业人员应详细调查出险标的坐落地点、出险时间、出险原因、标的损失内容、损失程度、损失数量等，制作详实的《现场查勘记录》。《现场查勘记录》应当由主办查勘人现场制作，要求项目齐全、表述准确、书写工整。《现场查勘记录》应当由主办查勘人签字，并取得出险单位代表签字确认。

(2) 向有关人员取证。

◎ 为准确判定保险责任，保险公估从业人员应尽快索取相关的保险合同和被保险人提交的《索赔清单》；

◎ 为公正、合理的理算作准备，保险公估从业人员应尽快取得并查看出险单位的会计账册和有关凭证，必要时可复印相关账目和凭证，以取得财务证据；

◎ 对清理出的受损财产进行分类清点，据实造册登记，并由保险公估从业人员和出险单位代表签字确认；

◎ 为使评估客观公正，保险公估从业人员应认真听取评估对象的情况介绍，以获取除各项资料以外更详细的相关信息；

◎ 与保险当事人密切配合，真实客观地反映评估对象的各种风险因素，以及这些风险因素对保险利益的影响。

(3) 对有关物件进行鉴定、检测。保险公估从业人员应当充分考虑灾损现场的时效性，确保查勘过程中的任何疑点均在现场查勘过程中得到合理解释。

(4) 及时采取施救措施。

(5) 提出风险防范建议。

4. 责任审核

(1) 确认事故原因与近因。

(2) 确定保险责任。

(四) 保险公估从业人员的其他行为

1. 竞争

保险公估从业人员在执业过程中处理竞争关系时，必须做到：

(1) 保险公估从业人员不得借助行政力量或其他非正当手段进行执业活动。

(2) 保险公估从业人员不得向客户给予或承诺给予不正当的经济利益。

(3) 保险公估从业人员不得诋毁、贬低或负面评价保险中介机构和保险公司及其从业人员。

2. 保密

保险公估从业人员在执业过程中必须做到保密。

3. 投诉处理

(1) 告知当事人投诉渠道和投诉方式。

(2) 积极协助投诉的处理。

第三节 保险职业道德的实施及监督机制

 案例引导

华为敢为天下先

《经济学人》称它是："欧美跨国公司的灾难，"《时代》杂志称它是："所有电信产业巨头最危险的竞争对手，"爱立信全球总裁卫翰思(Hans Vestberg)说："它是我们最尊敬的敌

人，"思科执行长钱伯斯(John Chembers)在回答华尔街日报提问的时候说："25年前我就知道我们最强的对手一定来自中国。"这些话，都是形容一家神秘的中国企业——华为的。

为什么你需要了解华为，以及华为的创办人任正非？因为任正非在短短26个年头里，创造了全球企业都未曾有的历史。它走得最远！如果没有华为，西伯利亚的居民就收不到信号，非洲乞力马扎罗火山的登山客无法找人求救，就连你到巴黎、伦敦、悉尼等地，一下飞机接通的信号，背后都是华为的基站在提供服务。8千米以上喜马拉雅山的珠峰，零下40℃的北极、南极以及穷苦的非洲大地，都见得到华为的足迹。

华为给的最多！实际上，最支持任正非的是15万华为员工。因为任正非用了中国企业中史无前例的奖酬分红制度，98.6%的股票，都归员工所有，任正非本人所持有的股票只占了1.4%，造就了华为式管理的向心力。李瑞华在1994年就开始接触到华为，对于华为的敢给，他的评价是，"把饼做大比占有大部分更好，其智慧和心胸，甚至跟比尔·盖兹比，也是有过之而无不及。"中国最国际化企业七成营收来自海外，全球逾500客户。

任正非26年坚持利益共享，一块饼大家分，"要活大家一起活"这意念深植任正非心中，华为不只把员工与公司的利益绑在一起，就连客户也成为其生命共同体。

华为的企业文化中，第一条就是"以客户为中心"。"华为作为一家百分之百的民营企业，26年来生存不是靠政府，不是靠银行，客户才是我们的衣食父母。"华为的另外两个文化是"以奋斗者为本，持续而艰苦地奋斗着。"

2011年，日本福岛核灾的恐怖威胁下，华为员工仍然展现了服务到底的精神，不仅没有因为危机而撤离，反而加派人手，在一天内就协助软银、E-mobile等客户，抢通了3百多个基站。自愿前往日本协助的员工，甚至多到需要经过身体与心理素质筛选，够强壮的人才能被派到现场。

软银LTE部门主管非常惊讶："别家公司的人都跑掉了，你们为什么还在这里？""只要客户还在，我们就一定在"，当时负责协助软体银行架设LTE基站的专案组长李兴回答的理所当然："反正我们都亲身经历过汶川大地震。"

一、保险职业道德的实施

(一) 保险职业道德实施的概念与意义

1. 保险职业道德实施的概念

保险职业道德的实施是指通过执行、遵守、激励等途径，把保险职业道德规范具体运用于保险从业领域，是保险职业道德规范作用于保险关系的活动。保险职业道德实施的机制是指保险职业道德规范得以贯彻、实施的机构、程序和其他工作制度的总称。

例如，保险职业道德基本准则要求保险代理人遵守诚实信用原则，这一原则的执行，不仅要靠保险代理人的道德觉悟和广大人民群众舆论的监督，更需要有相应的机构、人员和制度作为保障，确保这一诚信原则的落实，包括职业道德的宣传、教育和监督等。

2. 保险职业道德实施的意义

保险职业道德实施也就是思想道德的践行。从心理学角度讲，思想道德修养包括四个环节，道德认识、道德情感、道德意志以及道德行为。保险职业道德的践行也一样需要经过这几个环节，才能真正把保险职业道德落到实处。俗话说听其言观其行，如果只说不做，道德规范就会流于一纸空文。

因此，要从道德认知开始，不断地学习、认识、再认识，逐渐培养道德情感，再通过道德意志，斗私批修，克服小我，融入大我，放弃眼前局部利益，考虑长运的整体利益，做到保险公司、保险从业人员以及广大客户大家共赢，这样道德行为就能够最终落实，职业道德规范才能够最终得以落实，保证保险行业可持续健康发展，保证广大人民群众真正从中受益。

我国保险业起步晚，但发展速度较快，而整体水平还是相对较低，仍处于发展的初级阶段，保险法律法规、职业道德规范还在不断完善，保险行业的监督机制有待于进一步完善。保险行业的诚信问题以及保险从业人员的规范的执业行为是保险行业健康发展的重要保障。

(二) 保险职业道德实施体系的领导

1. 中国保监会的设置

中国商业保险的主管机关，也是国务院直属事业单位。中国保险监督管理委员会成立于 1998 年 11 月 18 日，其基本目的是为了深化金融体制改革，进一步防范和化解金融风险，根据国务院授权履行行政管理职能，依照法律、法规统一监督和管理保险市场。

中国保监会设置的与保险行业有直接关系的部门有：

(1) 保险消费者权益保护局。拟订保险消费者权益保护的规章制度及相关政策；研究保护保险消费者权益工作机制，会同有关部门研究协调保护保险消费者权益重大问题；接受保险消费者投诉和咨询，调查处理损害保险消费者权益事项；开展保险消费者教育及服务信息体系建设工作，发布消费者风险提示；指导开展行业诚信建设工作；督促保险机构加强对涉及保险消费者权益有关信息的披露等工作。

(2) 财产保险监管部(再保险监管部)。承办对财产保险公司的监管工作。拟定监管规章制度和财产保险精算制度。承办对再保险公司的监管工作。拟定监管规章制度；监控保险公司的资产质量和偿付能力；检查规范市场行为，查处违法违规行为；审核保险公司的设立、变更、终止及业务范围；审查高级管理人员的任职资格。

(3) 人身保险监管部。承办对人身保险公司的监管工作。拟定监管规章制度和人身保险精算制度。

(4) 保险中介监管部。承办对保险中介机构的监管工作。拟定监管规章制度；检查规范保险中介机构的市场行为，查处违法违规行为；审核保险中介机构的设立、变更、终止及业务范围；审查高级管理人员的任职资格；制订保险中介从业人员基本资格标准。

(5) 保险资金运用监管部。承办对保险资金运用的监管工作。拟订监管规章制度；建立保险资金运用风险评价、预警和监控体系；查处违法违规行为；审核保险资金运用机构的设立、变更、终止及业务范围；审查高级管理人员任职资格；拟订保险保障基金管理使用办法，负责保险保障基金的征收与管理。

2. 保监会在职业道德实施方面的职责

(1) 依法对全国保险市场实行集中统一的监管，对中国保险监督管理委员会的派出机构实行垂直领导。

(2) 依法对保险机构及其从业人员的违法、违规行为以及非保险机构经营保险业务或变相经营保险业务进行调查、处罚。

(3) 受理有关保险业的信访和投诉。

(4) 归口管理保险行业协会和保险学会等行业社团组织。

保监会作为政府监管部门，要在整个社会信用体系建设的框架下，重点做好保险职业道德实施指引和纲要的规划和制定。

(三) 保险职业道德实施体系的环节

构建有中国特色的保险职业道德实施体系，要在整个保险行业引导和塑造"以人为本、以诚取信、以和为贵"的基本理念，大力开展职业道德教育，使保险从业人员自觉地树立起正确的人生观、价值观、道德观、义利观，塑造保险业诚信的职业形象。

1. 政府监管部门制定保险职业道德实施指引和纲要

在新时期的思想道德建设过程中，中共中央颁布了《公民道德建设实施纲要》，2004年12月，中国保监会又发布了《保险代理从业人员职业道德指引》、《保险经纪人员职业道德指引》和《保险公估人员职业道德指引》。作为道德指引额配套文件，中国保险协会早先也公布了《保险代理从业人员执业行为守则》、《保险经纪人员执业行为守则》和《保险公估人员执业行为守则》等三个行为守则，对保险中介服务人员执业活动的主要环节和主要方面做出了规定，是道德指引的具体化和标准化。

2. 行业自律

行业自律是道德主体的自我监督和自我约束，是保险职业道德得以实施的重要环节。行业自律组织制定符合自身的保险职业道德规范，设定职业责任和义务，努力提高保险从业人员的价值观和道德观，防范保险从业人员的个人不正当行为。保证保险从业人员的职业操守得以实现。

党的十六届三中全会做出的《中共中央关于完善社会主义市场经济体制若干问题的决定》要求，"按照市场化原则规范和发展各类行业协会、商会等自律性组织"。这既是党和国家对行业协会发展建设的高度重视，也说明行业协会的发展迎来了难得的机遇。

行业自律组织要在保险职业道德实施指引和纲要的基础上，补充和完善职业道德规范，进一步细化保险从业人员在执业过程中的诚信要求，使其成为具体行为准则，一方面方便从业人员对照遵循，另一方面便于行业自律约束和监督管理。保险行业自律组织在保险职业道德实施体系中，将发挥越来越重要的作用。

3. 企业文化

企业文化建设也是保障保险职业道德实施的重要环节。

对保险行业来说，诚信原则是双向的，不仅投保人要讲信用，保险企业更要讲诚实信用，讲文明礼貌，把职业道德落到实处，这样才能起到良好而示范和榜样作用。企业文化建设和保险职业道德建设具有趋同性，都是以规章制度作为自己的客观载体，二者在内容上和形式上都有着紧密的联系。

例如，香港人寿保险从业人员协会为全体会员印发的会员证上，印制了《香港人寿保险十项专业守则》。我国各大保险公司大多数也制定了保险服务规范。例如，中国平安保险公司就把保险礼仪与职业道德的相关内容融入到企业文化中去。平安礼仪的"四化"为品牌化、标准化、系统化和持久化。其中，持久化的意思是，平安礼仪伴随平安品牌的成熟，伴随平安的发展和壮大，永无终结，像太阳运行永恒不止。而平安礼仪的五项基本原则为遵守、自律、敬人、真诚和平等，从中可见企业文化与礼仪和职业道德密切相关，相辅相成。

4. 宣传教育

推动宣传教育以强化保险职业道德的具体实施。广泛开展行业基础性宣传教育工作和行业诚信建设宣传工作，是推动行业诚信建设和职业道德教育，影响公众的有效途径。一般来说，保险职业道德教育包括三个层次：

(1) 对潜在保险从业人员的教育。

即对大中专院校保险专业的在校学生进行保险职业道德教育，使学生在校期间就开始学习并理解保险职业道德理论与规范，深刻认识到保险职业道德规范是保险行业健康发展的内在必然要求，树立保险职业道德观念，培养保险职业道德情感，成为合格的保险行业的后备力量。

(2) 对保险从业人员进行岗前保险职业道德教育。

例如，对于保险代理人、公估人执业资格的考试以及考试资格的要求，以及保险公司对于新入职员工的岗前培训，就体现了岗前的职业道德教育的特点。

(3) 对保险从业人员的继续教育。

即对包括保险代理人、保险公估人、保险经纪人在内的保险从业人员进行持续的再教育。

保险职业道德教育的具体内容包括职业道德观念的教育、职业道德规范的教育、职业道德和警示教育。

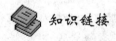 知识链接

李彦宏、盖茨和马斯克博鳌聊未来

2015 年 3 月 29 日早上 7 点，在博鳌亚洲论坛上，百度董事长李彦宏(Robin Li)主持了一场早餐会，与微软创始人比尔·盖茨(Bill Gates)和特斯拉及 SpaceX CEO 埃隆·马斯克(Elon Musk)进行了一场精彩而深刻的对话。这次早餐会的主题为"对话：技术、创新与可持续发展"，三人交流的话题既涵盖了个人经历、企业领导力、历史经验等方面，也有人工智能、无人驾驶等最前沿、热门的未来科技。据记者了解，这场闭门早餐会是三位嘉宾博鳌之行唯一参加的活动。

作为主持人的李彦宏显得非常专业，英文流畅，三人也颇为熟络。实际上，据记者从百度内部了解，这次李彦宏现身博鳌是马斯克向主办方点名要李彦宏来主持的，"我们以为他要憋着向李彦宏挑战一下人工智能的话题，我们还很紧张。"百度的内部人士表示。

李彦宏和马斯克都是人工智能领域发声最多的企业家之一，而两人的观点有些不同：李彦宏认为人工智能将使得人类生活变得更美好，虽有风险但可控，就像杀人的不是枪而是人；而马斯克则认为未来人类可能会被人工智能所毁灭，它比核武器更可怕。(简单来说，马斯克强调好莱坞科幻电影的前半程，"坏"机器人摧毁人类社会；而李彦宏相信后半程，

总有英雄会拯救地球，道路曲折，前途光明。)但在此次对话中，两人的观点并没有冲突。

而李彦宏与盖茨虽然相识很晚，是在 2010 年，但却非常投缘。据李彦宏回忆，当时他是去美国太阳谷 Sun Valley 参加一个相对比较私密的聚会，虽然两人都知道对方，但那时才第一次见面，结果两人一聊就发现特别投机，本来两人并不是坐在一桌的，后来就坐到一起聊，其他人都走光了，两人还在聊，聊了将近两个小时。后来，盖茨基金会还与百度基金会进行了多次合作，李彦宏说和盖茨的价值观很像。

为了准备这场对话，3 月 19 日，李彦宏曾经亲自(已确认真的是本人)到百度"李彦宏吧"发帖说：将会去博鳌主持一场跟 Biil Gates 和 Elon Musk 的对话，希望听听大家都想问什么问题？最终李彦宏选择了两个，分别提给了盖茨和马斯克。问盖茨的问题是"想要超越你成为世界最富有的人，这需要什么特质？你会有什么建议？"问马斯克的问题是"怎么有这样的能力做到了这么多伟大的事情？你是一步一步做的，还是说最开始就有一个非常大的目标？"(中国网友果然爱成功学。)

盖茨直言，没有固定指标衡量什么样的人是卓越的，只要脚踏实地去做，一切都会慢慢就位。成功的人非常坚信自己所做的事情，可以不断纠正错误，在正确方向上更快地发展。而马斯克则对此表示，成功是因为自己不怕失败，因为成功本来就是建立在失败坟墓上的，预期到只有 10% 的成功率就会去做一件事，就像刚开始做电动车，被嘲笑为"傻子中的傻子"，但是他没有放弃，而是一直依然尝试了很多次。

之后，三位大佬的话题也转移到了现在最为热门的人工智能领域，盖茨表示他并不反对人工智能，但不能操之过急，毕竟这是一个未知的领域，就像当年开发核能一样。马斯克同意了盖茨的观点，并没有像以往那样提示很多风险，而且他还大胆预言：无人驾驶会在两三年后成型。

"汽车是一个很大的工业基础，现在公路上就有 20 亿辆车，汽车工业的产能是每年一亿辆，所以需要很长的时间来进行转型。无人驾驶车的大规模生产出现的话，如果技术成型，可能五年之后就可以有无人驾驶车的生产。但是政府监管等方面需要慢慢完善。"马斯克表示。

二、保险职业道德的监督机制

(一) 保险职业道德的监督机制的含义

1. 保险职业道德监督机制的含义

要使保险职业道德的实施机制健康发展，充分发挥保险职业道德的作用，健全保险职业道德体系，急需强化保险职业道德的监督机制，这是保险职业道德他律机制的重要组成部分。保险职业道德监督机制包含两层含义：

(1) 增强职业道德规范对保险从业人员行为的约束力和影响力，使之真正内化为他们的道德品质，成为其自觉的行为。

(2) 注重保险职业道德规范建立和实施的规范性和合法性，使保险职业道德规范与社会公众利益及国家的法律法规协调一致。

2. 保险职业道德监督的意义

(1) 有利于保障保险职业道德的顺利实施；

(2) 有利于规范保险从业人员的执业行为；

(3) 有利于完善抑恶扬善的良好的社会道德风气。

(二) 保险职业道德的监督机制的具体内容

1. 政府监管

(1) 执法检查与保险职业道德检查相结合；

(2) 保险从业资格检查与保险职业道德检查相结合；

例如，将保险从业人员执业证书注册登记以及年检制度与保险职业道德检查相结合。

(3) 将考核评价及信息技术等手段行为与保险职业道德检查相结合；

根据国家有关法规和制度的要求，把保险职业道德分组分项并制定评分标准，形式上可采用自检、互检、明检、暗检等多种方式。操作上按照标准打分，将综合评定分数作为保险职业道德执业证书年检的重要参考依据。对于低于规定的最低分数线的持证人员则不予通过年检，以此来达到惩戒的目的。此外还可以利用电子信息技术，确立保险诚信制度，建立个人保险信用评价档案等，建立全方位的保险诚信信用信息网络，实现保险机构、监管机关和社会间信息资源的共享。

2. 行业自律

(1) 强化行业制度建设；

(2) 强化行业自律性监管体系；

(3) 不断加强职业道德和专业素质教育；

(4) 完善执业机构的组织形式和内部运行机制；

(5) 不断加强行业职业道德文化建设。

3. 激励机制

(1) 表彰制度与激励机制相结合；

(2) 树立先进典型推动职业道德教育。

4. 社会监督

不断强化失德惩戒机制，失德惩戒机制主要有五类：

(1) 由政府综合部门做出的失德公示，如黑名单；

(2) 由保险监管部门做出的监管性惩戒；

(3) 由各保险公司做出的市场性惩戒；

(4) 通过各种媒体渠道对诚信信息广泛传播；

(5) 由司法部门做出的司法性惩戒。

(三) 保险职业道德的评价机制

(1) 保险职业道德的动机与效果；

(2) 诚实信用评价，如实告知、保证、弃权；

(3) 文明形象评价，从业活动遵循自愿原则；在服务态度上做到七个一样；在仪容仪表上做到精神振奋；在语言上，说话得体，有理有节，不恶语伤人；

(4) 服务技能与质量评价；

(5) 服务态度的"七个一样"，展业与理赔一样主动；"大""小"客户一样重视；投保与退保一样对待；加保与减保一样诚恳；农村与城市客户一样热情；陌生与熟悉客户一样周到；

(6) 保险从业人员服务技能与质量评价包括四个方面：

展业时，做到主动、高效、严谨、准确；理赔时，做到主动、快速、准确、合理；全面深入开展保险防灾，提升优质服务层次；审慎研制险种、扩展服务领域；附加价值服务；

(7) 客户监督机制的构成：保险中介服务满意度评价；保险营销员服务评价；保险产品满意度评价。

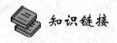 知识链接

朝霞理财服务中心

——刘朝霞

主持人：请问刘老师您做大单是因为您的市场好，还是因为别的，如果市场是在一个并不是很发达的市场，您怎么去做大单？

刘朝霞：这个问题问得很好，其实我一直在说这么一句话：成功的人是给自己找个方法，而失败的人是给自己找个借口。在我做期缴保费10万的时候，没有人知道我们的市场客户期缴保费能有10万；我做50万的时候，并没有想到有个客户可以交100万；做100万的时候，也没有想到期缴保费可以达到500万；而当今天我能够做到期缴保费500万的时候(我只是指的一张单子)，那我知道，这个市场还很大很大，只是我没有发现而已。

刘朝霞：其实你们是一样的。我原来做1000多、2000多、几万块钱的单，我觉得是一个非常大的单子了。但是，我今天做了才知道，其实每个地方的市场都是很大的，看你自己怎么去找。我原来并没有车、没有司机、没有秘书、没有我这个品牌、没有我的朝霞理财服务中心，我没有咨询，我没有服务卡，我也没有做过客户俱乐部活动，这些都是我做保险后才建立起来的。所以市场都摆在你的面前，就看你如何去开发和去争取。

主持人：请问刘老师，你是如何使事业、家庭，以及你自己的健康、美丽这三者完美并存的？

刘朝霞：我一直认为一个人除了事业以外，还要有一个好的家庭，有一个健康的身体。假如说你有了很好的事业，可是你妻离子散的；或者说你有了家庭，也有了事业，可是你没有很好的身体去享受；又或者说你有了很好的身体、也有家庭，可是你又没有钱去生活，那你是非常痛苦的。谁都知道这样会不好平衡，但是只希望大家尽量去平衡一些。

刘朝霞：我是怎样去规划我的时间和平衡这些事情的呢？因为我知道，做保险很多家庭，先生也好，太太也好，是不太理解这个我们做保险的心酸的。原来，我先生是一个大企业的负责人，他非常不理解、也不支持我做保险的。但是我用了几年的时候，把他增员进了保险公司，所以他现在和我是志同道合的，主要是因为我非常坚定地认同保险这个行业。我认为这是我别无选择的行业，我是说我在这个保险行业里，直到生命结束否则决不离开。

刘朝霞：我记得当时我去感化我的先生，感化我身边的人，当然其实你自己要给自己的家庭付出。在家里，我从来不认为你今天是属于我的，或者我是属于你的，你应该去履

行什么责任。我觉得你的客户是需要经营的、你的事业是需要经营的、同样你的家庭也是需要经营的。所以我们的很多同事都知道我和我先生的感情那是非常好的，而且现在他也在保险公司里头，我们一起开拓、共同发展，那么就是看你自己对这个行业的信念到底有多少？影响力有多少。

主持人：当你有挫折、困难和压力的时候，你是怎么调解过来的？

刘朝霞：其实保险业里头，如果说你没有受过挫折，或者说你没有受过打击，那你是很难成功的。我每次都是从挫折打击中爬起来的。在这八年里，我相信每个同仁们都是一样的，他会受过很多很多不同程度的打击。但是我因为刚刚跟大家说过，这个行业是我别无选择的行业，我从来没想过我要放弃它，我只知道你做这个行业，你必须去承受这些东西，只要慢慢走下去，自然你也会坚强起来。

刘朝霞：我一直记住我们经理说过的一句话："你做了保险，你一定要学会3分钟去调整你的情绪，很快就会过去的，如果你要是没有这种心态的话，你还没有具备做保险的这种基本素质"。所以每一个人都是一样的，我吃的苦真的是很多很多，我在这里跟伟兵也说："现在大家看到的是鲜花啊、掌声啊、更多的是羡慕啊，其实背后走过来的一些艰辛、酸甜苦辣只有我们自己才能知道"。如果你也能够坚定这样走下来的话，你同样能得到辉煌的成就和前景。

主持人：请问如果我不想做组织发展，只是做行销，能否长久地在保险行业继续下去呢？

刘朝霞：全球 MDRT 国际圆桌会议每年都有七千多人，他们大多是做个人业绩的，没有发展组织。但是如果你选择了组织，要义无反顾地发展组织；如果你选择了个人业绩，那么你就要全心全力地把个人业绩做好。哪一样都可以做好，主要是你的信念在哪里？如果你只是想谋取自己的利益或者说你是按照自己的意思去做，没有这个使命、没有这个责任、没有远大的胸怀，没有想过对这个行业负什么责任，那么你什么也做不好，所以做组织跟做个人业绩都能成功，关键是你自己的定位要非常准确。

主持人：我曾经签过一张大单，可是当我给她送保单的时候，她说她的丈夫不同意还是退掉了，对一个人同意、一个人不同意的家庭投保情况，你是怎么去处理的？

刘朝霞：这种情况我经常碰到。要么是太太不同意，要么是丈夫不同意。那严格上说，我的选择是面对。我们有的先生买了保险，我没见到他太太，她太太不同意，尤其我是个女的，产生了很大的障碍，那么我尽量多去见他太太。我很多时候是先认识了先生，后来我这个五百万的单子期缴也是个太太来的，我的客户档案里原来是男士多，后来都是女士多，因为那些成功的男士太忙了，他没有时间，后来他太太反而很容易把它签下来了。

刘朝霞：有位老师说过，关键在于你有什么东西吸引他，所以出现这种问题的时候，你一定找她先生，跟她先生谈，你为什么不需要这个保障、你为什么不需要这个保险，首先你不要给他压力，我说你做不做这个保单并不重要，重要的是我想了解一下原因，是因为你不信赖我、还是不信赖保险公司？还是你觉得你不会老、还是觉得你不会病、还是觉得你不会有任何事情发生？如果你告诉我你不会老、你不会病、你也不担心你的家里没有生活费，你也不担心你的生意，或者说你不担心你的工作有什么变化，你又长生不老，什么都不担心，当然你是不需要这份保险的是不是？

刘朝霞：其实我觉得这个能解决你的问题，能够解决你的后顾之忧。有规划的人，跟没有规划的人是不一样的，有个口号说：你不理财，财不理你。所以我觉得你是非常需要这份保单的。你要告诉他能够给他什么帮助，能给他解决一些后顾之忧，能圆他什么梦，说清楚给他听，那这样子的话，再来针对他的问题给予解答。

主持人：因为以前在保险业里存在一些不良的竞争，影响了社会公众对保险营销职业的看法，以你这样敬业地工作，如果你做别的可能你也会做得很好，为什么你一直坚持做保险，而不是选择做其它行业？

刘朝霞：从96年走进保险行业，到现在还是有很多人劝我转行，我相信我们这个行业的前辈或者说是跟我差不多时间的，或者说三四年，四五年的，你也会出现这种情况是吧。

刘朝霞：接着会有很多很多的诱惑，比如传销公司经常拉我，还有很多外资公司，他都是这样跟我说的，你过来我这边吧，我先给你一千万，叫做什么过桥费吧，还有年底再有给你多少钱。也有人说：你这么傻，认识这么多大官，认识这么多企业家，如果你去搞个代理，你把哪个领导搞定，大把地挣钱。我跟他说每个人的追求都不一样的，每个人的信念也都不一样，我们保险人，只有我们自己才知道，有些东西是用钱和高官是代替不了的。

刘朝霞：我觉得有三样东西是不可以忽视的：第一是你的公司，今天是你造就了公司，还是公司造就了你？我觉得有了保险公司才有了我们，所以我们要懂得感恩；第二你一定要懂得尊重你的上司，不管我去哪里，无论在华大也好、在亚太寿险大会也好，或者在MDRT的演讲，我都会感谢我的经理，感谢我的主管，因为是他带我走进了这个行业；第三不管发生什么事情，我都觉得我能坚持下去。是什么原因呢？是太多的责任，是因为客户对你的这种信赖。所以我在这里跟大家说：这个行业我会做到我闭上眼睛！

主持人：请问刘老师，每个人的时间都是有限的，你是如何打造你的精英团队的？

刘朝霞：其实我在8年前的时候，一直就没想过增员，因为我总是认为增员太麻烦了，而且我并不想拿组织发展去赚取我的利润。后来，我在2003年悟出一个道理：个人的成功不叫成功，团队的成功才叫真正的成功，你只有帮助更多的人成功，你才能真正获得成功。

刘朝霞：这样并没有影响我的业绩，于是我决定打造一个顶级的团队。我一定走精英制，现在我的团队有一百多人，我希望有了量，再来提升质。我团队在一年多的发展时间里，成立了"朝霞理财明星发展委员会"。

刘朝霞：我告诉我们组织的人：你只有跟着大队伍走，只有不断地创新才能发展好，才能立于不败之地。所以你先讲奉献，他能感觉到进入这个组织的人，成长特别快。而且我们给他的机会也比较多，有时候他有大的客户，我会陪访他，我会给到他一些这方面的东西，而不是今天我给你发2000元钱，明天我给你发1000元津贴。难道你就真的是只值1000元至2000元的人吗？如果你只值1000元至2000元你就不要做保险了。因为他要的是前途，他要的是前景，只有学会了本领才有用的。

主持人：请问您的促成比较均衡的是几次，我想快点促成有没有什么好的方法？

刘朝霞：我的客户是分为几类的，我感觉好了或者他对这个保险意识比较深了，我有时候一次就把他成交了；有的客户我知道我可以做他一个非常大的单子，我就慢慢来。如果说我的保费都停留在五万或者十万那就比较好了，那一次、二次或者三次、四次就可以成交了。

刘朝霞：但是我的单子不断地在提升，从几千块钱到几万、几十万、几百万，这样时间就不好确定了，大部分十万、八万的会停留在三四次左右。如果说一百万以上，真的需要时间，有的用了几个月、有的用了三年多，就是不同的单子用不同的时间来促成。张晶比较准确一些，她一般谈客户很怪的，她的单子比较固定，一般都是两次促成，她都喜欢做十万块钱的期缴保费，能行就行、不行就走了，要不两次她就处理掉了。

主持人：一个营销伙伴说："我可能要比你还辛苦，我做的保单件数也不少，但是凭我现在的件均保费与您比起来真是一个天上一个地下。"请问刘老师，您在客户开拓、提高件均保费和客户层次方面，有什么自己独到的见解？

刘朝霞：他说他比我还辛苦，但你了解我的工作时间吗？我从来没有太多时间在外面玩或跟家人在一起。我在想像我这样的工作时间，三两年里你会感觉很辛苦，如果你真的能够坚持十年八年，你都是这个样子，寿险营销就不是很难了，因为你已养成了这种习惯。

刘朝霞：你觉得你保单很小，你的件均保费做不上来，也许会听说我的保费一张单子一缴就是十万、一百万、五百万。但是你翻开我的历史来看一下，或者你问我的同事，我在八年前做保单的时候，都是一千多、六千多、一万多，没有像其中哪个老师那么幸运，一下子就接触了那么多大客户，但是我庆幸八年来我是非常持久的。我在国寿深圳分公司成为第一名，这第一名完全是靠一天天的积累，一点一滴脚踏实地做出来的，那么你做到一定时候，自然就会提升。

主持人：市场竞争这么激烈，请问您是怎么样做售后服务的？

刘朝霞：我到世界各地参观学习的时候，发现在国外的服务跟我们国内的服务根本是两个概念，我就想我不能改变整个中国，但是我自己有这个责任先做起来。我的服务是比较到位的，那也是后来积累的，我现在服务的渠道有好几种：第一、我会不定期的去办一些朝霞资讯，我们所有的客户都能收到的，我每个客户给他寄过去以后里面都附上一封信，他看到信以后心里都甜滋滋的，因为我写了很多他喜欢听的。

刘朝霞：这个里面的话题有财经、有行业动态，还有时尚生活，还有客户的一些广告，每一期我都会给他们送去；第二、我会经常搞客户俱乐部活动，我们是按照客户的需求来搞这个活动，把他们聚集在一起；所以这些都是我给客户的一些服务。我不是想炫耀自己的服务，其实这些就看你的目标在哪里，你是否要去这样做。如果你说没有理财服务中心，没有这个没有那个，那你是在给自己找借口。成功的人找方法，失败的人找借口。

刘朝霞：你根本不用怕市场没得做，真正的客户还有很多很多可以去挖掘。在21世纪唯一没有被开发的金矿就是中国，你怎么说竞争这么激烈。其实这种竞争是保险公司的竞争，跟你个人的竞争还是不太大的。

刘朝霞：公司竞争是有利的，有两点：第一他对我们的福利会提高，他会在乎我们；第二他对客户的利益会提高。在香港你知道业务员是多么值钱吗？你又知道外资是出多少钱来挖我吗？只要我到那个公司，他就给我一千万、佣金额外给、还有给你一年赚的奖金。

我觉得做保险，只要你坚持了，你该有的你全都会有。就看你的信念是什么、你的目标是什么，你是否真的了解了这个行业。

❀❀ 实训指导 ✦✦✦✦✦✦✦✦✦✦✦✦✦✦✦

实训主题：应对客户常见拒绝的技巧训练

实训内容：保险推销员面对客户的拒绝，应当如何应对处理？要求在遵守职业道德的前提下，充分为客户着想，与客户进行有效沟通，积极恰当的引导客户，了解保险产品。

话题1："单位已经投保了"。

话题2："家人不同意(老公/老婆不同意)"。

话题3："我家里现在有钱，不需要买保险"。

话题4："我很忙，没时间谈保险"。

话题5："有钱不如存银行"。

话题6："有钱不如炒股票发得快"。

话题7："现在说的好听，到时候理赔就难了"。

话题8："等我考虑考虑(比较比较)再说"。

话题9："等我还完贷款再考虑保险"。

实训要求：

以小组为单位，参加情景演练(10分钟/组)。

实训提示：不战而胜——空

一个至关重要的理念是：我做保险，但我从不卖保险。专业的寿险顾问都是帮客户买保险，而不是卖保险。这是寿险顾问式行销最根本的理念。一个寿险顾问绝不是以赚取佣金为己任、置客户利益于度外的。一个寿险顾问就是要设身处地地为客户着想。"顾"就是走出去见顾客，"问"就是帮客户对症下药、解决问题。

所谓"空"，首先，需要放下我们的想法、看法，没有任何执着。然后，看清客户的盲点，并运用思考和智慧的力量引导他自己去领悟。面对"保险我不信(不需要)"、"我没有钱"、"保险是骗人的"这样的回答，我都有自己的应对方法。例如：面对"我不信保险"。

准客户陈，私营企业业主。由朋友转介绍，电话预约后在某茶楼初次见面。

吴：陈总，您好！这是我的名片。

陈：你是做保险的？推销保险？

吴：陈总，我是做保险的。但我不会向你推销保险。一个专业的寿险顾问，都是帮客户买保险、而不是卖保险。这是我的原则，请您放心。

陈：我不信保险。如果你想推销保险，那我们就没话可说了。

吴：您的意思我明白。不信保险的人，一定是最有自信的人。陈总，您事业这么成功，一定与您的自信分不开，我说得没错吧？

陈：没错，我一向对自己很有信心。保险有什么意思？真要靠保险的话，就完蛋了。

吴：陈总，看来您真的非常自信。我有一个问题请教：您是自信风险不会发生呢、还是自信不管发生什么风险你都可以应对？

陈：我没考虑过这个问题。

吴：非常感谢您给我一个拜访的机会。您不需要保险，我不可能卖保险给你，我还有客户要见，我马上就走。走之前，我还有一个问题请教：您的意思是你爱人、孩子他们也不需要是吗？

陈：是的，他们也不需要。

吴：我知道，有您在他们当然也不需要。因为您就是他们的保险。我还有一个问题请教：如果您不在，他们还会不需要吗？

陈：你什么意思？

吴：我的意思是说：如果您不在，他们依靠谁？

陈：他们不能靠自己吗？

吴：这和我们的主题无关。我们的主题不是他们能否靠自己。我们的主题是，能否让你永远有自信，永远有作为一个丈夫和父亲的尊严。我有一个办法，能让你永远充满自信，永远活得很尊严，但需要您的配合。为了您的自信和尊严，不知您愿不愿意配合？

陈：你还是在推销保险。

吴：不是我在推销保险。而是您需要保险。

陈：好吧、好吧，你说说，保险怎么买？

职业素养 ✦✦✦✦✦✦✦✦✦✦✦✦✦✦✦✦✦

1. 成为一棵大树

◎ 成为一棵大树的第一个条件——时间。

没有一棵大树是树苗种下去，马上就变成了大树，一定是岁月刻画着年轮，一圈圈往外长。启示：要想成功，一定要给自己时间。时间就是体验的积累和延伸。

◎ 成为一棵大树的第二个条件——不动。

没有一棵大树，第一年种在这里，第二年种在那里，而可以成为一棵大树，一定是千百年来经风霜，历雨雪，屹立不动。正是无数次的经风霜，历雨雪，最终成就大树。启示：要想成功，一定要"任你风吹雨打，我自岿然不动"，坚守信念、专注内功，终成正果！

◎ 成为一棵大树的第三个条件——根基。

树有千百万条根，粗根、细根、微根，深入地底，忙碌而不停地吸收营养，成长自己。绝对没有一棵大树没有根。启示：要想成功，一定要不断学习。不断充实自己，自己扎好根，事业才能基业常青。

◎ 成为一棵大树的第四个条件——向上长。

一棵大树只向旁边长，长胖不长高；一定是先长主干再长细枝，一直向上长。启示：要想成功，一定要向上。不断向上才会有更大的空间。

◎ 成为一棵大树的第五个条件——向阳光。

没有一棵大树长向黑暗，躲避光明。阳光，是树木生长的希望所在，大树知道必须为自己争取更多的阳光，才有希望长得更高。启示：要想成功，一定要树立一个正确的目标，并为之努力奋斗，愿望才有可能变成现实。有一种东西不可利用，那就是善良。

2. 成功者的习惯

◎ 微笑；　　◎ 气质纯朴；　◎ 不向朋友借钱；　◎ 背后说别人好话；

◎ 听到某人说别人坏话时只微笑；　◎ 过去的事不让人全知道；

◎ 尊敬给你提意见的人；　◎ 对事无情，对人有情；　◎ 乐于悦纳自己；

◎ 多做自我批评；　◎ 为别人喝彩；　◎ 感恩；　◎ 学会聆听；

◎ 说话时常用我们开头；　◎ 少说多听，三思而后行。

阅读指导 ◆◆◆◆◆◆◆◆◆◆◆◆◆◆◆◆◆

如果你想改变世界

——海豹突击队训练给我们的十条启示(刘宇敌)

突击队员双方被反绑在身后，自动沉到泳池底部，他们的任务就是仅用牙齿，来为自己戴上放置在池底地板上的面罩。在他们冷静地完成这项任务之后，他们接下来的任务可能更具挑战。这就是海豹突击队士兵一天的训练。

美国海军海豹突击队(Navy Seals)是世界上最为神秘、最具震慑力的特种作战部队之一。

进入海豹突击队，学员要通过被认为是世界上最艰苦最严格的特别军事训练，而且有时训练完全是真枪交火，学员们在超常的困境中培养锻炼毅力和团队作战的能力，最后70%的学员要被淘汰出局。因此成为海豹突击队的战士是一名美国军人的最高荣誉。

海豹突击队基本训练就是在为期六个月的时间里，在柔软的沙滩上痛苦地长跑，午夜在迭戈(San Diego)近海寒冷的水中游泳，障碍越野训练，无休止的健美操，连续数日不睡觉以及成天都在寒冷、潮湿和痛苦中挣扎。那是不断被受过专业训练的勇士骚扰的六个月，他们试图找出身体和心灵上的弱者并将其从海豹突击队淘汰。

对我来说，海豹突击队的基本训练是把一生的挑战浓缩到了六个月的时间里。

下面就是我在海豹突击队基本训练中学到的经验教训，希望于你们在人生中前进之际对你们有价值。

1. 如果你想改变世界，从整理你的床铺开始

在海豹突击队基本训练中，每天早晨，教官们会来到我的营房宿舍，他们要检查的第一个东西就是你的床。如果你做好了，被子四角就会是方方正正的，床单拉得平平整整，枕头放在床头的正中，多余的毯子整齐地叠放在搁物架下面——这就是海军所说的床。

这是一项简单的任务，充其量可以称为平凡。但是每天早晨，我们都必须把床整理得完美无缺。

如果你每天早上整理床铺，你就完成了一天中的第一项任务。它会给你小小的一点自豪感，鼓励你再去执行一项又一项的任务。到一天结束的时候，完成了的那一项任务就变成了多项已经完成的任务。整理床铺也会进一步证明一个事实：生活中的小事很重要。

如果小事都做不好，你永远也成就不了大事业。如果碰巧有一天你遭遇了痛苦，你回到家会躺到一张整理好的床上——这床是你整理好的——整理得井井有条的床铺会给你鼓劲，让你相信明天会更好。

2. 如果你想改变世界，那么一定要找人帮你划桨

在海豹突击队训练期间，学员被拆分成多个皮艇小组。每个小组有七名学员——小橡皮艇的两侧各三名以及一名帮助导航的舵手。每天，皮艇小组在海滩上整队集合，接受穿越激浪地带的指示，沿着海岸划上好几英里的船。

冬天的时候，迭戈近海的海浪可达 8～10 英尺(约合 2.4～3.1 米)高，除非人人挥桨，

否则划船穿越猛扑过来的海浪极其困难。每一支桨必须与舵手发出的划桨指令保持同步，每个人必须用相同的力气，否则船会转向，与海浪迎面相对，毫不客气地被扔回海滩上。

要让船到达目的地，每个人都必须划桨。你一个人无法改变世界——你会需要一些帮助——要真正从你的起点到达你的终点，你需要朋友、同事、陌生人的善意以及引导他们的一个坚强舵手。

3. 如果你想改变世界，以人们内心的大小，而不是他们脚蹼的大小来衡量他们

经过几周的艰苦训练之后，我们这个开始有 150 人的海豹突击队训练班人数减少到只有 42 人，现在的皮艇小组有六个，每组七名成员。

我与高个子们在同一条船上，但我们最好的皮艇小组是由小个子成员组成的——我们称他们为小家伙皮艇组，他们没有一个人身高超过 5.5 英尺(约合 168 厘米)。

小家伙皮艇组里有一名印第安人、一名非洲裔美国人、一名波兰裔美国人、一名希腊裔美国人、一名意大利裔美国人和来自中西部的两个健壮小伙子。虽然每次游泳前，其他皮艇小组的大个子总是会善意地打趣小家伙们穿在脚上的小小脚蹼。但他们划船、跑步和游泳都超过了其他所有皮艇小组。

海豹突击队的训练是一个伟大的均衡器，除了你的意志以外，别的东西都不重要。你的肤色、你的种族背景、你的教育程度和你的社会地位都无关紧要。

4. 如果你想改变世界，克服沦为"砂糖曲奇"带来的影响，继续前进

一周好几次，教官会让全班列队检查军容风纪。检查内容格外全面。你的帽子必须非常硬挺，你的军装必须熨得平平整整，你的皮带扣必须油光锃亮，没有任何污迹。

如果军容风纪检查不合格，学员就得穿戴整齐地跑到激浪地带，然后在从头到脚湿透的情况下在海滩上滚翻，直到身体每一个部分都被沙覆盖。这种效果被称为"砂糖曲奇"(sugar cookie)。你在那一天剩下的时间里都要穿着那身军装——冰冷、潮湿、满身沙粒。

有时，不管你准备多么充分，或者表现多么优异，你最终仍然会变成一个砂糖曲奇。有时生活就是这个样子。

5. 如果你想改变世界，就不要害怕马戏

每天的训练之中，你都面临多项体力活动的挑战。长跑、长距离游泳、障碍越野、数小时的健美操——旨在测试你耐力的东西。如果你未能达标，你的名字就被张榜公布，等到这一天结束的时候，那些榜上有名的人就会应邀表演一场"马戏"。

马戏就是额外两小时的健美操训练，目的是耗尽你的体力，击垮你的精神，迫使你知难而退。没人想表演马戏。马戏意味着那天你没有合格，意味着更加疲惫，而更加疲惫意味着第二天会更难熬——那就有可能会有更多的马戏。

每个人——每一个人——都上过马戏名单。不过，随着时间的推移，那些额外加练两小时健美操的学员变得越来越壮。马戏的痛苦练就了内功——练就了身体的柔韧性。生活中充满了马戏。你会失败，你很可能经常失败，那是件痛苦的事，让人灰心丧气。有时，它可以考验你的内在本质。

6. 如果你想改变世界，有时候你必须以头朝前的方式从障碍上滑下

至少一周两次，受训学员要按要求跑障碍越野。障碍越野的跑道上有 25 处障碍，但是最具挑战性的障碍是逃生滑绳。障碍一端有一个 30 英尺(约合 9.2 米)高的三层塔台，另一端是一个一层的塔台，两个塔台之间是一根 200 英尺(约合 61 米)长的绳子。

你必须爬上三层高的塔台，爬到顶端后，你要抓住绳子，吊在绳子下面，两手交替着向前移动，直到你到达绳子的另一端。

障碍越野的纪录已经保持了多年，好像那是一个无法打破的纪录，直到有一天一名学员决定换种方式过滑绳——以头朝前的方式。他没有让身体吊在绳子下面一点一点向前挪，而是勇敢地攀到了绳子的上面奋力向前行进。

那是一个危险的举动——看上去有点愚蠢，充满了危险。一旦失手可能就意味着受伤并从训练中淘汰。那名学员毫不犹豫地在绳子上滑了下去，险象环生，但很神速。他花的时间不是几分钟，而是只用了一半的时间，到最终跑完全程的时候他已破了纪录。

7. 如果你想改变世界，在鲨鱼面前不要退缩

在陆战训练阶段，学员们坐飞机被带到迭戈附近的克利门蒂岛(San Clemente Island)。克利门蒂岛近海水域是大白鲨的繁殖区域。要通过海豹突击队的训练，必须完成一系列的长距离游泳科目，其中之一是夜间游泳。

你会得到指导，如果一条鲨鱼开始围着你转，那请待在原地，不要游开，不要露怯。如果这条鲨鱼想吃夜宵，向你冲了过来，那你要使出全身力气猛击它的鼻子部位，那样它会转身游走。

世上有很多鲨鱼，如果你希望完成游泳，你就必须要去对付它们。

8. 如果你想改变世界，你必须在最黑暗的时刻把自己的能力发挥到极致

作为海豹突击队员，我们的任务之一是从水下袭击敌人的舰船。我们在基本训练期间大量练习了这种技术。执行袭击舰船的任务时，海豹突击队的一对潜水员在敌人港口外下水，然后游两英里(约合 3.2 公里)多的距离——潜在水下——仅仅利用一个深度计和一个指南针抵达目标。在整个游泳期间，当你靠近绑在码头上的船只的时候，光线开始减弱。船的钢结构挡住了月光，挡住了周围的路灯光，挡住了所有的环境光线。可是龙骨也是整船最暗的一部分，在那里你伸手不见五指，船的机器噪音震耳欲聋，你很容易迷失方向，从而致使行动失败。每一名海豹突击队员都知道，在龙骨下面，在整个任务最黑暗的时刻，你必须沉着冷静——那种时候你得使出你所有的战术技巧、你的体能以及你全部的内在力量。

9. 如果你想改变世界，当泥浆没及你的脖子时，开始唱歌

海豹突击队训练的第九周被称为地狱之周(Hell Week)，六天不能睡觉，不断遭受体力和心理上的骚扰，还要在泥滩(Mud Flats)度过特别的一天。就在地狱之周的星期三，你要划船进入泥滩，在随后的 15 个小时里尽力从冰冷刺骨的泥潭、呼啸的狂风以及教官不断让你放弃的压力中熬过来。

就在那个周三太阳开始落下的时候，我们这个训练班因"严重违反纪律"而被命令跳进泥滩。淤泥淹没了每一个人，最后除了脑袋什么都看不见了。教官告诉我们只要五个人放弃，我们就可以离开泥滩——只需五人，我们就可以摆脱这难以忍受的寒冷。

环顾泥滩，很明显有些学员打算要放弃了。距离太阳升起来尚有八个多小时——八个多小时的刺骨寒冷。学员们牙齿战栗和颤抖的呻吟声音之大，很难听到其他任何声音。然后，一个声音开始在夜色中回荡——一个唱歌的声音。歌曲的调子跑得离谱，但唱得极富激情。声音从一个变成两个，两个变成三个，没过多久全班每一个人都唱了起来。

我们明白，如果一个人能够从痛苦中超脱出来，那么其他人也可以做到。教官威胁我

们说，如果继续唱歌，我们就得在稀泥中待更长的时间——但是歌继续唱了下去。不知怎么搞的，泥潭似乎变暖和了一些，风变得柔和了一点，黎明也不再那么遥远。

因此，如果你想改变世界，当泥浆没及你的脖子时，请开始唱歌。

10. 如果你想要改变世界，永远不要敲那个钟

最后，在海豹突击队训练中有一口钟，一口挂在训练队大院中心让全体学员都看得见的铜钟。

如想放弃，你要做的唯一一件事是敲响这钟。敲钟之后，你再也不必早上五点醒来。敲钟之后，你再也不必在冰冷的水里游泳。敲钟之后，你再也不必参加跑步、障碍越野、体能训练——而且你再也不必忍受训练的艰苦。只需敲钟就行。

但如果你想要改变世界，就永远不要敲那个钟。

最后我想说，开始改变世界——让世界变得更美好，这并非易事。

但是每一天都要以一件完成的任务开始，在人生途中不断超越昨天的自己，那么你首先要做的是从改变自己开始。尊重每一个人，明白人生是不公平的，你经常会遭遇失败，但如果在最艰难的时候你担当风险、勇敢向前，惩恶扬善、救人于水火，而且永不放弃——如果你做到了这些，那么下一代人以及其后的世世代代就会生活在一个远比今天美好得多的世界里。从改变自己开始，这样的起步真的就会改变世界，让它变得更加美好。

 复习思考 ✦✦✦✦✦✦✦✦✦✦✦✦✦✦✦✦✦

1. 保险职业道德的基本理念和基本规范是什么？
2. 保险公估从业人员的职业道德的特殊要求有哪些？
3. 谈谈你对保险职业道德实施情况的认识。

附　录

保险代理从业人员执业行为守则

（中国保险行业协会颁布）

第一章　总则

第一条　为规范保险代理从业人员的执业行为，树立保险代理从业人员良好的职业形象，维护保险业良好的市场竞争秩序，促进包括保险代理在内的保险业的持续健康发展，依据《中华人民共和国保险法》、《保险代理机构管理规定》等法律法规以及《保险代理从业人员职业道德指引》，制定本守则。

第二条　本守则所称保险代理从业人员是指接受保险公司委托从事保险代理业务的人员或者在保险专业代理机构和保险兼业代理机构中从事保险代理业务的人员。

第三条　保险代理从业人员应当遵守《中华人民共和国保险法》、《保险代理机构管理规定》等法律法规，保险监督管理部门的有关规定，以及保险行业自律组织的有关规则。

第四条　保险代理从业人员应当遵守社会公德并按照《保险代理从业人员职业道德指引》的要求，在执业活动中遵循守法遵规、诚实信用、专业胜任、客户至上、勤勉尽责、公平竞争、保守秘密的原则，自觉维护保险代理行业的信誉。

第五条　保险代理从业人员应当忠诚服务于所属机构，接受所属机构的业务管理，切实履行对所属机构的责任和义务，不得侵害所属机构利益。

第二章　持证上岗与培训

第六条　保险代理从业人员在执业前，应当取得中国保险监督管理委员会颁发的《保险代理从业人员基本资格证书》以及有关单位据此核发的《保险代理从业人员展业证书》或《保险代理从业人员执业证书》。

第七条　保险代理从业人员应当接受并完成有关法规规定的持续教育。

第八条　保险代理从业人员应积极参加保险行业自律组织和所属机构举办的培训，不断增强法律和诚信意识，提高职业道德水准和专业技能。

第三章　与所属机构关系

第九条　保险代理从业人员应当与所属机构签订书面委托代理合同或取得所属机构的授权。保险代理从业人员的执业行为不得擅自超越代理权限或授权范围。

第十条　保险代理从业人员在从事人寿保险代理业务时，不得同时接受两家或两家以上人寿保险公司的委托。

第十一条　保险代理从业人员与所属机构之间的劳动或代理关系终止或一方提出解除，双方应及时按有关规定或双方约定办理相关手续。

第四章　展业

第十二条　保险公司和保险专业代理机构的保险代理从业人员在执业活动中应当首先向客户声明所属机构的名称、性质和业务范围,并主动出示《保险代理从业人员展业证书》或《保险代理从业人员执业证书》。

第十三条　如果客户要求,保险代理从业人员应当向客户说明如何得知该客户的名称(姓名)、联系方式等信息。

第十四条　保险代理从业人员在向客户提供保险建议前,应深入了解和分析客户需求,不得强迫或诱骗客户购买保险产品。当客户拟购买的保险产品不适合客户需要时,应主动指出并给予合适的建议。

第十五条　保险代理从业人员应当使用由所属机构发放的保险单证和展业资料。

第十六条　保险代理从业人员应当客观、全面、准确地向客户提供有关保险产品与服务的信息,不得夸大保障范围和保障功能;对于有关保险人责任免除、投保人和被保险人应履行的义务以及退保的法律法规规定和保险条款,应当向客户作出详细说明。保险代理从业人员应当就履行法定说明义务以及公司规定的其他说明义务取得客户的书面确认。

第十七条　保险代理从业人员不得对投资连接产品和分红产品等新型产品的回报率作出预测或承诺。

第十八条　在对不同的保险产品作比较或者在保险产品与其他投资产品之间作比较时,保险代理从业人员应当向客户特别指明各种产品的不同特性。

第十九条　保险代理从业人员应将客户的如实告知义务以及违反义务可能造成的后果明确告知客户。

第二十条　保险代理从业人员应当按照有关法律法规要求或所属机构规定将保险单据和重要文件交由客户本人签署确认,不得代客户签署,也不得唆使或引诱他人代客户签署。

第二十一条　如果所属机构与客户之间信息、保险单据和文件的传递经由保险代理从业人员进行,那么保险代理从业人员应当确保传递的及时性和准确性。

第二十二条　保险代理从业人员应当仔细检查与客户有关的保险单据和文件的完整性和准确性,发现问题应当及时通知所属机构或客户更正。未取得所属机构同意或客户书面授权,不得对保险单据和文件进行更改。

第二十三条　保险代理从业人员应当将所知道的与投保有关的客户信息如实告知所属机构,不得唆使、引诱客户或与客户串通,隐瞒或虚报客户的投保信息。

第五章　售后服务

第二十四条　保险代理从业人员应与客户保持适当的联系,及时解答客户提出的有关问题。

第二十五条　应客户要求,保险代理从业人员应当协助客户办理变更保单信息等事宜。

第二十六条　保险代理从业人员应在保险期届满以前及时通知客户续保,并应客户要求协助办理保单续保事宜。

第二十七条　如果客户提出退保,保险代理从业人员应当提醒客户注意保单中有关退保的条款、退保可能引致的财务损失以及退保后客户所面临的保单保障范围内的风险。如果客户仍决定退保,保险代理从业人员应当按照客户的要求协助办理有关事项。

第二十八条　保险代理从业人员应当在所属机构授权的范围内办理理赔查勘事宜。

第二十九条　保险代理从业人员应当按照所属机构要求协助客户做好防灾防损工作。

第三十条　保险代理从业人员不得唆使、引诱或串通客户，向保险人进行欺诈性索赔，也不得以任何方式协助或参与欺诈性索赔。

第六章　代收付款

第三十一条　保险代理从业人员应当将保费的支付方式以及不按时支付保费可能导致的后果告知客户。

第三十二条　保险代理从业人员在代收保费时应当向客户出具所属机构的收款凭证，不得以个人名义收取保费。保险代理从业人员应当及时将代收的保费全额交付所属机构，不得将收取的保费存入个人账户，不得侵占、截留、滞留或挪用，也不得从保费中坐扣手续费(佣金)。

第三十三条　保险代理从业人员不得向客户收取保费以外的任何费用。

第三十四条　保险代理从业人员应当根据所属机构授权及时将赔款或保险金转交客户，不得侵占、截留、滞留或挪用。未经客户同意，不得从赔款或保险金中坐支保费。

第七章　竞争

第三十五条　保险代理从业人员不得借助行政力量或其他非正当手段进行执业活动。

第三十六条　保险代理从业人员不得向客户给予或承诺给予保险合同规定以外的经济利益。

第三十七条　保险代理从业人员应当严格执行经保险监督管理部门批准或备案的保险条款和费率，不得擅自改变。

第三十八条　保险代理从业人员不得诋毁、贬低或负面评价保险中介机构和保险公司及其从业人员。

第三十九条　保险代理从业人员不得以销售保单为目的建议客户提前终止其他保单。

第八章　保密

第四十条　保险代理从业人员应当对有关客户的信息向所属机构以外的其他机构和个人保密。保险代理从业人员应当对客户的与投保无关的信息向所属机构保密。

第四十一条　保险代理从业人员应当保守所属机构的商业秘密。

第九章　争议与投诉处理

第四十二条　保险代理从业人员应当将投诉渠道和投诉方式告知客户。

第四十三条　对于与客户之间的争议，保险代理从业人员应争取通过协商解决，尽量避免客户投诉。

第四十四条　保险代理从业人员应当始终对客户投诉保持耐心与克制，并将接到的投诉及时提交所属机构处理。

第四十五条　保险代理从业人员应当配合所属机构或有关单位对客户投诉进行调查和处理。

第十章　附则

第四十六条　保险代理从业人员所属机构应当在本守则的基础上制定详细的保险代理从业人员内部管理办法。

第四十七条　本守则由中国保险行业协会负责解释和修订。

第四十八条　本守则自 2004 年 12 月 1 日起施行。

保险代理从业人员执业道德指引

（中国保险监督管理委员会发布）

保险代理从业人员在执业活动中应当做到：守法遵规、诚实信用、专业胜任、客户至上、勤勉尽责、公平竞争、保守秘密。

一、守法遵规

1. 以《中华人民共和国保险法》为行为准绳，遵守有关法律和行政法规，遵守社会公德。

2. 遵守保险监管部门的相关规章和规范性文件，服从保险监管部门的监督与管理。

3. 遵守保险行业自律组织的规则。

4. 遵守所属机构的管理规定。

二、诚实信用

5. 在执业活动的各个方面和各个环节中恪守诚实信用原则。

6. 在执业活动中主动出示法定执业证件并将本人或所属机构与保险公司的关系如实告知客户。

7. 客观、全面地向客户介绍有关保险产品与服务的信息，并将与投保有关的客户信息如实告知所属机构，不误导客户。

8. 向客户推荐的保险产品应符合客户的需求，不强迫或诱骗客户购买保险产品。当客户拟购买的保险产品不适合客户需要时，应主动提示并给予合适的建议。

三、专业胜任

9. 执业前取得法定资格并具备足够的专业知识与能力。

10. 在执业活动中加强业务学习，不断提高业务技能。

11. 参加保险监管部门、保险行业自律组织和所属机构组织的考试和持续教育，使自身能够不断适应保险市场对保险代理从业人员的各方面要求。

四、客户至上

12. 为客户提供热情、周到和优质的专业服务。

13. 不影响客户的正常生活和工作，言谈举止文明礼貌，时刻维护职业形象。

14. 在执业活动中主动避免利益冲突。不能避免时，应向客户或所属机构作出说明，并确保客户和所属机构的利益不受损害。

五、勤勉尽责

15. 秉持勤勉的工作态度，努力避免执业活动中的失误。

16. 忠诚服务，不侵害所属机构利益；切实履行对所属机构的责任和义务，接受所属机构的管理。

17. 不挪用、侵占保费，不擅自超越代理合同的代理权限或所属机构授权。

六、公平竞争

18. 尊重竞争对手，不诋毁、贬低或负面评价保险中介机构、保险公司及其从业人员。

19. 依靠专业技能和服务质量展开竞争，竞争手段正当、合规、合法，不借助行政力量或其他非正当手段开展业务，不向客户给予或承诺给予保险合同以外的经济利益。

20. 加强同业人员间的交流与合作，实现优势互补、共同进步。

七、保守秘密

21. 对客户和所属机构负有保密义务。

保险经纪从业人员执业行为守则

（中国保险行业协会发布）

第一章　总则

第一条　为规范保险经纪从业人员的执业行为，树立保险经纪从业人员良好的职业形象，维护保险业良好的市场竞争秩序，促进包括保险经纪在内的保险业的健康发展，依据《中华人民共和国保险法》、《保险经纪机构管理规定》等法律法规以及《保险经纪从业人员职业道德指引》，制定本守则。

第二条　本守则所称保险经纪从业人员是指从事保险经纪业务的保险经纪机构工作人员。

第三条　保险经纪从业人员应当遵守《中华人民共和国保险法》、《保险经纪机构管理规定》等法律法规，保险监督管理部门的有关规定，以及保险行业自律组织的有关规则。

第四条　保险经纪从业人员应当遵守社会公德并按照《保险经纪从业人员职业道德指引》的要求，在执业活动中遵循守法遵规、诚实信用、专业胜任、勤勉尽责、友好合作、公平竞争、保守秘密的原则，自觉维护保险经纪行业的信誉。

第五条　保险经纪从业人员应当忠诚服务于所属保险经纪机构，接受所属保险经纪机构的业务管理，切实履行对所属保险经纪机构的责任和义务，不得侵害所属保险经纪机构利益。

第二章　持证上岗与培训

第六条　保险经纪从业人员在执业前，应当取得中国保险监督管理委员会颁发的《保险经纪从业人员基本资格证书》以及有关单位据此核发的《保险经纪从业人员执业证书》。

第七条　保险经纪从业人员应当接受并完成有关法规规定的持续教育。

第八条　保险经纪从业人员应积极参加保险行业自律组织和所属保险经纪机构举办的培训，不断增强法律和诚信意识，提高职业道德水准和专业技能。

第三章　接洽客户

第九条　保险经纪从业人员在执业活动中应当首先向客户声明其所属保险经纪机构的名称、性质和业务范围，并主动出示《保险经纪从业人员执业证书》。

第十条　如果客户要求，保险经纪从业人员应当向客户说明如何得知该客户的名称(姓名)、联系方式等信息。

第十一条　保险经纪机构应当与客户签订保险经纪业务合同，就客户委托的有关事项作出明确约定。保险经纪从业人员的执业活动应当在委托权限范围内进行，遇到超出委托权限范围的事项应当取得客户的书面授权。

第四章　风险管理咨询

第十二条　保险经纪从业人员应深入了解和分析客户所面临的风险，并进行定性和定量相结合的风险评估。

第十三条　保险经纪从业人员应在风险评估的基础上向客户提供风险管理建议。

保险经纪从业人员应以客户容易理解的方式向客户提供风险管理建议，以便于客户对建议的内容作出明智的决策。

第五章　保险方案制定

第十四条　对于客户需要以保险进行保障的项目，保险经纪从业人员应向客户介绍市场上相关的保险产品并按照客户的需求制定保险方案，提出保险建议。

第十五条　保险经纪从业人员应当客观、全面、准确地向客户提供有关保险产品与服务的信息，不得夸大保障范围和保障功能；对于有关保险人责任免除、投保人和被保险人应履行的义务以及退保的法律法规规定和保险条款，应当向客户作出详细说明。

第十六条　在对不同的保险产品作比较或者在保险产品与其他投资产品之间作比较时，保险经纪从业人员应当向客户特别指明各种产品的不同特性。

第十七条　如果保险经纪从业人员向客户推荐的保险产品的提供者与保险经纪从业人员所属保险经纪机构之间存在关联方关系，保险经纪从业人员应当向客户如实披露该关联关系的性质与内容。

第十八条　保险经纪从业人员应当按照有关法律法规要求或所属保险经纪机构规定将保险单据和重要文件交由客户本人签署确认，不得代客户签署，也不得唆使或引诱他人代客户签署。

第十九条　保险经纪从业人员应在进行保险安排前取得客户对保险方案的书面认可。

第六章　保险安排

第二十条　保险经纪从业人员应当就保险方案向客户指定的保险公司进行询价或招标。

如果客户未指定保险公司，保险经纪从业人员应当本着客户利益最大化的原则，选择足够多的保险公司进行询价或招标。

保险经纪从业人员在询价或招标过程中不应向任何一方透露其他保险公司的报价或承保条件。询价或招标结束后，保险经纪从业人员应当及时将招标结果进行汇总分析，作为客户决策的参考。

第二十一条　保险经纪从业人员应当将客户对保险人的如实告知义务以及违反义务可能造成的后果明确告知客户。

第二十二条　保险经纪从业人员应当如实向所属保险经纪机构和保险人披露客户的投保信息，不得唆使、引诱客户或与客户串通，隐瞒或虚报客户的投保信息。

第二十三条　保险经纪从业人员应当确保投保文件符合保险人的形式要求。保险经纪从业人员应当及时将投保文件提供给保险人。

第二十四条　保险经纪从业人员应当仔细检查保险人传送给客户的相关信息、保险单据和文件的完整性和准确性并及时转交客户，发现问题应当及时通知保险人更正。

第二十五条　保险经纪从业人员办理再保险经纪业务时，应当取得原保险人或再保险人分出业务的书面委托函件或要约，还应当取得分入公司的书面承保确认。

第七章　保单变更、续保与退保

第二十六条　保险经纪人应当按照委托合同的约定，跟踪客户需求的变化。必要时应当向客户提出变更保单保障范围或保险金额的建议，并及时处理客户的保单变更要求。

第二十七条　保险经纪从业人员应当在保险期届满以前及时通知客户续保，并按照客户要求办理续保事宜。

第二十八条　如果客户提出退保，保险经纪从业人员应当提醒客户注意保单中有关退保的条款、退保可能引致的财务损失以及退保后客户所面临的保单保障范围内的风险。如果客户仍决定退保，保险经纪从业人员应当按照客户的要求为其办理有关事项。

第二十九条　如果客户提出更换保险人，保险经纪机构应提醒客户注意保单中有关退保的条款以及退保可能引致的财务损失。如果客户仍决定更换保险人，还应为客户作好退保与投保之间的衔接事宜，力求保障好客户的保险利益。

第八章　索赔服务

第三十条　当得知客户发生保险事故时，保险经纪从业人员应当及时通知保险人，同时应当协助客户采取措施避免损失的进一步扩大。

第三十一条　如果保险人要求进行现场查勘，保险经纪从业人员应当协助客户进行相关的工作，并尽快把保险人有关查勘和理赔的要求传达给客户。

第三十二条　保险经纪从业人员应当按照委托合同的约定或者应客户要求代表或协助客户进行索赔，包括但不限于整理和准备相关索赔资料、跟踪保险人处理赔案的进度等。

第三十三条　遇重大保险事故或出现理赔争议时，保险经纪从业人员应及时沟通协调，必要时应当向客户建议聘请保险公估机构参与事故和损失的鉴定工作。

第三十四条　保险经纪从业人员不得唆使、引诱或串通客户，向保险人进行欺诈性索赔，也不得以任何方式协助或参与欺诈性索赔。

第九章　收费与代收付款

第三十五条　在任何涉及费用的工作承担前或委托协议签订前，保险经纪从业人员都应明确告知客户相关服务或工作的收费标准。

第三十六条　保险经纪从业人员应当向客户说明所属保险经纪机构是否将就保险安排从保险人处取得佣金(手续费)收入。如果客户要求，还应当向客户披露佣金收入总金额。

第三十七条　保险经纪从业人员应当将保费的支付方式以及不按时支付保费可能导致的后果告知客户。

第三十八条　保险经纪从业人员在向客户收取代缴保费时应当向客户出具所属保险经纪机构的收款凭证，不得以个人名义收取保费。

保险经纪从业人员应当及时将代缴的保费全额交付所属保险经纪机构，不得将收取的保费存入个人账户，不得侵占、截留、滞留或挪用。

第三十九条　保险经纪从业人员应当根据所属保险经纪机构授权及时将赔款或保险金转交客户，不得侵占、截留、滞留或挪用。未经客户同意，不得从赔款或保险金中坐支保费或保险经纪服务费用。

第四十条　保险经纪从业人员不得向客户或保险人收取或接受任何不当经济利益。

第十章　竞争

第四十一条　保险经纪从业人员不得借助行政力量或其他非正当手段进行执业活动。

第四十二条　保险经纪从业人员不得向客户给予或承诺给予保险合同规定以外的经济利益。

第四十三条　保险经纪从业人员不得诋毁、贬低或负面评价保险中介机构和保险公司及其从业人员。

第四十四条　保险经纪从业人员不得以取得佣金(手续费)为目的建议客户提前终止其他保单。

第十一章　保密

第四十五条　保险经纪从业人员应当对有关客户的信息向所属机构和保险人以外的其他机构和个人保密。保险经纪从业人员应当对客户的与投保无关的信息向所属机构和保险人保密。

第四十六条　保险经纪从业人员应当保守所属保险经纪机构的商业秘密。

第十二章　争议与投诉处理

第四十七条　保险经纪从业人员应当将投诉渠道和投诉方式告知客户。

第四十八条　对于与客户之间的争议，保险经纪从业人员应争取通过协商解决，尽量避免客户投诉。

第四十九条　保险经纪从业人员应当始终对客户投诉保持耐心与克制，并将接到的投诉及时提交所属保险经纪机构处理。

第五十条　保险经纪从业人员应当配合所属保险经纪机构或有关单位对客户投诉进行调查和处理。

第五十一条　对于涉及保险人的客户投诉，保险经纪从业人员应主动与保险人交涉，争取对客户有利的解决方案。

第十三章　附则

第五十二条　保险经纪机构应当在本守则的基础上制定详细的保险经纪从业人员内部管理办法。

第五十三条　本守则由中国保险行业协会负责解释和修订。

第五十四条　本守则自 2004 年 12 月 1 日起施行

保险经纪从业人员职业道德指引

（中国保险监督管理委员会发布）

为保护投保人和被保险人的利益，提高保险经纪从业人员的职业道德水准，促进保险业的健康发展，制定本指引。

本指引所称保险经纪从业人员是指从事保险经纪业务的保险经纪机构工作人员。

保险经纪从业人员在执业活动中应当做到：守法遵规、诚实信用、专业胜任、勤勉尽责、友好合作、公平竞争、保守秘密。

一、守法遵规

1. 以《中华人民共和国保险法》为行为准绳，遵守有关法律和行政法规，遵守社会公德。

2. 遵守保险监管部门的相关规章和规范性文件，服从保险监管部门的监督与管理。

3. 遵守保险行业自律组织的规则。

4. 遵守所属保险经纪机构的管理规定。

二、诚实信用

5. 在执业活动的各个方面和各个环节中恪守诚实信用原则。

6. 在执业活动中主动出示法定执业证件并将本人或所属保险经纪机构与保险公司的关系如实告知客户。

7. 客观、全面地向客户介绍有关保险产品与服务的信息；如实向保险公司披露与投保有关的客户信息。

三、专业胜任

8. 执业前取得法定资格并具备足够的专业知识与能力。

9. 在执业活动中加强业务学习，不断提高业务技能。

10. 参加保险监管部门、保险行业自律组织和所属保险经纪机构组织的考试和持续教育，使自身能够不断适应保险市场的发展。

四、勤勉尽责

11. 秉持勤勉的工作态度，努力避免执业活动中的失误。

12. 代表客户利益，对于客户的各项委托尽职尽责，确保客户的利益得到最好保障，且不因手续费(佣金)或服务费的高低而影响客户利益。

13. 忠诚服务，不侵害所属保险经纪机构利益；切实履行对所属保险经纪机构的责任和义务，接受所属保险经纪机构的管理。

14. 不擅自超越客户的委托范围或所属保险经纪机构的授权。

15. 在执业活动中主动避免利益冲突。不能避免时，应向客户或所属保险经纪机构作出说明，并确保客户和所属保险经纪机构的利益不受损害。

五、友好合作

16. 与保险公司、保险代理机构和保险公估机构的从业人员友好合作、共同发展。

17. 加强同业人员间的交流与合作，实现优势互补、共同进步。

六、公平竞争

18. 尊重竞争对手，不诋毁、贬低或负面评价保险公司、其他保险中介机构及其从业人员。

19. 依靠专业技能和服务质量展开竞争，竞争手段正当、合规、合法，不借助行政力量或其他非正当手段开展业务，不向客户给予或承诺给予保险合同以外的经济利益。

七、保守秘密

20. 对客户和所属保险经纪机构负有保密义务。

保险公估从业人员职业道德指引

（中国保险行业协会发布）

（征求意见稿）

第一章　总则

第一条　为规范保险公估从业人员的执业行为，树立保险公估从业人员良好的职业形象，维护保险业良好的市场竞争秩序，促进保险业的持续健康发展，依据《中华人民共和国保险法》、《保险公估机构管理规定》等法律法规以及《保险公估从业人员职业道德指引》，制定本守则。

第二条　本守则所称保险公估从业人员是指取得中国保险监督管理委员会颁发的保险公估从业人员基本资格证书，从事保险公估业务的保险公估机构工作人员。

第三条　保险公估从业人员应当遵守《中华人民共和国保险法》、《保险公估机构管理规定》等法律法规以及保险监督管理部门的有关规定。

第四条　保险公估从业人员应当遵守社会公德并按照《保险公估从业人员职业道德指引》的要求，在执业活动中遵循独立执业、专业胜任、客观公正、勤勉尽责、友好合作、公平竞争、保守秘密的原则，自觉维护保险公估行业的信誉。

第二章　持证上岗与培训

第五条　保险公估从业人员在执业前，应当取得中国保险监督管理委员会颁发的《保险公估从业人员基本资格证书》以及有关组织据此核发的《保险公估从业人员执业证书》。

第六条　保险公估从业人员应当接受并完成有关法规规定的持续教育。

第七条　保险公估从业人员应积极参加行业协会和所属保险公估机构组织的培训，不断提高业务素质与技能。

第三章 业务洽谈与受理

第八条 保险公估从业人员在开展业务过程中应当首先向客户声明其所属保险公估机构的名称、性质和业务范围，并主动出示《保险公估从业人员执业证书》。

第九条 如果客户要求，保险公估从业人员应当向客户说明如何得知该客户的名称(姓名)、联系方式等信息。

第十条 保险公估机构在与保险合同当事人接洽委托事宜时，应当根据自身专业胜任能力和执业经验判断是否受理委托。保险公估机构不得承办力所不及的业务。

第十一条 受理保险公估(或风险评估)业务应当与委托人签订书面业务受理合同或取得委托人的书面委托，并据此立案。

业务受理合同或委托书应明确业务委托范围及委托人授权范围。业务委托一旦成立，保险公估机构及从业人员应尽职尽责地完成委托事项。

第十二条 保险公估从业人员不得向保险公估标的有关当事人收取或接受任何不当经济利益。

第四章 操作准备

第十三条 保险公估机构应根据委托项目的具体情况和要求以及内部从业人员的专业技能和执业经验指派专业胜任的人员承担项目操作，并向其明确所承担的任务和要求达到的目标。

第十四条 保险公估从业人员应在合理的时间内联系投保人或被保险人，进一步了解情况并搜集相关资料，包括但不限于保险合同、损失清单、有关部门出具的事故证明或技术鉴定书、费用发票、必要的报表、账簿、单据以及其他必要的单证、文件。

保险公估从业人员应当对相关当事人提供的资料进行甄别、审核。如发现问题，应当要求相关当事人予以澄清或补充相关资料，必要时可以与委托人协商后聘请专业机构进行鉴定。

第十五条 保险公估从业人员应当做好项目操作的准备工作，主要包括拟定行程和作业计划、准备查勘设备、技术资料以及人员分工。

第五章 现场查勘

第十六条 保险公估项目的现场查勘旨在调查保险标的出险后的状况。保险公估从业人员应详细调查出险标的坐落地点、出险时间、出险原因、标的损失内容、损失程度、损失数量等，制作翔实的《现场查勘记录》。《现场查勘记录》应当由主办查勘人现场制作，要求项目齐全、表述准确、书写工整。《现场查勘记录》应当由主办查勘人签字，并取得出险单位代表签字确认。

第十七条 为客观反映保险标的损失状况，保险公估从业人员应认真做好现场取证工作，包括拍照、摄像、绘图、丈量、称重、计数等，同时现场索取与出险标的有关的由相关执法机关或有资质机构出具的各种证明材料。

第十八条 为准确判定保险责任，保险公估从业人员应尽快索取相关的保险合同和被保险人提交的《索赔清单》。

第十九条　为公正、合理的理赔作准备，保险公估从业人员应尽快取得并查看出险单位的会计账册和有关凭证，必要时可对相关账目、凭证复印，以取得财务证据。

第二十条　保险公估从业人员应当对清理出的受损财产进行分类清点，据实造册登记，并由保险公估从业人员和出险单位代表签字确认。保险公估从业人员和保险当事人均有保证受损财产得到妥善保护的义务。

第二十一条　保险公估从业人员应当充分考虑灾损现场的时效性，确保查勘过程中的任何疑点均在现场查勘过程中得到合理解释。特别应将出险单位是否具有故意行为、欺诈行为、恶意串通行为作为疑点排查的重点，必要时可以与委托人协商后聘请专业机构协助进行鉴定、检测，并对发现的疑点追查到底。

第二十二条　为防止财产损失扩大，保险公估从业人员有义务提出进一步施救措施建议，敦促、协助相关当事人制定抢救方案，避免或减少现场损失扩大。

第二十三条　参与现场查勘的保险公估从业人员不应接受出险单位的宴请、馈赠或其他不当经济利益。

第二十四条　保险公估从业人员在查勘、鉴定时应当充分考虑相关当事人的利益，体现科学、专业、公平、高效、合理、节约的原则。不得仅凭现场查勘取得的证据向保险当事人保证是否能够得到赔偿或赔偿的比例与金额。

第二十五条　风险评估项目的现场查勘旨在评价保险标的潜在风险的状况，进而对防范风险的发生提出建议。保险公估从业人员应当取得与评估对象有关的各种技术资料、图纸、历史记录等，通过对上述资料的分析，全面掌握评估对象的历史沿革、资产状况、经营状况、管理状况以及出险记录与治理措施等。

第二十六条　为使评估客观公正，保险公估从业人员应认真听取评估对象的情况介绍，以获取除各项资料以外更详细的相关信息。

第二十七条　保险公估从业人员应在掌握必要的资料的基础上，对评估对象进行实地勘验。为准确了解受检部位现状，必要时可采取仪器检测等技术手段。保险公估从业人员应当对受检部位的现状作翔实的记录。

第二十八条　保险公估从业人员应在对各受检部位勘验的同时，全面了解评估对象的周围环境、交通状况、河川地形地貌、公共建设配套设施、消防水源、排水系统及各项安全防护设施等的状况及其对评估对象的影响。

第二十九条　为使评估科学有据，保险公估从业人员应全面掌握与评估项目有关的国际、国家、省(部)级技术标准信息资料。

第三十条　保险公估从业人员应与保险当事人密切配合，真实客观地反映评估对象的各种风险因素，以及这些风险因素对保险利益的影响。

第六章　责任审核

第三十一条　保险公估从业人员应按照委托要求，根据查勘情况和调查分析结果确认事故原因，也可依据有关行政职能部门或法定机构出具的证明文件认定事故原因。

第三十二条　保险公估从业人员应当根据事故原因和相关的调查结果，分析确认事故的近因。

第三十三条　保险公估从业人员应当熟悉、理解和正确运用保险条款，特别是有关保险责任和除外责任的条款。

第三十四条　保险公估从业人员应当按照委托要求根据近因原则和保险条款确认保险责任是否成立。

第三十五条　保险公估从业人员应当按照委托要求，根据查勘、调查情况和事故原因确认是否存在第三方责任。

第七章　《保险公估报告》和《风险评估报告》

第三十六条　《保险公估报告》是指保险公估机构根据委托要求，在实施了必要的公估程序后出具的，关于事故原因、损失状况、保险责任、理算结果的书面文件，是保险公估机构客观反映保险公估事件过程和结论的载体，是保险公估业务的最终产品。

(一)《保险公估报告》应当如实反映保险合同内容、保险财产概况、保险事故发生经过、保险事故原因分析、保险责任(除外责任)认定依据、损失程度认定依据、损失理算依据，并据此得出相关的保险公估结论。

(二)《保险公估报告》应当资料翔实、数据可靠、分析科学、推断严密、结论准确、语言精练。保险公估机构不得出具含有虚假、不实、有偏见或具有误导性内容和结论的报告。保险公估机构应当对其出具的《保险公估报告》的真实性负责，并承担相应的法律责任。

(三)《保险公估报告》所附各种证据应构成完整的证据链。

第三十七条　《风险评估报告》是保险公估机构对评估对象所面临的、尚未发生的和潜在的各种风险进行识别、估测、鉴定所作出的书面文件，是对风险作出科学判断的载体，是风险评估业务的最终产品。

(一)《风险评估报告》应对评估对象进行科学的风险识别、风险估测，对潜在的风险进行定性和定量的评价，并提出有针对性的改进措施建议。

(二)《风险评估报告》应经得起科学技术标准的检验和推敲，所有论点应有相关的论据支持，科学严谨，逻辑性强。

第三十八条　保险公估机构应当建立严格的《保险公估报告》、《风险评估报告》及其他风险咨询报告的内部审核制度，确保《保险公估报告》、《风险评估报告》及其他风险咨询报告的质量符合相关技术标准。

第三十九条　保险公估机构应建立与《保险公估报告》、《风险评估报告》及其他风险咨询报告相关的服务意见的反馈机制，以确保业务得到持续改进。

第八章　竞争

第四十条　保险公估从业人员不得借助行政手段或其他非正当手段开展业务活动。

第四十一条　保险公估从业人员不得向客户给予或承诺给予不正当的经济利益。

第四十二条　保险公估从业人员不得诋毁、贬低或负面评价同业、保险公司或其他保险中介机构。

第九章　档案管理与保密

第四十三条　保险公估机构应当建立项目档案，将业务过程中形成的文字、影像、电子资料等归入项目档案。项目档案全部资料应列表逐项登录。

第四十四条　保险公估机构应当建立完善的业务档案管理制度，对《保险公估报告》、《风险评估报告》及其他风险咨询报告的相关技术资料进行妥善保管。

第四十五条　保险经纪机构应当为每个客户建立独立的客户档案，并按照有关法规要求妥善保管。

第四十六条　保险公估从业人员应当对执业过程中得到的有关保险标的及其当事人的信息保密。

第四十七条　保险公估从业人员应当保守所属保险公估机构的商业秘密。

第十章　投诉处理

第四十八条　保险公估从业人员应当将投诉渠道和投诉方式告知保险公估标的有关当事人。

第四十九条　保险公估从业人员应当始终对投诉保持耐心与克制，并将接到的投诉提交所属保险公估机构。

第五十条　保险公估从业人员应当积极协助所属保险公估机构或其他机构对投诉进行调查和处理。

第五十一条　保险公估机构对于涉及第三方利益的投诉，应当坚持客观、公正的原则进行处理。

第十一章　附则

第五十二条　保险公估机构应当在本守则的基础上制定详细的保险公估从业人员内部管理办法。

第五十三条　本守则由中国保险行业协会负责解释和修订。

第五十四条　本守则自 2004 年　月　日起实施。

保险公估从业人员执业行为守则

（中国保险行业协会保险中介工作委员会发布）

第一章　总则

第一条　为规范保险公估从业人员的执业行为，树立保险公估从业人员良好的职业形象，维护保险业良好的市场竞争秩序，促进包括保险公估在内的保险业的持续健康发展，依据《中华人民共和国保险法》、《保险公估机构管理规定》等法律法规以及《保险公估从业人员职业道德指引》，制定本守则。

第二条　本守则所称保险公估从业人员是指从事保险公估业务的保险公估机构工作

人员。

第三条　保险经纪从业人员应当遵守《中华人民共和国保险法》、《保险经纪机构管理规定》等法律法规，保险监督管理部门的有关规定，以及保险行业自律组织的有关规则。

第四条　保险公估从业人员应当遵守社会公德并按照《保险公估从业人员职业道德指引》的要求，在执业活动中遵循守法遵规、专业胜任、客观公正、勤勉尽责、友好合作、公平竞争、保守秘密的原则，自觉维护保险公估行业的信誉。

第五条　保险公估从业人员应当忠诚服务于所属保险公估机构，接受所属保险公估机构的业务管理，切实履行对所属保险公估机构的责任和义务，不得侵害所属保险公估机构利益。

第二章　持证上岗与培训

第六条　保险公估从业人员在执业前，应当取得中国保险监督管理委员会颁发的《保险公估从业人员基本资格证书》以及有关单位据此核发的《保险公估从业人员执业证书》。

第七条　保险公估从业人员应当接受并完成有关法规规定的持续教育。

第八条　保险代理从业人员应积极参加保险行业自律组织和所属保险公估机构举办的培训，不断增强法律和诚信意识，提高职业道德水准和专业技能。

第三章　业务洽谈

第九条　保险公估从业人员在执业活动中应当首先向客户声明其所属保险公估机构的名称、性质和业务范围，并主动出示《保险公估从业人员执业证书》。

第十条　如果客户要求，保险公估从业人员应当向客户说明如何得知该客户的名称(姓名)、联系方式等信息。

第十一条　保险公估机构应当与客户签订保险公估业务合同，就客户委托的有关事项作出明确约定。保险公估从业人员的执业活动应当在委托权限范围内进行。

第十二条　保险公估从业人员不得与保险公估标的当事人约定保险公估结论，也不得就保险公估结论向保险公估标的当事人作出承诺。

第四章　操作准备

第十三条　保险公估从业人员应及时通知保险公估标的当事人提供与确认事故的性质、原因、损失程度等有关的证明和资料。如保险合同、损失清单、事故证明、费用发票、有关账册和报表等。

第十四条　保险公估从业人员应当做好项目操作的准备工作，如拟定行程和作业计划、准备查勘设备和技术资料以及人员分工等。

第五章　事故勘验

第十五条　保险公估从业人员在事故勘验过程中应重点调查出险的时间、地点、原因，做好事故现场查勘和取证工作。

第十六条　保险公估从业人员应当现场查勘受损财产的损失情况，并采用拍照、绘图、录音、记录等手段进行现场取证。

现场查勘应当有被保险人或其代表在场。保险公估从业人员应当对清理出的受损财产进行分类清点，据实造册登记，并由保险公估从业人员和被保险人或其代表签字确认。

第十七条　保险公估从业人员应尽快查看被保险人的相关会计账册和凭证，必要时应进行复印。保险公估从业人员应取得被保险人对复印件与原件相符性的确认。

第十八条　保险公估从业人员应当充分考虑事故现场的时效性，并在查勘过程中注意每一个疑点，特别是有关投保人或被保险人欺诈行为的疑点。必要时可建议提交司法机关处理。

第十九条　保险公估从业人员应当根据现场查勘情况对保险公估标的当事人提供的证明和资料进行审核。必要时可以要求当事人予以说明或补充有关证明和资料。

第二十条　在事故勘验过程中，保险公估从业人员应在必要时提出聘请专业机构进行相关检测或鉴定的建议。

第二十一条　保险公估从业人员不得向保险公估标的当事人收取或接受任何不当经济利益。

第六章　责任审核

第二十二条　保险公估从业人员应当根据事故勘验情况以及有关行政部门或法定机构出具的证明认定事故原因。

第二十三条　保险公估从业人员应当根据事故原因和相关的调查结果，分析确认事故的近因。

第二十四条　保险公估从业人员应当熟悉并正确运用相关法律法规和保险条款，特别是其中有关保险责任和责任免除的规定。

第二十五条　保险公估从业人员应根据近因原则和保险合同认定事故原因是否属保险责任。

第二十六条　保险公估从业人员应根据查勘、调查情况和事故原因认定是否存在第三者责任。

第七章　竞争

第二十七条　保险公估从业人员不得借助行政力量或其他非正当手段进行执业活动。

第二十八条　保险公估从业人员不得向客户给予或承诺给予不正当的经济利益。

第二十九条　保险公估从业人员不得诋毁、贬低或负面评价保险中介机构和保险公司及其从业人员。

第八章　保密

第三十条　保险公估从业人员应当保守在执业过程中知悉的保险公估标的当事人的个人隐私和商业秘密。

第三十一条　保险公估从业人员应当保守所属保险公估机构的商业秘密。

第九章　投诉处理

第三十二条　保险公估从业人员应当将投诉渠道和投诉方式告知保险公估标的当事人。

第三十三条　保险公估从业人员应当始终对投诉保持耐心与克制，并将接到的投诉提交所属保险公估机构处理。

第三十四条　保险公估从业人员应当配合所属保险公估机构或有关单位对投诉进行调查和处理。

第三十五条　在配合所属保险公估机构或有关单位对投诉进行调查和处理时，保险公估从业人员应当坚持客观、公正的原则。

第十章　附则

第三十六条　保险公估机构应当在本守则的基础上制定详细的保险公估从业人员内部管理办法。

第三十七条　本守则由中国保险行业协会保险中介工作委员会负责解释和修订。

第三十八条　本守则自 2004 年 12 月 1 日起施行。

参 考 文 献

[1]　王艳珍，刘瑞享. 职业道德与礼仪[M]. 北京：旅游教育出版社，2012.

[2]　金正昆. 公关礼仪[M]. 北京：北京联合出版社，2013.

[3]　查尔斯. 工作即做人[M]. 北京：中国商业出版社，2005.

[4]　王广延. 心态决定业绩[M]. 北京：人民邮电出版社，2009.

[5]　王金玲. 图说礼仪之邦的礼乐全典[M]. 重庆：重庆出版社，2008.

[6]　付红梅. 现代礼仪大全[M]. 北京：中国华侨出版社，2008.

[7]　羽西. 听礼仪专家讲故事[M]. 北京：当代世界出版社，2008.

[8]　李志敏. 跟卡耐基学商务礼仪[M]. 北京：中国商业出版社，2005.

[9]　金正昆. 国别礼仪金说[M]. 北京：世界知识出版社，2008.

[10]　(美)苏·福克斯. 身边的礼仪[M]. 北京：机械工业出版社，2008.

[11]　闻君，金波. 现代礼仪实用全书[M]. 北京：时事出版社，2007.

[12]　林染. 战胜自己：从优秀到卓越[M]. 北京：中国华侨出版社，2008.